分析化学题解
——基于去公式化计算策略

邵利民　编著

科学出版社

北京

内 容 简 介

本书覆盖化学平衡计算、滴定分析和数理统计应用的主要知识点。题解基于"去公式化"计算策略，不再使用数量众多的传统导出公式，以减轻记忆负担并实现精确求解。例题按照知识点分类，总结知识要点和解题技巧。解题过程详细、循序渐进，以呈现解题思路和分析历程。有些例题提供多种解法，有些例题在解后深入讨论。本书强调数理统计方法的正确使用和结果的合理阐释。本书还介绍了方程的常见数值解法，相关软件的 Matlab 代码附于书后。为帮助读者快速掌握软件使用方法，配套录制了软件安装及应用的教学视频，可扫描书中的二维码观看。

本书可作为高等理工类学校化学化工类相关专业本科生的学习和考研资料，也可供从事分析化学工作的科技人员阅读和参考。

图书在版编目（CIP）数据

分析化学题解：基于去公式化计算策略/邵利民编著. —北京：科学出版社，2019.8
ISBN 978-7-03-061338-7

Ⅰ. ①分… Ⅱ. ①邵… Ⅲ. ①分析化学-高等学校-教学参考资料
Ⅳ. ①O65

中国版本图书馆 CIP 数据核字（2019）第 098570 号

责任编辑：陈雅娴 / 责任校对：杨　赛
责任印制：赵　博 / 封面设计：迷底书装

科学出版社出版
北京东黄城根北街 16 号
邮政编码：100717
http://www.sciencep.com
北京厚诚则铭印刷科技有限公司印刷
科学出版社发行　各地新华书店经销
*

2019 年 8 月第 一 版　开本：787×1092　1/16
2025 年 1 月第五次印刷　印张：15
字数：356 000
定价：49.00 元
（如有印装质量问题，我社负责调换）

前　　言

本书是"去公式化"分析化学教材《分析化学》(邵利民，科学出版社，2016)的配套题解。与传统的"公式化"体系相比，"去公式化"体系不再包含数量众多的导出公式及其适用条件，而是注重化学平衡体系的分析，因此避免了公式的繁重记忆和解题时的机械套用。

本书例题包括巩固基础概念的简单题和训练分析能力的综合题，按照知识点分类成节，每个小节的结构是"知识要点和解题技巧+代表性例题"。期望这种方式帮助读者达到化学平衡定量解析的第一层次，即了解化学平衡问题的类型，掌握每种类型问题的求解方法，提高解题效率。

本书对一些例题提供多种解法，进行对比；一些例题在解后设疑，深入探讨。期望通过这种方式帮助读者达到化学平衡定量解析的第二层次，即多角度剖析化学平衡问题，发现知识点之间的内在联系，发散思考、总结共性，深入理解化学平衡定量解析的实质。

本书的解题过程较为详细，循序渐进、抽丝剥茧，目的是呈现出解题思路和分析历程，吸引读者主动思考，而不是被动接受答案。期望通过这种方式帮助读者达到化学平衡定量解析的第三层次，即训练思维能力，建立复杂问题的处理模式。

例题标注关键词，供快速浏览查阅；标注难度等级，以方便学习重点不同的读者。对于每道例题，尤其是复杂题目，建议读者先自己尝试求解，然后再阅读书中解法，以期深入理解、举一反三的效果。对于书中详细解题过程，建议读者从头到尾耐心阅读，掌握总体思路和完整推导；避免碎片阅读，否则既中断思路，又受困于并非重点的复杂方程。

为直观地演示软件的安装、使用及在解题过程中的应用，本书录制了 3 个教学视频，以期通过信息化手段帮助读者迅速掌握去公式化方法。另外，为快速查找各种常数，作者开发了一个数据库软件，读者可通过附录部分的视频观看软件使用方法。

本书参考了一些分析化学教材和题解，向作者表示诚挚谢意。本书得到国家自然科学基金和安徽省重点教学研究项目的支持，在这里一并表示谢意。感谢中国科学技术大学 2015 级本科生吴钟义、孙太平、崔世勇、张涵飞、郭振江和程志强同学对例题的收集和整理。感谢中国科学技术大学分析化学教研室虞正亮、金谷、江万权和石景老师的支持和帮助。

本书从构思到成型，已历三载，增删数次。作者努力做到文字表述清晰，推导过程简洁。尽管如此，错误和不足难免，恳请读者不吝赐教：lshao@ustc.edu.cn。

作　者
2019 年 3 月

目　　录

配套参考书

    不同于经典的分析化学教材,《分析化学》(邵利民编著)采用 "去公式化" 解析策略,注重化学平衡体系的分析和算式的推导,数值计算和方程求解则通过软件完成。以统一的理论框架完成化学平衡定量解析和滴定分析相关计算。减轻学习者机械记忆公式的负担,帮助读者把分析化学学习聚焦到分析层面而非求解层面。

书名:《分析化学》
书号:978-7-03-048761-2

科学出版社电子商务平台购买链接

第一章 化学平衡的定量解析

化学平衡是一种热力学状态，是大量分子的集体行为，宏观上表现为所有组分浓度不再发生变化。化学平衡是特定规律的作用结果。根据这些规律可以计算出化学平衡体系中各组分的浓度或者相关参数的数值，这就是化学平衡的定量解析。

化学平衡的定量解析与滴定分析密切相关：前者是后者的理论基础；后者是前者的绝好载体，而且丰富了计算类型。所以，化学平衡定量解析包含了相当数量的滴定方面的计算，本书也是如此。

化学平衡的定量解析既是化学分析的理论基础，也是分析化学课程的核心内容，其重要性不言而喻。化学平衡问题历史悠久，在长期发展过程中逐渐形成了颇具特色的解析策略，可谓经典。本书采用一种异于传统的新策略，其特点是"去公式化"。本章将简要介绍两种解析策略的特点。

1.1　化学平衡和滴定分析中的基础概念

本节介绍化学平衡和滴定分析的一般性知识，这些知识既是学习基础，也是共性总结。

▶▶溶液浓度的表示

溶液浓度有多种表示方法，在化学分析中应用最广泛的是摩尔浓度(molarity)，含义是单位体积溶液中溶质的物质的量，法定计量单位是 $mol \cdot m^{-3}$，更常用的是 $mol \cdot L^{-1}$。此外，还有质量摩尔浓度(molality)，含义是单位质量溶剂中溶质的物质的量，单位是 $mol \cdot kg^{-1}$。质量摩尔浓度不受温度影响，但是实用性不强。质量浓度(mass concentration)是单位体积溶液中溶质的质量，单位是 $kg \cdot m^{-3}$。

上述浓度单位都带有量纲。化学分析中还有量纲为一的浓度表示方法，如质量分数(mass fraction)，表示溶质质量占溶液质量的分数。如果是气体混合物，则使用体积分数(volume fraction)。如果质量分数或者体积分数非常小，常采用 ppm (parts per million)、ppb (parts per billion)等方式，分别表示百万分之一、十亿分之一。

▶▶平衡浓度和分析浓度

平衡浓度(concentration)是指处于平衡状态的溶液中，溶质的某种具体存在形式(组分)的浓度。平衡浓度用方括号表示。

以 HAc 溶液为例，HAc 是弱电解质，在溶液中有两种存在形式，分别是Ac^-以及未离解的 HAc；达到平衡后，这两种组分的浓度就是平衡浓度，分别表示为[Ac⁻]和[HAc]。

平衡浓度反映了溶液中实际组分的量，会随化学平衡的移动而发生改变，但是所有相关组分的总量保持恒定。反映这种"总量"特性的一个概念就是分析浓度。

分析浓度是 1 L 溶液中溶质的物质的量，单位是 mol·L⁻¹，以 c 表示，溶质的分子式作为下标。分析浓度不考虑溶质在溶液中发生的离解或者化学反应，所以也称为形式浓度(formal concentration)。

仍以 HAc 溶液为例，将 m mol 的 HAc 加入一定量蒸馏水中，配制成体积为 V L 的溶液，那么 HAc 的分析浓度表示为 c_{HAc}，$c_{HAc} = \frac{m}{V}$。由于离解，溶液中 HAc 分子的实际浓度(即平衡浓度)小于 c_{HAc}，但是存在等式 $c_{HAc} = [Ac^-] + [HAc]$。该等式属于"物料平衡式"，是化学平衡定量解析的基础等量关系，1.3.1 和 1.3.2 中有详细介绍。

▶▶ **滴定分析的固有误差**

滴定分析有两个特点值得注意，一是滴定剂的加入并不连续，二是要求"半滴到终点"。所以，滴定剂实际加入体积是半个液滴体积的整数倍。这一事实表明，在其他误差都不存在的理想状况下，滴定剂的实际加入体积一般不等于真实值，差值介于零和半个液滴体积之间，这就是滴定分析的固有误差，其源自滴加方式，无法消除。半个液滴的体积约为 0.025 mL[1]，所以滴定分析的最大固有误差约为 0.025 mL；滴定剂的加入量一般约为 25 mL，所以滴定分析的最大固有相对误差约为 0.1%。

滴定分析的固有误差具有重要作用。应用已有的滴定方案对同一样品进行多次分析，在实验条件相同的情况下，滴定体积之间的差异不应超出±0.1%。要设计一个滴定方案，理想情况是该方案的误差主要源自滴定固有误差，这就要求其他因素如指示剂、溶液酸度等所导致的滴定误差不超出±0.1%。

固有误差无法避免，所以在滴定分析中控制其他误差，使之小于最大固有误差即可，没有必要进一步降低。在这种意义上，将±0.1%作为滴定分析的允许误差范围是恰当的。

▶▶ **化学计量点和滴定终点**

化学计量点(stoichiometric point, sp)是滴定分析中的一个理想状态，是指加入的滴定剂与被测物恰好完全反应，其物质的量之比符合滴定反应方程式中的计量关系。一个滴定体系只有一个化学计量点。

在实际分析中，滴定是在指示剂发生颜色变化时结束的，这就是滴定终点(end point, ep)。与化学计量点不同，滴定终点是滴定分析中的一个实际状态，与所用指示剂有关，因此一个滴定体系可能存在多个滴定终点。

▶▶ **终点误差**

绝大多数情况下，滴定终点和化学计量点并不一致，这样，滴定剂的实际加入量不等于理想值。由此导致的误差称为终点误差(end point error)。

---

1) 由于制造工艺的限制，不同滴定管的液滴体积各不相同，一般范围是 0.045~0.050 mL。

终点误差计算是分析化学课程的重点，在传统课程体系中也是难点。但是，使用去公式化计算策略，终点误差的计算不再困难。

终点误差以E_t表示，传统课程体系多采用浓度定义式，去公式化课程体系则采用体积定义式，其形式如下：

$$E_t = \frac{V_{ep} - V_{sp}}{V_{sp}} \times 100\% = (R - 1) \times 100\%$$

式中，V_{ep}和V_{sp}分别表示终点和化学计量点时滴定剂的加入体积；$R = \frac{V_{ep}}{V_{sp}}$，$R$的引入是为了减少一个变量，以提高$E_t$的计算效率。

体积定义式不仅统一了四大滴定的终点误差计算，而且具有良好的计算实用性。计算有两个关键点：①以V_{sp}表示出被测物溶液的体积；②滴定体系的基本等量关系式。

如果以V_X表示被测物溶液的体积，那么V_X和V_{sp}之间存在确定的比例关系：

$$V_X = kV_{sp}$$

式中，k为比例系数；设被测物 X 和滴定剂 T 的化学反应计量关系为$nX \sim mT$，以c_X和c_T分别表示二者的分析浓度，那么$k = \frac{nc_T}{mc_X}$。值得指出的是，很多习题设定$mc_X = nc_T$，所以$V_X = V_{sp}$。这种设定使滴定剂加入体积和被测物溶液体积相近，便于滴定操作，当然也方便计算，但是不可误认为V_{sp}就是被测物溶液的体积。

基本等量关系式因不同滴定体系而异，在酸碱滴定、配位滴定/沉淀滴定和氧化还原滴定中分别是电荷平衡式、物料平衡式和能斯特方程。

终点误差计算的核心思路是：将滴定体系的基本定量关系式整理为关于 R 的方程(整理方法在相应例题中有详细说明)，然后计算出 R。

▶▶ 准确滴定判别

终点时，对颜色变化的目测存在不确定性，会导致误差。通常情况下，这种误差较小。但是，如果这种误差超出了允许范围(一般是±0.1%)，那么该滴定方案就无法准确实施。判断仅由目测不确定性导致的终点误差是否超出允许范围，就是"准确滴定判别"。准确滴定判别是应用或者设计一个滴定方案的首要步骤。

在不同类型的滴定分析中，目测的不确定性具有不同的定量表现：酸碱滴定中，这种不确定性致使 pH_{ep} 偏离 pH_{sp} 0.2 个单位；配位滴定中，这种不确定性致使pM'_{ep}偏离pM'_{sp} 0.2 个单位($pM' = -lg[M']$，[M']为金属离子 M 的表观浓度)。

从计算上看，准确滴定判别就是终点误差的计算，可以采用上面介绍的基于体积定义式的计算方法。

准确滴定判别还有另外一种计算方法，即判断滴定突跃是否大于 0.4 个单位。这种方法与终点误差法等价，但计算效率更高，详见相关章节中的例题。

▶▶ 滴定突跃

在化学计量点附近，由于被测物消耗殆尽，溶液的某种与之相关的性质会随滴定剂的继续加入而发生急剧变化。例如，酸碱滴定中溶液会发生由酸到碱，或者由碱到酸的翻转；配位滴定中的金属离子会发生由常量组分到微量组分的翻转；氧化还原滴定中溶液会发生由氧化剂到还原剂，或者由还原剂到氧化剂的翻转。这种翻转是急剧的，是一种"突跃"(jump)。

定量地看，滴定突跃是指滴定剂实际加入体积分别为理想值(即V_{sp})的99.9%和100.1%时[1]，平衡体系的某种性质的变化范围。以酸碱滴定为例，滴定突跃是指滴定剂加入体积分别为$0.999V_{sp}$和$1.001V_{sp}$时，平衡体系的pH范围。0.999和1.001这两个数值源自滴定分析的允许误差±0.1%(见前面介绍的"滴定分析的固有误差")。显然，如果允许误差为±0.2%，那么滴定突跃端点对应的滴定剂加入体积分别为$0.998V_{sp}$和$1.002V_{sp}$。

滴定突跃的一个重要作用是选择指示剂。如果指示剂能够在滴定突跃范围内变色，指示实验者终止滴定，那么滴定剂的实际加入体积介于$0.999V_{sp}$和$1.001V_{sp}$，终点误差就在允许范围±0.1%之内。

滴定突跃的另一个重要作用是准确滴定判别：如果滴定突跃小于0.4个单位，则无法准确滴定——目测不确定性导致的±0.2单位的偏移使滴定剂加入体积处于$0.999V_{sp}$~$1.001V_{sp}$范围之外，终点误差超出±0.1%。

▶▶ 滴定曲线

滴定过程中，平衡体系的某种性质，如酸碱滴定中的pH，或者氧化还原滴定中的电势，随着滴定剂的加入而连续变化。这一变化遵循确定的函数关系，其图像是滴定曲线(titration curve)。滴定曲线的横坐标为滴定剂加入体积V，纵坐标视具体滴定体系而定：酸碱滴定为pH，配位滴定为pM'($pM' = -lg[M']$，$[M']$为金属离子M的表观浓度)，氧化还原滴定为体系电势E，沉淀滴定为pX($pX = -lg[X]$，X表示被滴定物)。

在化学计量点前后，参与滴定反应的离子的浓度变化极大，呈现数量级上的差异，所以滴定曲线的纵坐标是离子浓度的负对数值，以清楚地显示数量级差异。氧化还原滴定曲线的情况有所不同，具体说明参见第5章5.5节。

滴定曲线不仅直观地显示化学平衡体系性质在滴定过程中的变化，而且能够用于定量计算。以图1.1中的酸碱滴定曲线为例，根据易知的V_{sp}可以获得重要参数pH_{sp}；根据$0.999V_{sp}$和$1.001V_{sp}$可以获得滴定突跃，从而进行准确滴定判别或者指示剂选择；根据指示剂变色点pH_{ep}可以获得V_{ep}，进而通过体积定义式(见前面介绍的"终点误差")计算出终点误差。

上述定量计算需要高精度的滴定曲线。然而，传统绘制方法难以提供高精度滴定曲线所需的大量数据点[2]。为了解决这一问题，去公式化课程体系采用反函数或者隐函数

---

1) 易知，这两种情况下的终点误差分别是–0.1%和0.1%。

2) 传统方法只计算决定曲线形状的几个关键数据点，然后通过光滑曲线连接这些数据点即完成绘制(由于数据点有限，直线连接无法得到光滑的滴定曲线)。这样绘制的滴定曲线同真实曲线具有相近的轮廓，可以用于定性说明，然而(有限)数据点之外是(大量)不准确的曲线，在化学计量点附近尤其如此，故不能满足定量计算的精度要求。

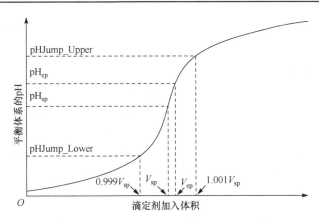

图 1.1 酸碱滴定曲线

pH$_{sp}$ 和 pH$_{ep}$ 分别表示化学计量点和滴定终点时平衡体系的 pH，V_{sp} 和 V_{ep} 表示对应的滴定剂加入体积；pHJump_Lower 和 pHJump_Upper 分别表示滴定突跃端点

来绘制滴定曲线 [1]，不仅可以避免求解复杂代数方程，而且便于程序实现，绘制方法参见相应章节。

1.2 经典解析策略

化学平衡经典解析策略是一种"公式化"策略，被分析化学教科书广泛采用，其特点体现在各种计算实例中，例如图 1.2 所示的 pH 计算。

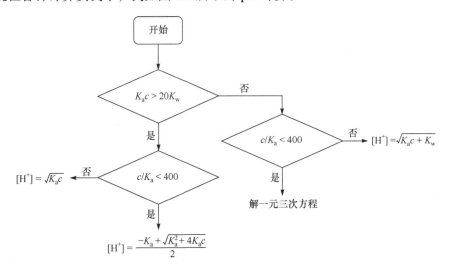

图 1.2 一元弱酸 HB 溶液(分析浓度 c)pH 的"公式化"计算

图 1.2 显示，对于一元弱酸 pH 的计算，经典策略提供了 3 个公式以及相应的适用

条件[1])；需要记忆的内容较多，但是公式足够简单。数量众多、运算简单的算式体现了经典策略的第一个特点：记忆换运算。

为了获得简单计算公式，公式推导过程中经常使用近似处理。事实上，绝大多数算式必须借助近似处理才能得到。这就是经典策略的第二个特点：近似换简化。

近似处理是经典策略所倚重的手段，这是因为早期个人计算工具比较简陋，无法高效完成精确求解中的复杂运算。简化同时也是经典策略的一个显著优势：用简单计算工具就能够得到比较准确的结果。然而，当这种优势因为个人计算设备高度发达而不再显著时，经典策略的缺点越发明显。

经典策略的记忆负担较重，需要记忆太多的公式及其适用条件。机械记忆在学习和考试占的比例太大，既不利于化学平衡知识的深入学习，也导致学习兴趣的减退。

经典策略的应用范围有限。计算公式虽然简单，但是并非普适，仅适用于特定化学平衡问题。如果无公式可用，经典策略便无能为力。所以，经典策略对复杂化学平衡问题，不是过度简化以勉强适应(不是针对此类问题的)计算公式，就是干脆不予讨论。

经典策略的统一性较差。以酸碱平衡为例，一元弱酸、多元弱酸、酸式盐的 pH 计算公式差异很大。本质上相同的化学平衡被划分为不同类型，只是为了能够推导出相应的简单公式。

这些表面上的缺点反映了经典策略的深层次问题：暗示分析化学的技术性。经典策略众多的实用公式、难以掌握的技巧以及无法解决复杂问题，这都是一门技术所具有的特点。所以，经典策略在努力完成计算的同时，无意突出分析化学的技术性，尽管每一位分析化学教师在课程开始时都会强调"20 世纪初，分析化学由技术成为科学"。

"记忆换运算"和"近似换简化"都有一定的负作用，而后者尤甚。近似手段方便实用，然而会导致不精确的思维方式，不利于科学思维的培养。近似处理是一种有代价的捷径，捷径固然有用(当然也有限)，但不应该当作首要解决方案。

1.3　去公式化解析策略

顾名思义，去公式化解析策略不再使用导出公式解决化学平衡问题。这种策略的理论框架如图 1.3 所示。去公式化策略首先列出基本等量关系，然后针对需要求解的未知量，进行目标性整理和推导，得到方程，最后通过解方程或者绘图方式得到未知量的值。

图 1.4 是一元弱酸溶液 pH 的"去公式化"计算方式：首先列出电荷平衡式(这是酸碱平衡中的基本等量关系)；然后使用分布分数，获得关于[H+]的方程，即所谓目标性推导——[H+]是求解目标；最后通过软件解方程得到[H+]。通过与图 1.2 对比，读者可以发现去公式化策略与经典策略的不同之处。

---

1) 有研究认为应该是 5 个计算公式，每个公式的适用条件也更复杂。

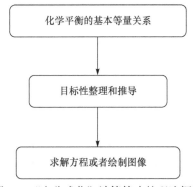

图 1.3　"去公式化"计算策略的理论框架

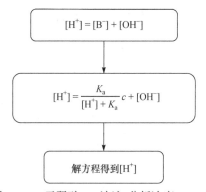

图 1.4　一元弱酸 HB 溶液(分析浓度 c)pH 的
"去公式化"计算

去公式化策略具有以下优点:

1. 不再包含大量导出公式及其适用条件,记忆负担极轻;
2. 不再引入近似处理,能够实施准确计算;
3. 为不同类型的化学平衡问题提供了统一求解思路;
4. 能够解决经典策略无能为力的复杂化学平衡问题;
5. 将注意力集中在化学平衡问题的分析层面,而非求解层面。

第 3 条说明的是:图 1.3 所示的理论框架适用于分析化学各种计算类型,包括离子浓度、终点误差、准确滴定判别等。

1.3.1　去公式化解析策略中的等量关系

在化学平衡的定量解析中,常见三种等量关系,分别是物料平衡式(mass balance equation, MBE)、电荷平衡式(charge balance equation, CBE)和质子平衡式(proton balance equation, PBE)。

MBE 是独立等量关系,且适用于酸碱、配位、氧化还原和沉淀四大平衡。CBE 也适用于四大平衡,却不是一个独立条件(CBE 可以由 MBE 导出的证明参见附录 3)。尽管如此,CBE 仍然用于酸碱平衡,详细解释参见第三章 3.1.2。PBE 不独立于 MBE(证明参见附录 4),而且仅适用于酸碱平衡;比 CBE 更难列出,故不推荐使用。等量关系的使用原则如下:

1. 酸碱平衡中使用 CBE;
2. 配位、氧化还原和沉淀平衡中使用 MBE;
3. 多种平衡共存时(不包括酸碱平衡),使用 MBE;
4. 多种平衡中如果包括酸碱平衡,使用 MBE 和 CBE;
5. 求解中不必使用所有的 MBE。

一个溶液平衡体系只有一个 CBE,但可以有多个 MBE。需要指出:一个溶液体系的所有 MBE 并非完全独立,如例 1.3 共列出 7 个 MBE,但只有 4 个是独立的。

1.3.2　物料平衡式的建立方法

物料平衡式 MBE 是化学平衡定量解析中最重要的等量关系，其建立规则如下：

> 1. 基于化合物的分子构成列出等式；
> 2. 如果有化学反应，那么"反应剩余+反应消耗-其他来源 = 总量"；
> 3. "反应消耗"根据化学反应计量关系列出。

下面是一些实例。需要指出的是，定量解析时不必列出所有 MBE，尤其是简单问题；如果平衡体系比较复杂、未知量较多时，那么需要列出足够的 MBE。另外，根据不同规则列出的 MBE 可能相同，如例 1.3 中(4)、(6)两式相同，(5)、(7)两式也相同。

简单体系的 MBE　　　　　　　　　　　　　　　　　难度：★★☆☆☆

例 1.1　写出 Na_3PO_4 溶液的 MBE。

解　根据 Na_3PO_4 的分子构成和化学反应计量关系，得到如下 MBE：

$$\underbrace{[H_3PO_4] + [H_2PO_4^-] + [HPO_4^{2-}] + [PO_4^{3-}]}_{\text{水解消耗的 }PO_4^{3-}} = \frac{[Na^+]}{3} \tag{1}$$

根据 H_2O 的分子构成和化学反应计量关系，得到另一个 MBE：

$$[H^+] + \underbrace{3[H_3PO_4] + 2[H_2PO_4^-] + [HPO_4^{2-}]}_{\text{磷酸根水解消耗的 }H^+} = [OH^-] \tag{2}$$

值得指出的是，(1)×3-(2)所得等式即是该溶液的 CBE。这既说明 CBE 的不独立性，也说明 CBE 的高效性——CBE 比(1)(2)两式更易列出，且不易出错。

复杂体系的 MBE　　　　　　　　　　　　　　　　　难度：★★★☆☆

例 1.2　写出 $FeCl_3$ 和 NaF 混合溶液的 MBE。

解　Fe^{3+} 与 F^- 发生配位反应，所以溶液组分包括 Fe^{3+}, Cl^-, Na^+, F^-, FeF^{2+}, FeF_2^+, FeF_3, FeF_5^{2-}。

根据 $FeCl_3$ 的分子构成和化学反应计量关系，得到如下 MBE：

$$\underbrace{[Fe^{3+}] + [FeF^{2+}] + [FeF_2^+] + [FeF_3] + [FeF_5^{2-}]}_{\text{配位反应消耗的 }Fe^{3+}} = \frac{[Cl^-]}{3} \tag{1}$$

根据 NaF 的分子构成和化学反应计量关系，得到另一个 MBE：

$$[F^-] + \underbrace{[FeF^{2+}] + 2[FeF_2^+] + 3[FeF_3] + 5[FeF_5^{2-}]}_{\text{配位反应消耗的 }F^-} = [Na^+] \tag{2}$$

值得指出的是，(1)×3-(2)所得等式即是该溶液的 CBE。

复杂体系的 MBE 难度：★★★☆☆

例 1.3 写出 $K_2Cr_2O_7$、$FeSO_4$ 和 HCl 混合溶液的 MBE。

解 $Cr_2O_7^{2-}$ 与 Fe^{2+} 发生如下氧化还原反应，所以溶液组分包括 K^+，$Cr_2O_7^{2-}$，Fe^{2+}，SO_4^{2-}，H^+，Cl^-，Cr^{3+}，Fe^{3+}。

$$Cr_2O_7^{2-} + 6Fe^{2+} + 14H^+ \rightleftharpoons 2Cr^{3+} + 6Fe^{3+} + 7H_2O$$

根据 $K_2Cr_2O_7$ 的分子构成和化学反应计量关系，得到如下 MBE：

$$[Cr_2O_7^{2-}] + \underbrace{\frac{[Cr^{3+}]}{2}}_{\text{反应消耗的}Cr_2O_7^{2-}} = \frac{[K^+]}{2} \tag{1}$$

根据 $FeSO_4$ 的分子构成和化学反应计量关系，得到如下 MBE：

$$[Fe^{2+}] + \underbrace{[Fe^{3+}]}_{\text{反应消耗的}Fe^{2+}} = [SO_4^{2-}] \tag{2}$$

根据化学反应计量关系，得到如下 MBE：

$$3[Cr^{3+}] = [Fe^{3+}] \tag{3}$$

根据 HCl 的分子构成和化学反应计量关系，得到如下两个 MBE：

$$[H^+] + \underbrace{7[Cr^{3+}]}_{\text{反应消耗的 }H^+} - \underbrace{[OH^-]}_{H_2O\text{ 贡献的 }H^+} = [Cl^-] \tag{4}$$

$$[H^+] + \underbrace{\frac{7}{3}[Fe^{3+}]}_{\text{反应消耗的 }H^+} - \underbrace{[OH^-]}_{H_2O\text{ 贡献的 }H^+} = [Cl^-] \tag{5}$$

根据 H_2O 的分子构成和化学反应计量关系，得到如下两个 MBE：

$$[H^+] + \underbrace{7[Cr^{3+}]}_{\text{反应消耗的 }H^+} - \underbrace{[Cl^-]}_{HCl\text{ 贡献的 }H^+} = [OH^-] \tag{6}$$

$$[H^+] + \underbrace{\frac{7}{3}[Fe^{3+}]}_{\text{反应消耗的 }H^+} - \underbrace{[Cl^-]}_{HCl\text{ 贡献的 }H^+} = [OH^-] \tag{7}$$

容易发现：(4)、(6)两式相同，(5)、(7)两式也相同。将(3)式代入(4)式可以得到(5)式，所以，(4)~(7)四式中只有一个独立等式。

复杂体系的 MBE　　　　　　　　　　　　　　难度：★★★☆☆

例 1.4　写出 KBrO$_3$ 和 NaBr 混合溶液的 MBE。

解　BrO$_3^-$ 与 Br$^-$ 发生如下氧化还原反应，所以溶液组分包括 K$^+$, BrO$_3^-$, Na$^+$, Br$^-$, Br$_2$。

$$BrO_3^- + 5Br^- + 6H^+ \rightleftharpoons 3Br_2 + 3H_2O$$

根据 KBrO$_3$ 的分子构成和化学反应计量关系，得到如下 MBE：

$$[BrO_3^-] + \underbrace{\frac{[Br_2]}{3}}_{\text{反应消耗的 BrO}_3^-} = [K^+] \tag{1}$$

根据 NaBr 的分子构成和化学反应计量关系，得到如下 MBE：

$$[Br^-] + \underbrace{\frac{5[Br_2]}{3}}_{\text{反应消耗的 Br}^-} = [Na^+] \tag{2}$$

根据 H$_2$O 的分子构成和化学反应计量关系，得到如下 MBE：

$$[H^+] + \underbrace{2[Br_2]}_{\text{反应消耗的 H}^+} = [OH^-] \tag{3}$$

值得指出的是，(1) + (2) − (3) 所得等式即是该溶液的 CBE。

复杂两相体系的 MBE　　　　　　　　　　　难度：★★★☆☆

例 1.5　写出沉淀 MnS 溶解平衡体系的 MBE。

解　将固体 MnS 置于纯水中，沉淀溶解出 Mn^{2+} 和 S^{2-}；部分 S^{2-} 水解，生成 HS$^-$ 和 H$_2$S；水解导致溶液 OH$^-$ 增加，致使 Mn(OH)$_2$ 沉淀出现。关于这一复杂体系的分析以及沉淀 MnS 溶解度的计算，参见本书配套教材《分析化学》(邵利民，科学出版社, 2016)例题 6.5。

根据 MnS 的分子构成和化学反应计量关系，得到如下 MBE：

$$[Mn^{2+}] + \underbrace{[Mn(OH)_{2(s)}]}_{\text{沉淀消耗的 Mn}^{2+}} = [S^{2-}] + \underbrace{[HS^-] + [H_2S]}_{\text{水解消耗的 S}^{2-}} \tag{1}$$

其中，[Mn(OH)$_{2(s)}$] 表示 Mn(OH)$_2$ 沉淀的假想浓度，只是为了建立 MBE，并非实际情况。

根据 H$_2$O 的分子构成，得到如下 MBE：

$$[H^+] + \underbrace{[HS^-] + 2[H_2S]}_{\text{水解消耗的 H}^+} = [OH^-] + \underbrace{2[Mn(OH)_{2(s)}]}_{\text{沉淀消耗的 OH}^-} \tag{2}$$

值得指出的是，(1)×2 + (2) 所得等式即是该溶液的 CBE。

1.3.3　去公式化解析策略中的推导

在图 1.3 所示的去公式化解析策略中, 从基本等量关系推导出方程是一个重要步骤。推导并不困难, 而是繁琐: 需要消去其他未知量, 需要应付各种复杂的符号。为了提高效率, 推导过程中应该遵循以下三条原则。

1. 用简单变量替换复杂项

方程中形式复杂的项会降低推导效率, 增加失误; 将之替换为简单变量可以避免这些问题。例如以下关于 R 的方程, 方程虽然简单, 但是推导 R 表达式的过程却很繁琐。等号左侧的复杂项不包含未知量, 如果将之替换为简单变量 a, 那么推导过程就很简洁, 也不易出错。

$$\underbrace{\frac{K'_{\mathrm{MgY}}[\mathrm{Mg'}]_{\mathrm{ep}}}{K'_{\mathrm{MgY}}[\mathrm{Mg'}]_{\mathrm{ep}}+1}}_{=\,a}=\frac{0.020-[\mathrm{Mg'}]_{\mathrm{ep}}(R+1)}{0.020R}$$

$$\Downarrow$$

$$R=\frac{0.020-[\mathrm{Mg'}]_{\mathrm{ep}}}{0.020a+[\mathrm{Mg'}]_{\mathrm{ep}}}$$

2. 消去结构简单的未知量

对于多元方程组, 应该消去结构简单的未知量, 进而求解结构复杂、难以消去的未知量。这样可以缩短推导时间, 提高解题效率。例如, 通过以下方程组求解未知量 a。

$$\begin{cases}\dfrac{ab}{ab+1}=1-b\\a^2+b^2+b=2\end{cases}$$

方程表明, 未知量 a 的结构更简单, 更容易消去。所以, 尽管求解 a, 反而应该消去 a, 获得关于 b 的一元方程, 解出 b 后再计算 a。下面是消去变量 a 的两种方式, 以及最后得到的关于变量 b 的方程。

$$\begin{cases}\dfrac{ab}{ab+1}=1-b\\a^2+b^2+b=2\end{cases}\Rightarrow\begin{cases}a=\dfrac{1-b}{b^2}\\a^2+b^2+b=2\end{cases}\Rightarrow\left(\dfrac{1-b}{b^2}\right)^2+b^2+b=2$$

$$\text{或者}\Rightarrow\begin{cases}\dfrac{ab}{ab+1}=1-b\\a=\sqrt{2-b^2-b}\end{cases}\Rightarrow\dfrac{b\sqrt{2-b^2-b}}{b\sqrt{2-b^2-b}+1}=1-b$$

对于本例所示的间接求解，中间结果(如本例中变量b的值)应该多保留几位数字，以减小截断误差对后续计算的影响。

3. 不必推导出$f(x) = 0$方程形式

通过软件求解方程，尽管需要输入方程表达式，然而$f(x) = 0$这种形式并不是必需的；通过使用中间变量，方程输入的效率会更高。

以上面的方程为例，获得变量a的表达式后，不必继续推导出关于b的方程，而是将a作为中间变量，直接输入另一个方程的表达式。下面是参考 Matlab 代码(其中 x 表示方程中的未知量b)：

```
a = (1 - x) / x^2;
y = a^2 + x^2 + x - 2;
```

或者

```
a = sqrt(2 - x^2 - x);
y = a*x / (a*x + 1) - 1 + b;
```

再举一例。下面方程组包含未知量a和b，求解目标是b(为了直观，方程中的未知量表示为粗体)。

$$\begin{cases} \left(\dfrac{aK_1}{aK_1 + 1} + \dfrac{aK_2}{aK_2 + 1} \right) \dfrac{0.020}{b + 1} + a = \dfrac{0.020b}{b + 1} \\ \\ aK_1K_3 + K_3 = \dfrac{0.020}{b + 1} \end{cases}$$

从未知量结构看，通过将第二个方程代入第一个方程，a或者b都容易消去。但是，对于习惯于先写出方程形式再求解的人，他可能倾向于消去b，因为最后得到的关于a的方程形式比较简单：

$$\left(\frac{aK_1}{aK_1 + 1} + \frac{aK_2}{aK_2 + 1} \right)(aK_1K_3 + K_3) + a = 0.020 - (aK_1K_3 + K_3)$$

将上述方程输入软件中解出a，然后将a代入原第二个方程即可得到所求b。

对于上述方程组，习惯于先获得方程形式再求解的人们往往不愿意消去a，原因是最后得到的关于b的方程形式过于复杂——书写都费事。但是，待解方程的$f(x) = 0$这种形式在软件中不是必需的，所以本例可以高效、直接地求解目标未知量b：从第二个方程获得未知量a的表达式，然后将a作为中间变量，直接输入第一个方程即可。下面是参考代码(其中 x 表示方程中的未知量b)

```
a = (0.020 / (x + 1) - K3) / (K1*K3);
y = (a*K1 / (a*K1 + 1) + a*K2 / (a*K2 + 1))*0.020/(x + 1) + a - 0.020 * x / (x + 1);
```

这样，毋须费力推导出$f(b) = 0$这种形式，即可直接解出目标未知量b。

推导方程时，心态也许更为关键。当体系涉及多个平衡、包含多种组分时，方程组比较复杂，推导会比较繁琐，令人生畏。久攻无果时，人们会怀疑：如此复杂，是不是无解？这种心态下，推导自然失去动力。需要指出的是，等量关系式(MBE 或者 CBE)是对化学平衡体系定量性质的数学描述，只要溶液体系客观存在，那么推导出的方程肯定有解。只要思想上没有障碍，推导尽管复杂，也只是个技术性问题。

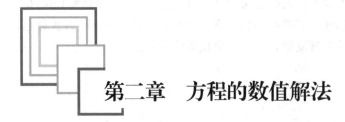

第二章　方程的数值解法

化学平衡体系的精确解析，多数情况下需要求解方程。方程形式可能比较复杂，然而获得其数值解并不困难，人们已经设计了一些有效的数值解法。借助当前硬件普及、软件丰富的有利条件，即使不具备专业编程知识的分析化学师生，也能快速高效地完成求解。下面介绍几种常见的数值解法。

2.1　常见方法

以$f(x) = 0$表示待解方程，如果区间$[a, b]$上存在一个实数值r，使得$f(r)$足够接近零，那么r就是该方程的一个数值解，这个区间称为求根区间。从图像上看，数值解就是函数$y = f(x)$在求根区间上与x轴的交点。方程的数值解法就是如何获得这个交点的值，不同的获取方法就产生了不同的数值解法。

2.1.1　二分法

即使不了解各种数值解法，通过科学绘图软件就能够获得方程的数值解。将方程表达式输入软件，在求根区间上绘制函数图像，然后不断放大函数与横轴交点附近的图像，同时查看交点的横坐标；当精度满足要求时，就把它当作方程的一个数值解。

这种做法相当自然，技术含量似乎不太高，然而却是一个重要方法的朴素实现。该方法就是"二分法"(bisection method)。

不断放大函数与横轴交点处的图像，实际上就是缩小交点所在的区间。二分法是将区间逐次二等分的求根方法，其过程如图 2.1 所示。区间二等分后得到两个小区间；对于每个小区间，判断端点处的函数值是否异号，从而确定其是否包含根[1]。这样操作后，求根区间缩小一半。

循环执行上述过程，当区间长度小于某个预设值时终止循环，并且把最后的小区间的中点作为方程的数值解。此外，在判断区间端点处的函数值是否异号时，如果发现函数值足够接近零(即其绝对值小于某个预设值)，也终止循环，然后将此端点作为方程的数值解——尽管这种好运气不常见。

---

[1] 这里依据的介值定理：如果连续函数$f(x)$在区间$[a, b]$端点处的函数值异号，即$f(a) \cdot f(b) < 0$，则在此区间上必然存在一点ζ，使$f(\zeta) = 0$。

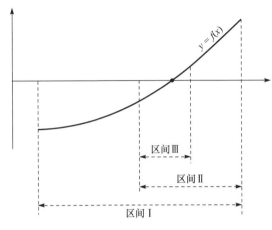

图 2.1 二分法过程示意图

区间Ⅰ、Ⅱ、Ⅲ分别是原始求根区间、二等分一次和两次后的求根区间；$y = f(x)$与横轴的交点即为所求之根

二分法比较简单，而且可靠——只要函数$f(x)$连续且在求根区间端点处异号，就一定可以获得数值解。但是，二分法的收敛速度不够快。如果要在更短时间内完成求根，那么可以使用收敛速度更快的迭代法。

2.1.2 不动点迭代法

迭代法是一类重要的方程数值解法，从一个可以非常粗略的近似值开始，通过一个计算式不断修正，直到精度满足要求。迭代法的求根效率很高，其解决问题的思路尤其值得学习。下面介绍不动点迭代法(fixed-point iteration)。

以$f(x) = 0$表示待解方程，将之改写为一个等价形式$x = g(x)$。通过此等价形式得到不动点法的迭代公式：

$$x_{i+1} = g(x_i) \qquad i = 0, 1, \cdots$$

从初值x_0开始，上述迭代公式生成一个值序列$x_0, x_1, x_2, \cdots$。在适当条件下，该序列收敛到一个定值，即"不动点"，该定值使$x = g(x)$成立。由于$x = g(x)$与$f(x) = 0$等价，所以不动点就是原方程$f(x) = 0$的一个数值解。迭代终止条件是$|x_{i+1} - x_i| < \varepsilon$，$\varepsilon$是根据数值运算精度而设定的一个极小值，如$10^{-8}$或者$10^{-16}$等。

图 2.2 是迭代过程的几何解释，设想有一个数据点在$y = x$和$y = g(x)$两条曲线围成的区域移动，碰到曲线后沿垂直坐标轴的方向折返。从图中 2.2(a)可以看出，这个数据点的轨迹是一条折线，会无限接近两条曲线的交点——不动点，这是迭代的收敛现象。

看一个实例：通过不动点迭代法求方程$x^3 - 11x + 10 = 0$在区间$[2, 3]$上的一个实数根。将原方程改写为$x = \sqrt[3]{11x - 10}$，那么迭代公式如下：

$$x_{i+1} = \sqrt[3]{11x_i - 10} \qquad i = 0, 1, \cdots$$

初值选为$x_0 = 2$，终止条件为$|x_{i+1} - x_i| < 10^{-5}$。迭代过程如下：

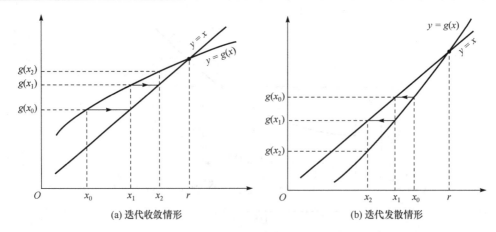

(a) 迭代收敛情形　　　　　　　　　(b) 迭代发散情形

图 2.2　不动点法的迭代过程示意图

$y = g(x)$ 与 $y = x$ 的交点即为原方程的一个根 r

迭代次数 i	x_i	$x_{i+1} = \sqrt[3]{11x_i - 10}$	$\lvert x_{i+1} - x_i \rvert$
1	2	2.28943	0.28943
2	2.28943	2.47624	0.18681
3	2.47624	2.58326	0.10702
...	...	...	...
16	2.70153	2.70155	2×10^{-5}
17	2.70155	2.70155	$< 10^{-5}$

经过 17 次迭代后得到方程的数值解为 2.70155。

在上例中，如果采用原方程的另一个等价形式 $x = x^3 - 10x + 10$，初值仍然为 $x_0 = 2$，那么会发现迭代值越来越大，趋向于正无穷，这是迭代的发散现象，而且与初值无关。迭代发散，当然也就无法获得数值解。

迭代发散说明了选取等价形式 $g(x)$ 的重要性，那么 $g(x)$ 具有什么样的特征时，迭代会发散？从图 2.2(b) 可以看出：$y = g(x)$ 如果相对 $y = x$ 更"陡峭"一些，那么迭代路径逐渐远离不动点——迭代发散。这样，有了一个直观印象：如果 $y = g(x)$ 在求根区间上相对 $y = x$ 更"平缓"，那么迭代收敛；如果更"陡峭"，那么迭代发散。曲线"平缓"或者"陡峭"特征可以通过一阶导数来描述，因此直观印象可以精确表达为：在求根区间上如果 $y = g(x)$ 的一阶导数小于 $y = x$ 的一阶导数，那么迭代收敛。

借助上述分析，不难理解不动点迭代法的收敛准则：

(1) $f(x)$ 在区间 $[a, b]$ 上连续；

(2) $f(x)$ 在区间端点处的值异号，即 $f(a) \cdot f(b) < 0$；

(3) 将 $f(x) = 0$ 写成等价形式 $x = g(x)$，对于 $[a, b]$ 中的任一点 ζ，$\lvert f'(\zeta) \rvert < 1$。[1]

满足以上条件的不动点迭代法收敛，区间 $[a, b]$ 中的任一点都可以作为初值。

---

1) $\lvert f'(\zeta) \rvert < 1$ 是迭代收敛的充分条件，不是充要条件。所以，有的 $g(x)$ 即使不满足此条件，迭代也可能收敛。

　　实际中的待解方程经常是消去其他未知量后，推导得出，如下例中通过p、q两方程消去未知量a后得到关于x的方程，然后通过迭代法求解

$$
\left.
\begin{array}{l}
p(x, a) = 0 \\
q(x, a) = 0
\end{array}
\right\} \quad f(x) = 0
$$

这是很自然的做法。然而，不一定要推导出$f(x) = 0$后才可以使用迭代法。对于本例，迭代可以这样进行：取初值x_0，代入方程$p(x, a) = 0$计算出a，然后将此a值代入方程$q(x, a) = 0$计算出x，此为x_1，完成一次迭代。第四章例4.19、例4.20和例4.22的解法二就是采用这种方式。当然，迭代过程还可以是

$$
a_i \xrightarrow{\ \ p(x,a)=0\ \ } x \xrightarrow{\ \ q(x,a)=0\ \ } a_{i+1}
$$

解出a后，将之代入方程p或者q以计算出x。

2.1.3　Newton-Raphson 迭代法

　　Newton-Raphson 迭代法能够高效地获得方程的数值解，收敛速度高于不动点迭代法。Newton-Raphson 法的迭代公式如下：

$$
x_{i+1} = x_i - \frac{f(x_i)}{f'(x_i)} \qquad i = 0, 1, 2, \cdots
$$

该公式是通过$f(x)$的泰勒展开式，忽略二次及二次以上的项，推导而出。限于篇幅，推导过程不作介绍，感兴趣的读者可参阅文献[1]。

　　图 2.3 是迭代过程的几何解释。通过图 2.3，结合迭代公式，可以发现，Newton-Raphson 方法的基本思想是利用函数$f(x)$的切线与x轴的交点去逼近该函数与x轴的交点(即方程的根)。所以这种方法也称为"切线法"(tangent method)。

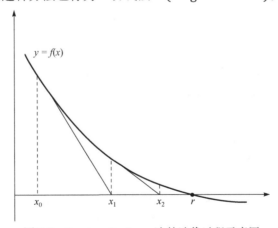

图 2.3　Newton-Raphson 法的迭代过程示意图

粗线表示函数$y = f(x)$，其与横轴的交点即为所求之根r；细直线表示函数分别在$[x_0, f(x_0)]$和$[x_1, f(x_1)]$两点处的切线，切线与横轴的交点表示为x_1和x_2

---

1) 邵利民. 2011. 分析化学数据解析中的微机应用. 合肥：中国科学技术大学出版社：87

Newton-Raphson 方法的收敛准则如下：

(1) $f'(x)$ 和 $f''(x)$ 在 $[a,b]$ 上存在且保持各自符号不变；

(2) $f(a) \cdot f(b) < 0$；

(3) 初值 x_0 满足条件：对于 $[a,b]$ 中的任一点 ζ，$f(x_0) \cdot f''(\zeta) > 0$。

一阶导数反映函数的增减性，二阶导数反映函数的凸凹性[1]。所以，Newton-Raphson 迭代收敛的几何含义是：函数在求根区间上的增减性和凸凹性保持不变。

与不动点迭代法相比，Newton-Raphson 方法具有明显优点：迭代公式不再随意，迭代收敛性更容易控制，最重要的一点是收敛速度更快。

下面通过 Newton-Raphson 方法求解 2.1.2 中的方程。迭代公式如下：

$$x_{i+1} = x_i - \frac{x_i^3 - 11x_i + 10}{3x_i^2 - 11}$$

根据收敛准则选择初值 $x_0 = 3$，终止条件为 $|x_{i+1} - x_i| < 10^{-5}$。迭代过程如下：

迭代次数 i	x_i	$x_{i+1} = x_i - \dfrac{x_i^3 - 11x_i + 10}{3x_i^2 - 11}$	$|x_{i+1} - x_i|$
1	3	2.75000	0.25000
2	2.75000	2.70321	0.04679
3	2.70321	2.70156	0.00165
4	2.70156	2.70156	$< 10^{-5}$

4 次迭代即可满足精度要求。可以验证，如果使用不动点迭代方法，以 $x_0 = 3$ 为初值，达到同样精度需要 16 次迭代。

在 Newton-Raphson 迭代公式中，$\frac{f(x_i)}{f'(x_i)}$ 可以视为对(旧值) x_i 的修正(以获得新值)。当 x_i 距离真实根较远时，$f'(x_i)$ 较小，修正量 $\frac{f(x_i)}{f'(x_i)}$ 因此很大，从而使迭代值大幅度地接近真实根；当 x_i 距离真实根较近时，$f'(x_i)$ 较大，修正量 $\frac{f(x_i)}{f'(x_i)}$ 因此很小，从而使迭代值更精细地逼近真实根。所以，Newton-Raphson 法有一定的自适应(self-adaptive)特性，从上例中每次迭代的 $|x_{i+1} - x_i|$ 值可以看出这一点。方法利用了函数的变化特性，因此收敛速度较快。

需要说明的是，收敛准则中的 $f(x_0) \cdot f''(\zeta) > 0$ 是有效初值的充分条件，而不是充要条件。上例中，选用初值 $x_0 = 2$，尽管不满足收敛准则第 3 条，迭代也收敛；同样终止条件下，需要 8 次迭代。

Newton-Raphson 法的高效来自迭代公式中的一阶导数 $f'(x)$。但是，如果方程比较复杂，那么 $f'(x)$ 解析式的推导会特别麻烦。这种情况下，可以通过差分代替微分，即 $f'(x_i) \approx \frac{f(x_i+\Delta)-f(x_i)}{\Delta}$ (Δ 是一个预设的小值)，那么迭代过程不再需要一阶导数，只计算函数值即可。

---

1) $f'(x) > 0$，增函数；$f'(x) < 0$，减函数。$f''(x) < 0$，凹函数；$f''(x) > 0$，凸函数。

2.1.4　割线迭代法

2.1.3 最后提到用差分代替微分，以解决 Newton-Raphson 方法中需要推导一阶导数解析式的困难。还有其他计算差分的方法，例如：

$$f'(x_i) \approx \frac{f(x_i) - f(a)}{x_i - a} \text{ 或者} f'(x_i) \approx \frac{f(b) - f(x_i)}{b - x_i}$$

将之代入 Newton-Raphson 迭代公式后，就得到了所谓的割线法(secant method)的两个迭代公式。

$$x_{i+1} = x_i - \frac{x_i - a}{f(x_i) - f(a)} f(x_i)$$ 　　适用于 $f'(x)$ 与 $f''(x)$ 异号的情况，取初值 $x_0 = b$

$$x_{i+1} = x_i - \frac{b - x_i}{f(b) - f(x_i)} f(x_i)$$ 　　适用于 $f'(x)$ 与 $f''(x)$ 同号的情况，取初值 $x_0 = a$

图 2.4 是迭代过程的几何解释。结合迭代公式，不难发现割线法的基本思想是利用函数 $f(x)$ 的割线与 x 轴的交点去逼近该函数与 x 轴的交点，也就是方程的根。

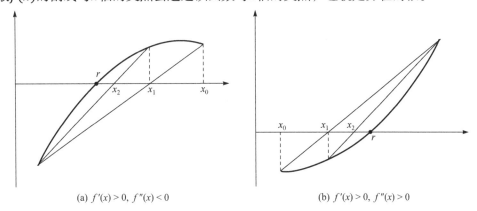

(a) $f'(x) > 0$, $f''(x) < 0$　　　　　　　(b) $f'(x) > 0$, $f''(x) > 0$

图 2.4　割线法的迭代过程示意图

粗线表示函数 $y = f(x)$ 在求根区间 $[a, b]$ 上的图像，其与横轴的交点即为所求之根 r；细直线表示函数分别在 x_0 与端点、x_1 与端点的割线；割线与横轴的交点表示为 x_1 和 x_2

割线法的收敛准则相当简单：

(1) $f'(x)$ 和 $f''(x)$ 在 $[a, b]$ 上存在且保持各自符号不变；

(2) $f(a) \cdot f(b) < 0$。

满足上述条件，使用前面介绍的两个公式之一的迭代过程收敛。

下面通过割线法求解 2.1.2 中的方程。简单验证可以发现：在 $[2, 3]$ 上 $f'(x)$ 和 $f''(x)$ 同号，所以使用第二个迭代公式，整理后得到：

$$x_{i+1} = x_i - \frac{3 - x_i}{4 - f(x_i)} f(x_i)$$

根据收敛准则选择初值 $x_0 = 2$。终止条件设定为 $|x_{i+1} - x_i| < 10^{-5}$。迭代过程如下：

迭代次数 i	x_i	$x_{i+1} = x_i - \dfrac{3 - x_i}{4 - f(x_i)} f(x_i)$	$\lvert x_{i+1} - x_i \rvert$
1	2	2.50000	0.50000
2	2.50000	2.65957	0.15957
3	2.65957	2.69353	0.03396
...	...	...	...
7	2.70155	2.70156	0.00001
8	2.70156	2.70156	$< 10^{-5}$

　　通常情况下，割线迭代法的收敛速度稍低于 Newton-Raphson 迭代法，但高于不动点迭代法。从上面的例子中可以看出这一点。

2.1.5　实际应用中的二分法和迭代法

　　二分法的优点是简单方便，对使用者的要求低(这也是作者在 iroots 和 iroots2 方程求解软件中采用二分法的原因)。二分法可以在指定区间求根，这是实际应用中的一个显著优点。以分析化学中的方程为例，未知数一般是正值，因此在正数范围内求根就可以避免不符合实际情况的负根，从而提高了求解效率。

　　二分法的缺点是收敛较慢。分析化学中的方程不太复杂，一般不影响(基于二分法的)软件的求解效率。但是，如果使用没有编程功能的计算器，耗时就会太长，实用价值较低。

　　迭代法的收敛速度远高于二分法，所以，使用简单计算器也能求解分析化学中一些复杂方程，参见第四章例 4.19、例 4.20 和例 4.22 的解法二。

　　收敛性是迭代法的一个不足。迭代发散时，费时费力推导的迭代公式不再有效。有时即使收敛，解出的根却不符合实际情况，比如求解组分浓度得到负值。

　　综合以上，对于分析化学定量解析中的方程，尽量使用软件或者手机 app 进行求解。如果只有简单计算器，那么可以尝试迭代法，具体操作参见第四章例 4.5、例 4.19，第六章例 6.19 等。

2.2　基于 Matlab 的方程求解软件

　　化学平衡定量解析所涉及的复杂方程，曾经难以求解(这也是传统课程体系依赖简单算式的原因)。当前计算机硬件普及、软件丰富，求解已经不再困难。现在，人们更关心的是高效求解，降低软件使用成本，从而使不完全具备算法和编程知识的分析化学专业师生方便快速地求解方程。为此，作者基于 Matlab 有针对性地开发了方程绘图求解软件 iroots2。

　　作者曾开发过一个与 iroots2 原理和基本功能相同的软件 iroots，源代码参见附录五，下载地址 http://staff.ustc.edu.cn/~lshao/misc.html。iroots 适用于有一定 Matlab 编程基础的用户，不依赖于操作系统和屏幕分辨率；iroots2 更为易用，对用户的编程要求很低。

2.2.1 Matlab 简介

Matlab 是美国 MathWorks 公司出品的数学软件，典型应用包括数值计算、数据分析、算法开发、数据可视化以及应用程序开发。Matlab 已经发展成为涵盖多学科(如线性代数、自动控制、数字信号处理)，工作在多种操作系统(如 Windows、Mac OS、Unix)，适用于多种类型计算机(如个人计算机、小型机)的大型软件。

Matlab 语法接近自然语言，具有一定英语水平的使用者能够较快熟悉 Matlab 基础语法。另外，Matlab 表达式与数学、工程中常用的形式基本相同，符合科技人员的表达习惯，有利于提高编程效率。

Matlab 不仅易用，而且高效，这是由于其交互式环境和矩阵类型变量。在交互式环境中，用户输入指令，Matlab 即时执行并输出结果，所以有"演算纸式语言"的美誉。Matlab 的基本数据单位是矩阵，运算规则与线性代数一致，因此能够高效完成数值运算。例如，对数组[1 2 3]的元素求和，可以将数组赋予变量 A，A = [1 2 3](注意这是一个行向量)，然后通过表达式 A * ones(3, 1)即可得到结果 [1)。该例中，通过表达式 A * A′得到数组元素的平方和 [2)。

Matlab 的矩阵运算能够显著提高计算和编程效率，但是使用时应该注意区分对矩阵的操作和对矩阵元素的操作。例如，计算矩阵变量 A = [1 2 3]和 B = [2 3 4]对应元素的乘积，那么表达式 A * B 会出错(线性代数中两个行向量不能相乘)，正确的表达式是 A.* B，结果为[2 6 12]。该例中，表达式 A./ B 的结果是[0.5000 0.6667 0.7500]，而表达式 A / B 也因不符合线性代数运算规则而出错。本书中提供的 Matlab 代码中有.*和./这样的操作符，读者应该正确理解其含义。

Matlab 实数全部采用双精度，绝大多数情况下能够满足精度要求。缺省状态下，Matlab 显示双精度数的 5 位，如果要全部显示，输入命令 format long。

Matlab 适用对象的范围很广，初学者可以在短时间内掌握基本操作；高级用户则能够使用 Matlab 的强大功能解决复杂问题。Matlab 既能快速完成一般数值运算和绘图，也可以编写较大程序，构建图形用户界面等。

Matlab 具有丰富的库函数，可以方便地实现用户所需的多种计算。不同领域的许多知名专家都参与了 Matlab 的开发，形成各自的软件包，称为工具箱(Toolbox)，如符号计算工具箱 Symbolic Math Toolbox，数字信号处理工具箱 DSP Toolbox，统计工具箱 Statistics Toolbox 等。这种意义上，Matlab 也可以看作一个强大的应用软件。

2.2.2 软件设计思路及特点

软件采用二分法。前面介绍的几种方程数值解法各有特点，然而，二分法在易用性方面无疑最具优势：用户不必建立迭代公式，也不必考虑迭代发散问题。二分法仅要求函数在求根区间上连续，且与横轴只有一个交点，这通过函数图像很容易判断。

---

1) ones(m, n)是 Matlab 的一个命令，用于生成产生一个m行n列、元素均为 1 的矩阵。

2) Matlab 中，撇号是转置操作，行/列向量的转置得到列/行向量。

软件绘制方程对应的函数的图像。图像直观反映函数与横轴的相交情况；通过图像缩放或者平移，用户能够快速确定符合二分法的求根区间，既提高效率，又避免漏根。此外，图像便于用户查看函数特征和细节，进而判断是否存在因绘图数据点不足而未能显示的交点。

软件的开发重点是界面。对于非专业人员而言，界面体验直接决定了求解效率。根据人们求解方程的自然思路，规划界面布局；遵循求解过程的内在逻辑，设置软件功能以及各功能之间的逻辑关系。界面设计完全服务于功能，在满足功能性的同时尽量简洁，所有功能均在界面上提供，没有设置菜单。

本软件从底层设计，仅使用 Matlab 基本运行环境和基础库函数，不需要任何工具箱 (Toolbox) 中的函数，用户因此不必另外购买任何 Matlab 工具箱。

2.2.3　软件安装和首次运行

用户从 http://staff.ustc.edu.cn/~lshao/misc.html 下载 iroots2 安装程序。软件可以安装在任意文件夹，但是其文件操作权限可能受限(如果权限不够，软件给出提示和解决方法)。为了避免权限方面的麻烦，建议将安装程序下载到当前用户桌面，然后默认安装。

上述文件操作权限是指求解过程中软件在自身文件夹创建和删除临时文件，不会对其他文件进行操作。

iroots2 要求 Matlab 的最低版本是 7.10.0.499 (R2010a)。如果 Matlab 版本太低，软件会给出相应提示。

软件安装成功后，首次运行需要在 Matlab 命令窗口输入 iroots2，运行方法在软件文件夹中的 The First Running.pdf 有详细介绍。这种略显繁琐的手动运行方式仅需一次。首次运行时，iroots2 在用户许可后，会自动创建一个快捷方式，以后通过点击快捷方式按钮，即可方便地运行该软件。

2.2.4　软件使用

软件的主界面如图 2.5 所示。最上面的工具栏包含 5 个按钮，分别是"放大"、"缩小"、"平移"、"帮助"和"检查更新"；前 3 个按钮用于函数图像的操作。主界面划分为 Function 和 Action 两个功能区，分别用于输入方程表达式，以及绘制对应函数图像并求解方程。

在 Function 功能区，用户按照 Matlab 语法输入待解方程的表达式。为了简要说明语法规则，软件启动后即显示一个实例(见图 2.5)。用户点击"Syntax"按钮，可以查看另外一个稍显复杂的实例，是 CaF_2 在 $0.010\,mol\cdot L^{-1}$ 盐酸溶液中溶解平衡时关于[H^+]的高次方程。

方程输入完成后，用户需要点击"Finish"按钮，进行下一步。Clear 按钮清除所有输入。Function DB 按钮进入方程库，方程库在 2.2.5 详细介绍。

函数图像的绘制和方程求解在 Action 功能区完成。如图 2.5 所示，功能区下方是显示函数图像的坐标系。功能区上方是按钮、文本和编辑框等控件，这些控件组成一句完整表述：Plot the function from 1e-14 to 1 or around 0.0 with 10000 points, solve it。期望以这种扁平化方式既解释方程求解的过程,又完成相应功能,同时保持界面的简洁清晰。

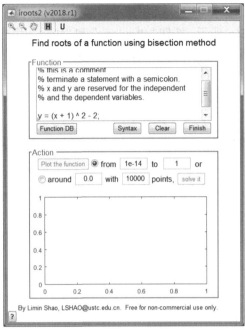

图 2.5　iroots2 软件主界面

　　求根区间端点的缺省值为 10^{-14} 和 1,目的是方便浓度的求解,因为化学平衡中组分浓度通常处于这个区间。区间端点的具体数值并不重要,只需满足"函数在区间内与横轴只有一个交点"的要求即可。用户如果知道方程的近似解,还可以选择在这个近似解附近绘图,软件会自动搜索一个满足要求的求根区间。当区间端点的数量级相差太大时,软件自动选择对数坐标。

　　用户单击"Plot the function"按钮,函数图像将显示在坐标系中。如果坐标系背景为绿色,说明满足"二分法"要求——函数与横轴只有一个交点,用户单击"solve it"按钮后,即显示求根结果和对应的函数值 [1],对于正根,还会显示其对数值。如果坐标系背景为红色,表明"二分法"的求根条件不满足——没有交点或者有多个交点,"solve it"按钮为不可点击状态。如果存在多个交点,通过工具栏上的按钮对图像进行缩放或者平移,改变横坐标的范围,直到坐标系变为绿色("solve it"按钮同时变为可点击状态),然后进行求解。通过这种方式,可以求得所有交点。

　　分析化学中的方程一般不太复杂,而且多是求解浓度,例如常见的求 pH 问题。所以,只要方程输入正确,使用软件默认的求根区间 $[10^{-14}, 1]$,两次鼠标点击即可求解——单击"Plot the function"绘图,图像背景绿色时单击"solve it"。

　　需要指出的是,如果软件给出的数值解太小,数量级接近 10^{-16},那么应该特别注意,详细说明参见 2.2.6。

---

1) 此函数值越接近零,数值解越准确。

2.2.5 方程库

求解过的方程被自动保存到一个数据库中。单击"Function DB"按钮进入数据库。数据库缺省界面如图 2.6(a)所示。按钮"Previous"和"Next"用于浏览数据库中的方程，方程的位置和创建时间显示在下方。鼠标右键单击此处，文本消失，取而代之的是一个滑动条，见图 2.6(b)。滑动条的功能与按钮"Previous"和"Next"相同，但是操作更加快捷，适用于方程较多时浏览和定位；滑动条的提示信息是方程位置和创建时间。鼠标右键单击滑动条，滑动条消失，文本复原。

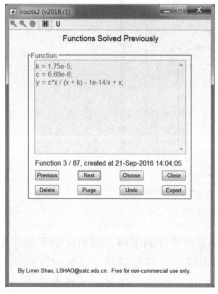

(a) 缺省界面   (b) 鼠标右键单击按钮上方文本后的界面

图 2.6   方程库界面

用户如果想再次求解数据库中的某个方程，定位到该方程后单击"Choose"。软件将返回方程求解界面，并自动完成方程的输入(按钮"Finish"处于不可点击状态)，用户直接在 Action 功能区实施求解。

通过按钮"Delete"或者"Purge"删除当前方程或者数据库中的所有方程，单击按钮"Undo"撤销删除。"Undo"只能撤销一次"Delete"操作，当用户无意删除多个方程而想全部撤销时，单击软件右上角的 X 按钮退出软件(不要单击"Close"按钮)，那么原来的数据库不受影响。

数据库以二进制格式保存。用户可以通过按钮"Export"将数据库中的方程导出到一个文本文件。

2.2.6 关于软件的进一步说明

如前所述，软件需要用户输入待解方程的表达式。即使表达式有些复杂，遵循 1.3.3 中的三原则，输入实际上比较容易。此外，Matlab 语法接近自然语言，不难掌握。为了方便用户了解简要 Matlab 语法，软件自带两个实例(见 2.2.4 中的说明)；相关语法要点总结如下：

(1) 变量区分大小写。

(2) 字母 x 和 y 为自变量和因变量的专用变量，不能他用。

(3) 以%开始的行是注释。建议进行必要的注释，以备参考，因为所有求解过的方程都被自动保存在数据库中。

(4) 如果方程表达式比较复杂，致使输入繁琐、易错，那么可以使用一些辅助变量，参见"Syntax"按钮提供的实例，或者本书中提供参考程序的例题。

(5) 每条语句应该以分号结束(用户如果忽略，软件会自动添加)。

(6) 运算符+、-、*、/、^分别代表加、减、乘、除、乘方。对于开n次方，可以使用^(1/n)。负数开奇数次方 Matlab 给出复数结果，如(-8)^(1/3)，结果是 $1.0000 + 1.7321i$，为了避免这一点，建议使用 nthroot，如 nthroot(-8, 3)，结果是-2。

(7) 如果表达式较长，输入时会自动折行。用户也可以自己断行，断行处添加省略号…。

如果方程的数值解非常小，需要特别注意。软件 iroots 和 iroots2 调用 Matlab 自带的求根函数 fzero。当求根区间端点小于浮点数的双精度($2.2×10^{-16}$)时，fzero 不再实施"二分法"，而是把小于 $2.2×10^{-16}$ 的区间端点作为方程的根。对于这种状况，简单的变量代换可以解决问题：假设 a 为原来的求解对象，如果软件给出的数值解小于 $2.2×10^{-16}$，那么令 b = ka(k 取较大值，以使得 b 大于 $2.2×10^{-16}$，数值视具体情况而定)，然后将 a = b/k 代入原方程，获得关于 b 的方程，求解该方程获得 b 的数值，最后通过 a = b/k 得到 a。参见第五章例 5.12。

软件的其他功能，如界面定制、升级等，详细介绍参见文献[1)]。

2.2.7　软件求解方程实例

通过一个实例演示方程求解的具体步骤。第三章例 3.1 计算 $0.10 mol·L^{-1}$ Na_2S 溶液的 pH，经过推导，得到关于$[OH^-]$的方程：

$$\frac{K_w}{[OH^-]} + 0.20 = \frac{K_{b1}[OH^-] + 2[OH^-]^2}{[OH^-]^2 + K_{b1}[OH^-] + K_{b1}K_{b2}} 0.10 + [OH^-]$$

式中，K_{b1} 和 K_{b2} 是S^{2-}的一级和二级水解常数，分别等于 $K_w/7.1×10^{-15}$ 和 $K_w/1.3×10^{-7}$。将等号右侧的项移到等号左侧(也可以将等号左侧的项移到等号右侧)，以获得 $f([OH^-]) = 0$形式：

$$\frac{K_w}{[OH^-]} + 0.20 - \frac{K_{b1}[OH^-] + 2[OH^-]^2}{[OH^-]^2 + K_{b1}[OH^-] + K_{b1}K_{b2}} 0.10 - [OH^-] = 0$$

方程$f([OH^-]) = 0$的根就是函数$y = f([OH^-])$与x轴的交点，用户在 iroots2 软件中输入 $y = f([OH^-])$表达式后，软件通过二分法获得这个交点。

---

1) 邵利民. 2017. 开发面向分析化学的复杂方程绘图求解软件. 大学化学，32(10): 52-60.

iroots2 求解上述方程，通常需要 4 个步骤，如图 2.7(a)所示。第 1 步输入表达式，参考代码如下(注意：字母 x 和 y 是函数自变量和因变量的专用变量)：

Kw = 1e-14; Kb1 = Kw/7.1e-15; Kb2 = Kw/1.3e-7;

y = Kw/x + 0.20 -(Kb1*x + 2*x^2) / (x^2 + Kb1*x + Kb1*Kb2) * 0.10- x;

第 2 步单击"Finish"按钮完成输入，第 3 步单击"Plot the function"按钮绘制图像，第 4 步单击"solve it"按钮进行求解。求解信息显示在一个窗口，如图 2.7(b)所示，其中包括根、根对应的函数值(越接近零根越准确)、根的对数(仅用于正根)。根据结果可知 pOH = 1.03，所以 pH = 12.97。

本书例题涉及的方程都通过上述方式完成求解。

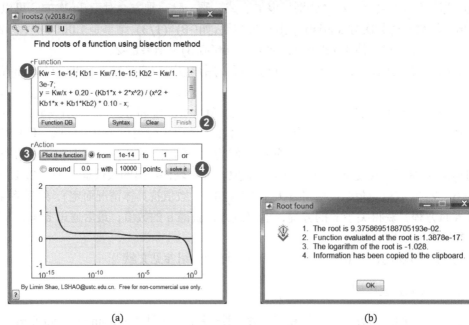

(a)   (b)

图 2.7　(a)：iroots2 解方程的常规步骤；(b)：求解结果

第三章 酸碱平衡和酸碱滴定

3.1 解析策略

在去公式化体系中，酸碱平衡和酸碱滴定的相关计算遵循第一章图 1.3 所示的理论框架。其中，基本等量关系是电荷平衡式 CBE，然后根据具体问题将 CBE 整理为包含目标未知量的方程，最后进行求解。

3.1.1 基础概念

在酸碱平衡的解析中，分布分数(fraction)可以显著提高计算效率。分布分数是弱酸(弱碱)组分的平衡浓度与弱酸(弱碱)的分析浓度的比值，符号是 δ。分布分数表示为关于 $[H^+]$ 或者 $[OH^-]$ 的代数式，分别称为酸式分布分数和碱式分布分数。以 HAc 溶液为例，组分 HAc 和 Ac^- 的分布分数的推导和形式如下：

$$\delta_{HAc} = \frac{[HAc]}{c_{HAc}} \qquad \delta_{Ac^-} = \frac{[Ac^-]}{c_{HAc}}$$

$$\downarrow c_{HAc} = [HAc] + [Ac^-]$$

$$\delta_{HAc} = \frac{[HAc]}{[HAc] + [Ac^-]} \qquad \delta_{Ac^-} = \frac{[Ac^-]}{[HAc] + [Ac^-]}$$

$$K_a = \frac{[H^+][Ac^-]}{[HAc]} \qquad K_b = \frac{[HAc][OH^-]}{[Ac^-]}$$

$$\delta_{HAc} = \frac{[H^+]}{[H^+] + K_a} \quad \delta_{Ac^-} = \frac{K_a}{[H^+] + K_a} \qquad \delta_{HAc} = \frac{K_b}{[OH^-] + K_b} \quad \delta_{Ac^-} = \frac{[OH^-]}{[OH^-] + K_b}$$

下面给出二元酸 $H_2C_2O_4$ 的酸式和碱式分布分数，以加深理解。三元酸和四元酸的情况类似，不再赘述。

$$\delta_{H_2C_2O_4} = \frac{[H^+]^2}{[H^+]^2 + K_{a1}[H^+] + K_{a1}K_{a2}} = \frac{K_{b1}K_{b2}}{[OH^-]^2 + K_{b1}[OH^-] + K_{b1}K_{b2}}$$

$$\delta_{HC_2O_4^-} = \frac{K_{a1}[H^+]}{[H^+]^2 + K_{a1}[H^+] + K_{a1}K_{a2}} = \frac{K_{b1}[OH^-]}{[OH^-]^2 + K_{b1}[OH^-] + K_{b1}K_{b2}}$$

$$\delta_{C_2O_4^{2-}} = \frac{K_{a1}K_{a2}}{[H^+]^2 + K_{a1}[H^+] + K_{a1}K_{a2}} = \frac{[OH^-]^2}{[OH^-]^2 + K_{b1}[OH^-] + K_{b1}K_{b2}}$$

其中，K_{a1} 和 K_{a2} 分别是 $H_2C_2O_4$ 的一级、二级离解常数，K_{b1} 和 K_{b2} 分别是 $C_2O_4^{2-}$ 的一级、二级水解常数；$K_{b1} = K_w / K_{a2}$，$K_{b2} = K_w / K_{a1}$。

酸式分布分数和碱式分布分数在理论上等价，但是在实际中受数值运算误差的影响不同。如果溶液酸性较强，应该使用酸式分布分数，因为此时$[OH^-]$的数值极小，更易受数值运算误差的影响。类似地，如果溶液碱性较强，则应该使用碱式分布分数。

分布分数从平衡常数和物料平衡式推导出，所以不是一个独立条件，在酸碱平衡解析中并非必要。但是，分布分数可以显著提高效率，即使在去公式化课程体系中也被广泛使用，这一点充分体现在本章的例题中。

3.1.2　CBE 在酸碱平衡定量解析中的作用

附录 3 证明了物料平衡式 MBE 可以导出电荷平衡式 CBE，所以，基于 MBE 的定量解析，不必再用 CBE。但是，对于酸碱平衡的定量解析，推荐使用 CBE，原因是 H+ 有多个来源，这种情况下 CBE 比 MBE 更加直观且不易出错。下面通过一个实例说明。

设有二元弱酸 H_2A 和一元弱酸 HB 混合溶液，分别根据 H_2A、HB 和 H_2O 的分子构成，得到如下 3 个 MBE(等号左侧是分子中 H 的量，等号右侧是分子中另一元素的量)：

$$[H^+]_A + [HA^-] + 2[H_2A] = 2([A^{2-}] + [HA^-] + [H_2A])$$

$$[H^+]_B + [HB] = [B^-] + [HB]$$

$$[H^+]_W + [OH^-] = 2[OH^-]$$

其中，$[H^+]_A$、$[H^+]_B$ 和 $[H^+]_W$ 分别表示 H_2A、HB 和 H_2O 离解出的氢离子的浓度。以$[H^+]$表示混合溶液中氢离子的浓度，那么存在以下等式：

$$[H^+] = [H^+]_A + [H^+]_B + [H^+]_W$$

通过以上 4 式，可以得到：

$$[H^+] = 2[A^{2-}] + [HA^-] + [B^-] + [OH^-]$$

容易发现，上式就是该酸碱溶液的 CBE，基于电中性原则可以直接列出。相比之下，MBE的列出过程更加复杂。

质子平衡式 PBE 常见于传统课程体系。但是，PBE 不是一个独立条件(证明参见附录 4)，比 CBE 更难列出，因而更易出错(详细解释参见文献[1])。PBE 不包含酸碱惰性离子，形式有时比 CBE 简洁一些，然而这种优势在计算中并不突出。基于这些原因，酸碱平衡的去公式化解析不再使用 PBE。

---

1) 邵利民. 2017. 论化学平衡中的独立等量关系. 大学化学, 32(11): 69-74.

3.2 常规计算

酸碱平衡的常规计算，多数情况下与 pH 有关，具体步骤如下：

> 1. 列出 CBE；
> 2. 通过分布分数将 CBE 整理为关于[H+]的方程；
> 3. 求解上述方程，得到[H+]。

如果溶液的碱性非常强，那么[H+]就是一个非常小的量，受数值运算误差的影响较大。这种情况下，第 2 步中应该使用碱式分布分数，整理出关于[OH⁻]的方程，解得[OH⁻]后再计算[H+]。

在传统的[H+]计算中，本质相同的酸碱平衡被划分为不同类型，如一元弱酸、多元弱酸、酸式盐等，每种类型都有数个近似公式以及相应的适用条件。这些公式在快速估算[H+]时比较方便。表 3.1 列出了一些常用公式供读者参考。

表 3.1 常见酸碱平衡[H+]的最简估算公式以及适用条件

酸碱平衡	[H+]计算公式	适用条件*
一元弱酸	$[H^+] = \sqrt{K_a c}$	$K_a c > 10 K_w$ 且 $c/K_a > 100$
多元弱酸	近似为一元弱酸	$K_{a2}/\sqrt{K_{a1} c} < 0.05$
弱酸 HA 和 HB 的混合	$[H^+] = \sqrt{K_{HA} c_{HA} + K_{HB} c_{HB}}$	两种酸都比较弱
酸式盐 NaHB	$[H^+] = \sqrt{K_{a1} K_{a2}}$	$K_{a2} c > 10 K_w$ 且 $c > 10 K_{a1}$
弱酸弱碱盐	$[H^+] = \sqrt{K_{a1} K_{a,2}}$	$K_{a2} c > 10 K_w$ 且 $c > 10 K_{a,1}$
HB 与 B⁻形成的缓冲溶液	$[H^+] = K_a c_{HB}/c_{B^-}$	$c_{HB} \gg [OH^-] - [H^+]$ $c_{B^-} \gg [H^+] - [OH^-]$

注：K_{a1} 和 K_{a2} 分别表示多元酸的一级、二级离解常数；$K_{a,1}$ 和 $K_{a,2}$ 分别表示两种弱酸/共轭酸的离解常数
*不同教材中的适用条件不完全相同，这里引用的是文献：武汉大学. 2006. 分析化学(上册). 5 版. 北京：高等教育出版社

基础概念；统一求解模式   难度：★★☆☆☆

例 3.1 计算分析浓度为 0.10 mol·L⁻¹ 的 Na₂S 溶液的 pH。相同浓度的 NaHS 溶液的 pH 又是多少？ ($K_1 = 1.3 \times 10^{-7}$，$K_2 = 7.1 \times 10^{-15}$)

解 Na₂S 溶液的 CBE 如下：

$$[H^+] + [Na^+] = [HS^-] + 2[S^{2-}] + [OH^-]$$

溶液碱性较强，所以通过碱式分布分数整理上式，得到：

$$\frac{K_w}{[OH^-]} + 0.20 = \frac{K_{b1}[OH^-] + 2[OH^-]^2}{[OH^-]^2 + K_{b1}[OH^-] + K_{b1}K_{b2}} 0.10 + [OH^-]$$

式中，K_{b1} 和 K_{b2} 分别是 S²⁻的一级和二级水解常数。通过软件解得[OH⁻] = 9.38×10⁻² mol·L⁻¹，所以 pH = 12.97。

　　如果是相同分析浓度的 NaHS 溶液，上述解题思路仍然适用，CBE 也相同，只是方程中[Na$^+$]变为 0.10。通过软件解得[OH$^-$] = 8.47×10^{-5} mol·L^{-1}，所以 pH = 9.93。

　　下面给出传统解法，以资对比。

　　对于 Na$_2$S 溶液，近似认为 Na$_2$S 是一元弱碱(必须忽略S^{2-}的二级水解，否则难以计算)，于是 K_b = 10^{-14} / 7.1×10^{-15}。经判断发现：$K_b > 20K_w$，$c / K_b < 400$，所以近似公式为：[OH$^-$] = $\dfrac{-K_b+\sqrt{K_b^2+4K_bc}}{2}$。代入相关数值，计算出[OH$^-$] = 9.38×10^{-2} mol·L^{-1}，所以 pH = 12.97，与精确结果相同。

　　对于 NaHS 溶液，忽略HS$^-$的离解和水解，认为[HS$^-$] = 0.10 mol·L^{-1}。经判断发现：$c > 20K_{a1}$，$cK_{a2} < 20K_w$，不能使用表 3.1 中酸式盐的最简式，适用公式是[H$^+$] = $\sqrt{\dfrac{K_{a1}(K_{a2}c+K_w)}{c}}$。代入相关数值，计算出[H$^+$] = 1.18×10^{-10} mol·L^{-1}，所以 pH = 9.93，与精确结果相同。

基础概念；统一求解模式　　　　　　　　　　　　　　　　　难度：★★☆☆☆

例3.2　分析浓度为 0.10 mol·L^{-1} 的弱酸 HB 溶液，测得 pH = 3.00。根据这些信息，计算分析浓度为 0.10 mol·L^{-1} 的 NaB 溶液的 pH。

　　解法一　HB 溶液的 CBE 如下：

$$[H^+] = [B^-] + [OH^-]$$

通过分布分数，上式整理为：

$$[H^+] = \frac{K_a}{[H^+] + K_a}c_{HB} + \frac{K_w}{[H^+]}$$

将c_{HB} = 0.10 mol·L^{-1} 和[H$^+$] = 0.0010 mol·L^{-1}代入上式，计算出 K_a = 1.01×10^{-5}。

　　NaB 溶液的 CBE 如下：

$$[H^+] + [Na^+] = [B^-] + [OH^-]$$

通过分布分数，上式整理为：

$$[H^+] + 0.10 = \frac{K_a}{[H^+] + K_a}c_{NaB} + \frac{K_w}{[H^+]}$$

将c_{NaB} = 0.10 mol·L^{-1} 和上面求得的 K_a 代入上式，然后通过软件解得[H$^+$] = 1.0×10^{-9} mol·L^{-1}，所以 pH = 9.00。

　　解法二　通过公式求解。对于 HB 溶液，存在近似公式(这里不考虑公式的适用条件)：

$$[H^+] = \sqrt{K_a c}$$

对于 NaB 溶液，存在近似公式(同样不考虑公式的适用条件)：

$$[OH^-] = \sqrt{K_b c}$$

以上两式相乘，得到：

$$[H^+][OH^-] = \sqrt{K_a K_b}c$$

将[H$^+$] = 10^{-3}、K_aK_b = 10^{-14} 和 c = 0.10 代入上式，即可求得[OH$^-$] = 10^{-5} mol·L^{-1}，所以 NaB 溶液的 pH = 9.00。

基础概念；统一求解模式 　　　　　　　　　　　　　　　　　难度：★★☆☆☆

例 3.3 烧杯中有 100.0 mL 0.30 mol·L^{-1} 的 HAc 溶液。欲通过 2.0 mol·L^{-1} 的 NaOH 溶液分别将其 pH 调整到 4.50、5.00 和 5.50，应加入多少毫升？（K_a = 1.8×10^{-5}）

解 无论加入多少毫升 NaOH 溶液，平衡体系的 CBE 均为：

$$[H^+] + [Na^+] = [Ac^-] + [OH^-]$$

通过分布分数，上式整理为：

$$[H^+] + [Na^+] = \frac{K_a}{[H^+] + K_a}c_{HAc} + \frac{K_w}{[H^+]}$$

设加入 V mL NaOH 溶液以将 pH 调节到预设值，那么在混合溶液中[Na$^+$] = $\frac{2.0V}{V+100}$，c_{HAc} = $\frac{30}{V+100}$。将之代入上式，得到：

$$[H^+] + \frac{2.0V}{V+100} = \frac{K_a}{[H^+]+K_a}\frac{30}{V+100} + \frac{K_w}{[H^+]}$$

令 $a = \frac{K_a}{[H^+]+K_a}$，$b = [H^+] - \frac{K_w}{[H^+]}$，那么容易推导出 V 的计算式：

$$V = \frac{30a - 100b}{b + 2.0}$$

分别代入[H$^+$] = 10$^{-4.50}$、10$^{-5.00}$、10$^{-5.50}$，计算出 V = 5.4 mL、9.6 mL、12.8 mL。

基础概念；统一求解模式 　　　　　　　　　　　　　　　　　难度：★★☆☆☆

例 3.4 今有分析浓度均为 0.20 mol·L^{-1} 的 H$_3$PO$_4$ 和 Na$_3$PO$_4$ 溶液，①量取 40.0 mL H$_3$PO$_4$ 溶液和 60.0 mL Na$_3$PO$_4$ 溶液；②量取 7.5 mL H$_3$PO$_4$ 和 25.0 mL Na$_3$PO$_4$ 溶液。分别计算两种混合溶液的 pH。（K_1 = 7.6×10^{-3}，K_2 = 6.3×10^{-8}，K_3 = 4.4×10^{-13}）

解 无论哪种混合溶液，其 CBE 均为：

$$[H^+] + [Na^+] = [H_2PO_4^-] + 2[HPO_4^{2-}] + 3[PO_4^{3-}] + [OH^-]$$

以 V_1 和 V_2 分别表示量取 H$_3$PO$_4$ 溶液和 Na$_3$PO$_4$ 溶液的体积，那么在混合溶液中[Na$^+$] = $\frac{0.60V_2}{V_1+V_2}$，$c_{PO_4^{3-}}$ = 0.20。通过分布分数，上式整理为：

$$[H^+] + \frac{0.60V_2}{V_1+V_2} = \frac{K_1[H^+]^2 + 2K_1K_2[H^+] + 3K_1K_2K_3}{[H^+]^3 + K_1[H^+]^2 + K_1K_2[H^+] + K_1K_2K_3}0.20 + \frac{K_w}{[H^+]}$$

① 将 V_1 = 40.0 mL、V_2 = 60.0 mL 代入上式，通过软件解得[H$^+$] = 1.6×10^{-8} mol·L^{-1}，所以 pH = 7.80。

② 将 V_1 = 7.5 mL、V_2 = 25.0 mL 代入上式，通过软件解得[H$^+$] = 1.2×10^{-12} mol·L^{-1}，所以 pH = 11.92。(该溶液碱性稍强，求解时理应使用碱式分布分数，但是软件精度较高，所以用酸式分布分数也获得准确结果)

基础概念；统一求解模式　　　　　　　　　　　　难度：★★☆☆☆

例 3.5　现有 HCl、NaHSO₄ 和 HAc 的混合溶液，分析浓度分别是 0.010 mol·L⁻¹、0.020 mol·L⁻¹ 和 0.020 mol·L⁻¹。计算：①该溶液的 pH；②加入等体积的 0.010 mol·L⁻¹ NaOH 溶液后体系的 pH。(HAc：$K = 1.8×10^{-5}$；HSO_4^-：$K = 1.0×10^{-2}$)

解　①混合酸的 CBE 如下：

$$[H^+] + [Na^+] = [Cl^-] + [HSO_4^-] + 2[SO_4^{2-}] + [Ac^-] + [OH^-]$$

通过分布分数，上式整理为：

$$[H^+] + 0.020 = 0.010 + \left(\frac{[H^+] + 2K_{a,1}}{[H^+] + K_{a,1}}\right)0.020 + \frac{K_{a,2}}{[H^+] + K_{a,2}}0.020 + \frac{K_w}{[H^+]}$$

式中，$K_{a,1}$ 和 $K_{a,2}$ 分别是 HSO_4^- 和 HAc 的离解平衡常数。

通过软件解得 $[H^+] = 0.017$ mol·L⁻¹，所以 pH = 1.77。

② 加入等体积的 0.010 mol·L⁻¹ NaOH 溶液后，易知关于 $[H^+]$ 方程的形式依旧，只是各物质的分析浓度数值发生了改变，相应方程变为：

$$[H^+] + 0.015 = 0.0050 + \left(\frac{[H^+] + 2K_{a,1}}{[H^+] + K_{a,1}}\right)0.010 + \frac{K_{a,2}}{[H^+] + K_{a,2}}0.010 + \frac{K_w}{[H^+]}$$

通过软件解得 $[H^+] = 6.2×10^{-3}$ mol·L⁻¹，所以 pH = 2.21。

基础概念；统一求解模式　　　　　　　　　　　　难度：★★☆☆☆

例 3.6　现有一元弱酸 HB 溶液 50.00 mL，以 0.1000 mol·L⁻¹ NaOH 标准溶液进行电势滴定，同时记录滴定曲线。从滴定曲线上获得：加入滴定剂 7.42 mL 时，pH = 4.30；化学计量点时，消耗滴定剂 37.10 mL。计算：①该弱酸的离解平衡常数。②滴定体系的 pH_{sp}。

解　根据化学计量点时滴定剂的消耗体积，可以计算出滴定前 HB 的分析浓度为 0.07420 mol·L⁻¹。

两个问题看似不同，实际上都需要滴定剂加入体积与平衡体系 $[H^+]$ 之间的函数关系。为了建立此函数关系，列出 CBE 如下：

$$[H^+] + [Na^+] = [B^-] + [OH^-]$$

设滴定剂加入体积为 V mL，那么在混合溶液中 $[Na^+] = \frac{0.1000V}{V+50.00}$，$c_{HB} = \frac{3.710}{V+50.00}$。通过分布分数将上式整理为 V 与 $[H^+]$ 的函数关系：

$$[H^+] + \frac{0.1000V}{V+50.00} = \frac{K_a}{[H^+] + K_a}\frac{3.710}{V+50.00} + \frac{K_w}{[H^+]}$$

① 将 $V = 7.42$ mL 和 $[H^+] = 10^{-4.30}$ mol·L⁻¹ 代入上式，计算出 $K_a = 1.26×10^{-5}$。

② 将 $V = 37.10$ mL 和 $K_a = 1.26×10^{-5}$ 代入上式，得到关于 $[H^+]$ 的方程，解之可得 $[H^+] = 1.7×10^{-9}$ mol·L⁻¹，所以 $pH_{sp} = 8.77$。

本题也可以通过传统方法求解。

对于第一问，根据化学计量点时滴定剂的消耗体积，可知 HB 的量为 3.710 mmol。加入滴定剂 7.42 mL 后，形成 HB-NaB 缓冲溶液，二者的分析浓度分别为 (3.710 − 0.742)/57.42

和 0.742 / 57.42。使用缓冲溶液[H+]计算公式$[H^+] = K_a c_{HB}/c_{NaB}$，计算出 $K_a = 1.26×10^{-5}$。

对于第二问，化学计量点时溶液中唯一的酸碱活性物质是 NaB，其分析浓度为 0.05000 mol·L⁻¹。这是一个弱碱，$K_b = 10^{-14} / K_a = 7.94×10^{-10}$。经判断发现：$K_b c > 20 K_w$，$c / K_b > 400$，所以可以用最简式$[OH^-] = \sqrt{K_b c}$，得到 $[OH^-] = 6.3×10^{-6}$ mol·L⁻¹，$pH_{sp} = 8.80$。

基础概念　　　　　　　　　　　　　　　　　　　　　　　难度：★★★☆☆

例 3.7　在磷酸盐溶液中，计算$H_2PO_4^-$浓度最大时的 pH。（$K_1 = 7.6×10^{-3}$，$K_2 = 6.3×10^{-8}$，$K_3 = 4.4×10^{-13}$）

解　分布分数反映了酸碱组分浓度与[H+]的关系。$H_2PO_4^-$的分布分数为：

$$\delta = \frac{K_1[H^+]^2}{[H^+]^3 + K_1[H^+]^2 + K_1K_2[H^+] + K_1K_2K_3}$$

求δ关于[H+]的导数，并使之等于零，得到：

$$\frac{d\delta}{d[H^+]} = \frac{K_1[H^+](-[H^+]^3 + K_1K_2[H^+] + 2K_1K_2K_3)}{([H^+]^3 + K_1[H^+]^2 + K_1K_2[H^+] + K_1K_2K_3)^2} = 0$$

得到：[H+] = 0(舍去)；或者$-[H^+]^3 + K_1K_2[H^+] + 2K_1K_2K_3 = 0$，通过软件解得[H+] = $2.2×10^{-5}$ mol·L⁻¹，所以，pH = 4.66 时$H_2PO_4^-$的浓度最大。

以上是精确解法。实际中如果编程比较方便，那么通过绘制 pH-δ曲线可以快速获得结果。下面是参考 Matlab 代码，其中第二条语句在 0~14 之间生成 10000 个均匀间隔的数据点。相应的曲线见图 3.1。搜索曲线最高点对应的 pH，即可得到 4.66。

```
k1 = 7.6e-3; k2 = 6.3e-8; k3 = 4.4e-13;
pH = linspace(0, 14, 10000);
H = 10 .^ -pH;
delta = k1 * H.^2 ./ (H.^3 + k1*H.^2 + k1*k2*H + k1*k2*k3);
figure; plot(pH, delta);
```

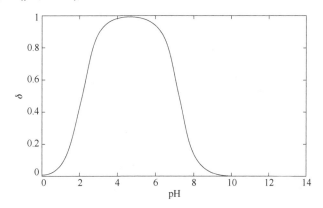

图 3.1　不同 pH 下$H_2PO_4^-$的分布分数

基础概念；基于 CBE 的分析 难度：★★★☆☆

例 3.8 试分析酸式盐 NaHB 溶液的 pH 等于、小于、大于 7 的条件。

解 列出 NaHB 溶液的 CBE：

$$[H^+] + [Na^+] = [HB^-] + 2[B^{2-}] + [OH^-]$$

通过分布分数，上式整理为：

$$[H^+] + c = \frac{K_1[H^+] + 2K_1K_2}{[H^+]^2 + K_1[H^+] + K_1K_2}c + [OH^-]$$

式中，c 表示 NaHB 的分析浓度。进一步整理后得到：

$$\frac{[H^+]^2 - K_1K_2}{[H^+]^2 + K_1[H^+] + K_1K_2}c = [OH^-] - [H^+]$$

分析等号两侧的正负关系。可以发现，如果左侧 $[H^+]^2 = K_1K_2$，那么右侧 $[OH^-] = [H^+]$，即 $[H^+] = 10^{-7}$，$K_1K_2 = 10^{-14}$；如果左侧 $[H^+]^2 > K_1K_2$，那么右侧 $[OH^-] > [H^+]$，即 $[H^+] < 10^{-7}$，$K_1K_2 < 10^{-14}$；如果左侧 $[H^+]^2 < K_1K_2$，那么右侧 $[OH^-] < [H^+]$，即 $[H^+] > 10^{-7}$，$K_1K_2 > 10^{-14}$。

综上所述，对于酸式盐 NaHB，如果 $K_1K_2 = 10^{-14}$，那么其溶液呈中性；如果 $K_1K_2 < 10^{-14}$，那么其溶液呈碱性，且 $\sqrt{K_1K_2} < [H^+] < 10^{-7}$；如果 $K_1K_2 > 10^{-14}$，那么其溶液呈酸性，且 $10^{-7} < [H^+] < \sqrt{K_1K_2}$。

相同结论见例 3.19。

基础概念；强酸弱酸混合溶液的深入分析 难度：★★★☆☆

例 3.9 现有 HAc 和 HCl 的混合溶液，分析浓度分别是 0.010 mol·L⁻¹ 和 0.0010 mol·L⁻¹。计算：①该溶液的 pH；②HAc 对平衡体系中 H⁺的贡献率；③HCl 对 HAc 离解的抑制率；④欲使 HAc 对 H⁺的贡献率达到 50%，HCl 的分析浓度应该是多少？$(K_a = 1.8×10^{-5})$

解 ①平衡体系的 CBE 如下：

$$[H^+] = [Ac^-] + [Cl^-] + [OH^-]$$

通过分布分数，上式整理为：

$$[H^+] = \frac{K_a}{[H^+] + K_a}0.010 + 0.0010 + \frac{K_w}{[H^+]}$$

通过软件解得 $[H^+] = 1.2×10^{-3}$ mol·L⁻¹（更准确一些的数值是 $1.15×10^{-3}$），所以，pH = 2.92。

②HAc 贡献的 H⁺的量等于 Ac⁻的量。通过分布分数，计算出 $[Ac^-] = 1.5×10^{-4}$ mol·L⁻¹，所以 HAc 对 H⁺的贡献率为 12.5%。

也可以这样计算：来自 HCl 的 H⁺的浓度等于 0.0010 mol·L⁻¹，所以平衡体系中来自 HAc 的 H⁺的浓度为 $1.15×10^{-3} - 0.0010 = 1.5×10^{-4}$ (mol·L⁻¹)。

③如果溶液中不存在 HCl，那么容易算出 $[H^+] = 4.2×10^{-4}$ mol·L⁻¹。第二问的结果表明：混合溶液中，HAc 贡献的 H⁺的浓度为 $1.5×10^{-4}$ mol·L⁻¹，所以 HAc 离解被 HCl 抑制了 64.3%。

④平衡体系中来自 HAc 和 HCl 的 H⁺的浓度分别等于[Ac⁻]和[Cl⁻]，所以当 HAc 对平衡体系 H⁺的贡献率为 50%时，[Ac⁻] = [Cl⁻]。这种情况下，CBE 变为：

$$[H^+] = 2[Ac^-] + [OH^-]$$

相应的方程为：

$$[H^+] = \frac{K_a}{[H^+] + K_a}0.020 + \frac{K_w}{[H^+]}$$

通过软件解出 [H⁺] = 5.91×10⁻⁴ mol·L⁻¹，将之代入 CBE 后计算出[Ac⁻] = 3.0×10⁻⁴ mol·L⁻¹，这也是溶液中Cl⁻的浓度。可见，当 HCl 的分析浓度低至 3.0×10⁻⁴ mol·L⁻¹ 时，才能使同一溶液中的 HAc 贡献出相同量的 H⁺。

下面介绍第一问的传统解法，以资对比。

对于强酸和弱酸(或者强碱和弱碱)混合溶液 pH 的计算，传统课程体系没有简单公式可用。计算时，如果弱酸浓度足够低，或者离解常数足够小，那么忽略弱酸。对本题而言，这样处理误差太大，因此基于 PBE(质子平衡式——传统体系处理酸碱平衡的基本等量关系)推导出关于[H⁺]的一元三次方程(形式与基于 CBE 推导出的方程相同)，然后忽略方程中的[OH⁻]，化简为一元二次方程，最后求解出[H⁺]，结果为 1.2×10⁻³ mol·L⁻¹。

使用求解软件时，一元二次方程和一元三次方程的求解基本没有差别。但是，这种差别在计算工具欠发达的年代相当显著，毕竟一元二次方程的求根公式要简单得多。

基础概念　　　　　　　　　　　　　　　　　　　　　　　　　　难度：★★☆☆☆

例3.10　现有二氯乙酸(表示为HB)和NH₄Cl混合溶液,二者的分析浓度均为 0.10 mol·L⁻¹，欲以 0.10 mol·L⁻¹的 NaOH 溶液滴定其中的二氯乙酸。计算 pHₛₚ。(二氯乙酸：K_a = 5.0×10⁻²；NH₃：K_b = 1.8×10⁻⁵)

解　化学计量点时的 CBE 如下：

$$[H^+] + [NH_4^+] + [Na^+] = [B^-] + [Cl^-] + [OH^-]$$

通过分布分数，上式整理为：

$$[H^+] + \frac{[H^+]}{[H^+] + K_{a,1}}c_{NH_4^+} + [Na^+] = \frac{K_{a,2}}{[H^+] + K_{a,2}}c_{HB} + [Cl^-] + \frac{K_w}{[H^+]}$$

式中，$K_{a,1}$和$K_{a,2}$分别表示NH₄⁺和二氯乙酸的离解常数。滴定对象是二氯乙酸，根据物质浓度和化学反应计量关系可知：sp 时滴定剂加入的体积等于被测物溶液的体积。所以 sp 时各物质的分析浓度为：$c_{NH_4^+}$ = 0.050 mol·L⁻¹、[Na⁺] = 0.050 mol·L⁻¹、c_{HB} = 0.050 mol·L⁻¹、[Cl⁻] = 0.050 mol·L⁻¹。将这些数值代入上式，然后通过软件解得[H⁺] = 3.73×10⁻⁶ mol·L⁻¹，所以 pHₛₚ = 5.43。

本题也可以通过传统方法求解。化学计量点时溶液中的组分是二氯乙酸钠和 NH₄Cl，二者的分析浓度均为 0.050 mol·L⁻¹。该溶液的酸碱性质等价于分析浓度均为 0.050 mol·L⁻¹ 的二氯乙酸铵和 NaCl 的混合溶液。这样，问题变为弱酸弱碱盐的[H⁺]计算。经判断发现：$c < 20K_{a,1}$，$cK_{a,1} > 20K_w$，不能使用表 3.1 中弱酸弱碱盐的最简式，适用的公式是

$[H^+] = \sqrt{\dfrac{K_{a,2}K_{a,1}c}{K_{a,2}+c}}$。代入相关数值，计算出$[H^+] = 3.73\times10^{-6}$ mol·L^{-1}，所以 pH$_{sp}$ = 5.43。

基础概念；统一求解模式　　　　　　　　　　　　　　　难度：★★☆☆☆

例 3.11　将 60.00 mL 0.400 mol·L^{-1} 的 H$_3$PO$_4$ 溶液与 12.00 mL 0.500 mol·L^{-1} 的 Na$_3$PO$_4$ 溶液混合，计算混合溶液的 pH。($K_1 = 7.6\times10^{-3}$，$K_2 = 6.3\times10^{-8}$，$K_3 = 4.4\times10^{-13}$)

解　在混合溶液中，$c_{\mathrm{H_3PO_4}} = 0.333$ mol·L^{-1}，$c_{\mathrm{Na_3PO_4}} = 0.0833$ mol·L^{-1}。混合溶液的 CBE 如下：

$$[H^+] + [Na^+] = [H_2PO_4^-] + 2[HPO_4^{2-}] + 3[PO_4^{3-}] + [OH^-]$$

通过分布分数，上式整理为：

$$[H^+] + 0.250 = \frac{K_1[H^+]^2 + 2K_1K_2[H^+] + 3K_1K_2K_3}{[H^+]^3 + K_1[H^+]^2 + K_1K_2[H^+] + K_1K_2K_3}0.416 + \frac{K_w}{[H^+]}$$

通过软件解得$[H^+] = 4.8\times10^{-3}$ mol·L^{-1}，所以 pH = 2.32。

下面介绍该题的传统解法，以资对比。传统解法来自文献[1]。

混合溶液中，$n_{\mathrm{H_3PO_4}} = 24.0$ mmol，$n_{\mathrm{Na_3PO_4}} = 6.00$ mmol。根据如下化学反应：

$$2H_3PO_4 + 3Na_3PO_4 == 4Na_2HPO_4 + NaH_2PO_4$$

生成 8.00 mmol Na$_2$HPO$_4$ 和 2.00 mmol NaH$_2$PO$_4$，反应消耗 6.00 mmol Na$_3$PO$_4$ 与 4.00 mmol H$_3$PO$_4$。过量的 20.0 mmol H$_3$PO$_4$ 继续与 8.00 mmol Na$_2$HPO$_4$ 发生如下反应：

$$H_3PO_4 + Na_2HPO_4 == 2NaH_2PO_4$$

生成 16.00 mmol NaH$_2$PO$_4$，反应消耗 8.00 mmol H$_3$PO$_4$。

根据上述分析，原混合溶液在酸碱性质上等价于(24.0 − 4.00 − 8.00) mmol H$_3$PO$_4$ 与 (2.00 + 16.00) mmol NaH$_2$PO$_4$ 的混合，而后者可以使用缓冲溶液 pH 的近似公式pH = pK_{a1} + lg(c_b/c_a)，结果为 2.30。

基础概念　　　　　　　　　　　　　　　　　　　　　难度：★★☆☆☆

例 3.12　配制 pH = 2.00、缓冲剂总浓度 0.10 mol·L^{-1} 的氨基乙酸(表示为 H$_2$B)缓冲溶液 100 mL，①需要氨基乙酸多少克？②需要加入多少毫升 1.0 mol·L^{-1} 的 NaOH 溶液。($K_1 = 4.5\times10^{-3}$；$K_2 = 2.5\times10^{-10}$；$M_r = 75.07$ g·mol^{-1})

解　①根据题意，计算出所需氨基乙酸为 0.75 g。

②配制缓冲溶液时，设需要加入 V mL NaOH 溶液，此时各物质的分析浓度为：$c_{\mathrm{H_2B}} = 0.10$，$c_{\mathrm{NaOH}} = \dfrac{1.0V}{100}$。缓冲溶液的 CBE 如下：

$$[H^+] + [Na^+] = [HB^-] + 2[B^{2-}] + [OH^-]$$

通过分布分数，上式整理为：

$$[H^+] + \frac{1.0V}{100} = \left(\frac{K_1[H^+] + 2K_1K_2}{[H^+]^2 + K_1[H^+] + K_1K_2}\right)0.10 + \frac{K_w}{[H^+]}$$

1) 武汉大学《定量分析习题精解》编写组. 1999. 定量分析习题精解. 北京：科学出版社.

将$[H^+]$ = 0.010 代入上式，计算出 V = 2.1 mL。

综上所述，先称取氨基乙酸 0.75 g，溶于 97.9 mL 蒸馏水中，然后加入 1.0 mol·L^{-1} 的 NaOH 溶液 2.1 mL，搅拌均匀后即得到所需缓冲溶液。

基础概念；统一求解模式　　　　　　　　　　　　　　难度：★★☆☆☆

例 3.13　现有 HB-NaB 缓冲溶液 100.0 mL，其中 HB 的分析浓度为 0.25 mol·L^{-1}。向此缓冲溶液加入 0.20 g NaOH 后，pH = 5.60(忽略溶液体积变化)。计算原缓冲溶液 pH 以及 NaB 的分析浓度。(K_a = 5.0×10^{-6})

解　设原缓冲溶液中 NaB 的分析浓度为 c。加入固体 NaOH 后，溶液中各物质的分析浓度为：c_{HB+NaB} = 0.25 + c，c_{Na^+} = c + 0.050。溶液 CBE 如下：

$$[H^+] + [Na^+] = [B^-] + [OH^-]$$

通过分布分数，上式整理为：

$$[H^+] + c + 0.050 = \frac{K_a}{[H^+] + K_a}(c + 0.25) + \frac{K_w}{[H^+]}$$

将$[H^+]$ = 10$^{-5.6}$ mol·L^{-1} 代入上式，计算出 c = 0.348 mol·L^{-1}。

对于原缓冲溶液，CBE 形式不变；从 CBE 整理出的方程如下：

$$[H^+] + 0.348 = \frac{K_a}{[H^+] + K_a}0.598 + \frac{K_w}{[H^+]}$$

然后通过软件解得$[H^+]$ = 3.59×10^{-6} mol·L^{-1}，所以 pH = 5.44。

基础概念；多种方法精度不同　　　　　　　　　　　　难度：★★☆☆☆

例 3.14　现有 pH = 5.00 的 HAc-NaAc 缓冲溶液 100 mL，如果通入 0.05 mol HCl(忽略溶液体积变化)后导致的 pH 变化小于 0.5 个单位，那么 HAc-NaAc 的总浓度必须高于多少？

解法一　通入 HCl 前后，溶液的 CBE 分别如下(前后改变的浓度通过下标 1 和 2 区分)：

$$[H^+]_1 + [Na^+] = [Ac^-]_1 + [OH^-]_1$$

$$[H^+]_2 + [Na^+] = [Ac^-]_2 + [Cl^-] + [OH^-]_2$$

通过$[Ac^-]$的分布分数，以上两式整理为：

$$[H^+]_1 + [Na^+] = \frac{K_a}{[H^+]_1 + K_a}c_总 + \frac{K_w}{[H^+]_1} \tag{1}$$

$$[H^+]_2 + [Na^+] = \frac{K_a}{[H^+]_2 + K_a}c_总 + [Cl^-] + \frac{K_w}{[H^+]_2} \tag{2}$$

式中，$c_总$表示缓冲组分总浓度。(2) − (1)以消去$[Na^+]$，得到：

$$[H^+]_2 - [H^+]_1 = \left(\frac{K_a}{[H^+]_2 + K_a} - \frac{K_a}{[H^+]_1 + K_a}\right)c_总 + [Cl^-] + \frac{K_w}{[H^+]_2} - \frac{K_w}{[H^+]_1}$$

易知：$[H^+]_2 = 10^{-4.5}\ mol\cdot L^{-1}$，$[H^+]_1 = 10^{-5}\ mol\cdot L^{-1}$，$[Cl^-] = 0.5\ mol\cdot L^{-1}$。将这些数值代入上式，计算出$c_总 = 1.8\ mol\cdot L^{-1}$。

解法二　利用公式。对于原缓冲溶液，存在如下公式：

$$5.00 = pK_a + \lg\frac{c_{NaAc}}{c_{HAc}}$$

加入 HCl 后 pH 变化 0.5 个单位，存在如下公式：

$$4.50 = pK_a + \lg\frac{0.100c_{NaAc} - 0.05}{0.100c_{HAc} + 0.05}$$

联立以上方程，解得$c_{HAc} = 0.638\ mol\cdot L^{-1}$，$c_{NaAc} = 1.148\ mol\cdot L^{-1}$，所以缓冲剂的总浓度为 $1.8\ mol\cdot L^{-1}$。

解法三　根据缓冲容量的定义$\beta = \frac{dc}{dpH} \approx \frac{\Delta c}{\Delta pH}$，可知$\beta \approx 1$。对于一元弱酸与其共轭碱形成的缓冲溶液，缓冲容量的计算式为：

$$\beta = \ln10[H^+] + \ln10\frac{[H^+]K_a}{([H^+]+K_a)^2}c_总 + \ln10\frac{K_w}{[H^+]}$$

将$\beta = 1$ 和$[H^+] = 10^{-5}\ mol\cdot L^{-1}$(也可以使用$[H^+] = 10^{-4.5}$,结果相同)代入上式,计算出$c_总 = 1.9\ mol\cdot L^{-1}$。

解法三的精度最低，原因是$\beta \approx 1$(用差分代替了微分)。

基础概念；多种解法精度不同　　　　　　　　　　　　　　难度：★★★☆☆

例 3.15　现有 pH = 10.00 的 NH_3-NH_4Cl 缓冲溶液 200 mL，如果加入 50 mL 0.1 $mol\cdot L^{-1}$ NaOH 溶液后导致的 pH 变化小于 0.1 个单位,那么缓冲剂的总浓度必须高于多少？($K_b = 1.8\times10^{-5}$)

本题与例 3.14 本质相同，只是更接近实际情况；计算略显复杂。

解法一　加入 NaOH 溶液前后，溶液的 CBE 分别如下(前后改变的浓度通过下标 1 和 2 区分)：

$$[H^+]_1 + [NH_4^+]_1 = [Cl^-]_1 + [OH^-]_1$$

$$[H^+]_2 + [NH_4^+]_2 + [Na^+] = [Cl^-]_2 + [OH^-]_2$$

以$c_总$表示原缓冲溶液中缓冲剂的总浓度，那么加入 NaOH 溶液后缓冲剂的总浓度变为 $\frac{4}{5}c_总$；同理，$[Cl^-]_2 = \frac{4}{5}[Cl^-]_1$。通过$[NH_4^+]$的分布分数，以上两式整理为：

$$[H^+]_1 + \frac{[H^+]_1}{[H^+]_1 + K_a}c_总 = [Cl^-]_1 + \frac{K_w}{[H^+]_1} \tag{1}$$

$$[H^+]_2 + \frac{[H^+]_2}{[H^+]_2 + K_a}\frac{4}{5}c_总 + \frac{1}{50} = \frac{4}{5}[Cl^-]_1 + \frac{K_w}{[H^+]_2} \tag{2}$$

(1) − (2) × 5/4 以消去$[Cl^-]_1$，得到：

$$[H^+]_1 - \frac{5}{4}[H^+]_2 + \left(\frac{[H^+]_1}{[H^+]_1 + K_a} - \frac{[H^+]_2}{[H^+]_2 + K_a}\right)c_总 - \frac{1}{40} = \frac{K_w}{[H^+]_1} - \frac{5}{4}\frac{K_w}{[H^+]_2}$$

易知：$[H^+]_1 = 10^{-10}$ mol·L^{-1}，$[H^+]_2 = 10^{-10.1}$ mol·L^{-1}。将这些数值代入上式，计算出$c_{总}$ = 0.91 mol·L^{-1}。

解法二　利用公式。对于原缓冲溶液，存在如下公式：

$$10 = pK_a + \lg \frac{c_{NH_3}}{c_{NH_4^+}}$$

加入 NaOH 溶液后 pH 变化 0.1 个单位，存在如下公式：

$$10.1 = pK_a + \lg \frac{200c_{NH_3} + 5}{200c_{NH_4^+} - 5}$$

联立以上方程，解得c_{NH_3} = 0.77 mol·L^{-1}，$c_{NH_4^+}$ = 0.14 mol·L^{-1}，所以缓冲剂的总浓度为 0.91 mol·L^{-1}。

解法三　根据缓冲容量的定义$\beta = \frac{dc}{dpH} \approx \frac{\Delta c}{\Delta pH}$，可知$\beta \approx 0.2$。对于一元弱碱与其共轭酸形成的缓冲溶液，缓冲容量的计算式为：

$$\beta = \ln 10 [H^+] + \ln 10 \frac{[H^+]K_a}{([H^+] + K_a)^2} c_{总} + \ln 10 \frac{K_w}{[H^+]}$$

将$\beta = 0.2$ 和$[H^+] = 10^{-10}$ mol·L^{-1}代入上式，计算出$c_{总} = 0.67$ mol·L^{-1}，该数值从 250 mL 溶液(200 mL 缓冲溶液 + 50 mL NaOH 溶液)得出，因此，对于原缓冲溶液，结果应为 0.67×5/4 = 0.84 (mol·L^{-1})。计算中如果使用$[H^+] = 10^{-10.1}$ mol·L^{-1}，那么结果是 0.99 mol·L^{-1}。

解法三的精度最低，原因是$\beta \approx 0.2$(用差分代替了微分)。

基础概念　　　　　　　　　　　　　　　　　　　　　　　　难度：★★★☆☆

例 3.16　通过分析浓度均为 0.50 mol·L^{-1} 的 H_3PO_4 溶液和 NaOH 溶液配制 pH = 7.50 的缓冲溶液 1.0 L。要求在 50.0 mL 此缓冲液中加入 5.0 mL 0.10 mol·L^{-1} 的 HCl 溶液后，pH 仅降低 0.4。如何配制？($K_1 = 7.6 \times 10^{-3}$，$K_2 = 6.3 \times 10^{-8}$，$K_3 = 4.4 \times 10^{-13}$)

解　本题与例 3.14 和例 3.15 本质相同，所以也有三种解法。这里只给出精确解法，近似解法参见例 3.14 和例 3.15。

以c_1和c_2分别表示原缓冲溶液中 H_3PO_4 和 NaOH 的分析浓度。加入 HCl 溶液前后，溶液的 CBE 分别如下(前后改变的浓度通过下标 1 和 2 区分)：

$$[H^+]_1 + [Na^+]_1 = [H_2PO_4^-]_1 + 2[HPO_4^{2-}]_1 + 3[PO_4^{3-}]_1 + [OH^-]_1$$

$$[H^+]_2 + [Na^+]_2 = [Cl^-] + [H_2PO_4^-]_2 + 2[HPO_4^{2-}]_2 + 3[PO_4^{3-}]_2 + [OH^-]_2$$

由于稀释作用，$[Na^+]_2 = \frac{10}{11}[Na^+]_1$，$H_3PO_4$ 的分析浓度也变为原来的$\frac{10}{11}$。使用分布分数，再令$a = [H^+] - \frac{K_w}{[H^+]}$，$b = \frac{K_1[H^+]^2 + 2K_1K_2[H^+] + 3K_1K_2K_3}{[H^+]^3 + K_1[H^+]^2 + K_1K_2[H^+] + K_1K_2K_3}$，以上两式整理为：

$$a + c_2 = bc_1 \big|_{pH=7.50}$$

$$a + \frac{10}{11}c_2 = \frac{1}{110} + \frac{10}{11}bc_1 \bigg|_{pH=7.10}$$

代入相应数值后，得到如下方程组(系数保留了多位数字，以减小数值运算误差)：

$$\begin{cases} -2.846 \times 10^{-7} + c_2 = 1.666c_1 \\ -0.1 + 10c_2 = 14.42c_1 \end{cases}$$

解方程组得到：$c_1 = 0.045$ mol·L^{-1}，$c_2 = 0.075$ mol·L^{-1}。

根据上述结果，容易计算出：量取 90 mL H$_3$PO$_4$ 溶液和 150 mL NaOH 溶液，混合后稀释至 1 L，即得所需缓冲溶液。

基础概念；滴定突跃　　　　　　　　　　　　　　　　难度：★★☆☆☆

例 3.17　以 c mol·L^{-1} HCl 溶液滴定同浓度的 NaOH 溶液。如果滴定突跃为 5.4 单位，计算 c。

解　用 V_{sp} 表示化学计量点时加入 HCl 溶液的体积，根据反应物浓度和滴定反应计量关系，易知被测物溶液的体积等于 V_{sp}。

在滴定突跃的上端点 pHJump_Upper，滴定剂加入体积为 $0.999V_{sp}$。此时，NaOH 剩余，其浓度约为 $\frac{cV_{sp}-c0.999V_{sp}}{0.999V_{sp}+V_{sp}} = \frac{c10^{-3}}{1.999}$，故 pHJump_Upper = 11 − lg1.999 + lg$c$。

在滴定突跃的下端点 pHJump_Lower，滴定剂加入体积为 $1.001V_{sp}$。此时，HCl 过量，其浓度约为 $\frac{c10^{-3}V_{sp}}{1.001V_{sp}+V_{sp}} = \frac{c10^{-3}}{2.001}$，故 pHJump_Lower = 3 + lg2.001 − lg$c$。

综合以上，滴定突跃为 8 − lg1.999 − lg2.001 + 2lg$c$。由此计算出 $c = 0.1002$ mol·L^{-1}。

基础概念；同一求解模式　　　　　　　　　　　　　难度：★★☆☆☆

例 3.18　以 0.10 mol·L^{-1} NaOH 溶液滴定同浓度邻苯二甲酸氢钾(邻苯二甲酸表示为 H$_2$B)溶液。计算被测物被滴定到 99.9%、100% 和 100.1% 时体系的 pH。($K_1 = 1.1\times10^{-3}$，$K_2 = 3.9\times10^{-6}$)

解　无论滴定到什么程度，平衡体系的 CBE 都是如下形式：

$$[\text{H}^+] + [\text{Na}^+] + [\text{K}^+] = [\text{HB}^-] + 2[\text{B}^{2-}] + [\text{OH}^-]$$

通过分布分数，上式整理为：

$$[\text{H}^+] + [\text{Na}^+] + [\text{K}^+] = \left(\frac{K_1[\text{H}^+] + 2K_1K_2}{[\text{H}^+]^2 + K_1[\text{H}^+] + K_1K_2}\right)c_{\text{H}_2\text{B}} + \frac{K_w}{[\text{H}^+]_{ep}} \tag{1}$$

分别用 V_{ep} 和 V_{sp} 表示滴定终点和化学计量点时加入 NaOH 溶液的体积，并令 $R = \frac{V_{ep}}{V_{sp}}$。根据反应物浓度和滴定反应的计量关系，易知被测物溶液的体积等于 V_{sp}。终点时溶液的总体积等于 $(V_{ep} + V_{sp})$，各物质的分析浓度为：$[\text{Na}^+] = \frac{0.10V_{ep}}{V_{ep}+V_{sp}} = \frac{0.10R}{R+1}$，$[\text{K}^+] = \frac{0.10V_{sp}}{V_{ep}+V_{sp}} = \frac{0.10}{R+1}$，$c_{\text{H}_2\text{B}} = \frac{0.10V_{sp}}{V_{ep}+V_{sp}} = \frac{0.10}{R+1}$。将这些表达式代入(1)式，得到：

$$[\text{H}^+] + \frac{0.10R}{R+1} + \frac{0.10}{R+1} = \left(\frac{K_1[\text{H}^+] + 2K_1K_2}{[\text{H}^+]^2 + K_1[\text{H}^+] + K_1K_2}\right)\frac{0.10}{R+1} + \frac{K_w}{[\text{H}^+]_{ep}} \tag{2}$$

易知，当被测物被滴定到 99.9%、100%、100.1% 时，R 分别等于 0.999、1 和 1.001；将 R 值代入(2)式，通过软件求解相应方程，最终得到 pH 分别为 8.39、9.05 和 9.72。

例 3.19 现有分析浓度分别为 c_1 和 c_2 的 NaAc 溶液和 NaHCO$_3$ 溶液。问：①NaAc 溶液的 pH 范围；②NaHCO$_3$ 溶液的 pH 范围；③相同 pH 下，c_1 与 c_2 的大小关系。(HAc: $K_a = 1.8 \times 10^{-5}$；H$_2$CO$_3$: $K_1 = 4.2 \times 10^{-7}$，$K_2 = 5.6 \times 10^{-11}$)

解 ①NaAc 溶液的 CBE 如下：

$$[H^+] + [Na^+] = [Ac^-] + [OH^-]$$

通过分布分数，上式整理为：

$$[H^+] + c_1 = \frac{K_a}{[H^+] + K_a}c_1 + \frac{K_w}{[H^+]}$$

继续整理，得到：

$$\frac{[H^+]}{[H^+] + K_a}c_1 = \frac{K_w}{[H^+]} - [H^+]$$

上式等号左侧项大于零，右侧项因此必须大于零，即 $\frac{K_w}{[H^+]} - [H^+] > 0$，进而得到 pH > 7。

②NaHCO$_3$ 溶液的 CBE 如下：

$$[H^+] + [Na^+] = [HCO_3^-] + 2[CO_3^{2-}] + [OH^-]$$

通过分布分数，上式整理为：

$$[H^+] + c_2 = \frac{K_1[H^+] + 2K_1K_2}{[H^+]^2 + K_1[H^+] + K_1K_2}c_2 + \frac{K_w}{[H^+]}$$

继续整理，得到：

$$\frac{[H^+]^2 - K_1K_2}{[H^+]^2 + K_1[H^+] + K_1K_2}c_2 = \frac{K_w}{[H^+]} - [H^+]$$

对于上式，如果等号左侧项大于零，即 $[H^+]^2 - K_1K_2 > 0$，得到 $[H^+] > 4.85 \times 10^{-9}$，那么等号右侧项必须大于零，即 $\frac{K_w}{[H^+]} - [H^+] > 0$，得到 $[H^+] < 10^{-7}$。如果考虑等号两侧同时小于零的情况，那么会得出矛盾的结论。因此得出：对于任意浓度的 NaHCO$_3$ 溶液，$4.85 \times 10^{-9} < [H^+] < 10^{-7}$，即 7 < pH < 8.31。相同结论见例 3.8。

③通过前面的结论，可以得到两溶液分析浓度的表达式：

$$c_1 = \frac{\frac{K_w}{[H^+]} - [H^+]}{\frac{[H^+]}{[H^+] + K_a}}, \quad c_2 = \frac{\frac{K_w}{[H^+]} - [H^+]}{\frac{[H^+]^2 - K_1K_2}{[H^+]^2 + K_1[H^+] + K_1K_2}}$$

相同 pH 下，比较 c_1 和 c_2 的大小就是比较以上两式中分母的小大关系，即判断下式中符号"<>"是小于号还是大于号。

$$\frac{[H^+]}{[H^+] + K_a} <> \frac{[H^+]^2 - K_1K_2}{[H^+]^2 + K_1[H^+] + K_1K_2}$$

整理上式后得到：

$$(K_1 - K_a)[H^+]^2 + 2K_1K_2[H^+] + K_aK_1K_2 <> 0$$

第 2 问的结论是 $7 < pH < 8.31$，所以应该在此 pH 范围内确定上式中的符号"<>"。为此，在 $7 < pH < 8.31$ 范围内绘制函数 $y = (K_1 - K_a)[H^+]^2 + 2K_1K_2[H^+] + K_aK_1K_2$ 的图像，结果见图 3.2。从图中可以看出：绝大多数情况下，函数小于零，即"<>"为"<"，所以 $c_1 > c_2$，相应的 pH 范围是 $7\sim8.309$（$4.91\times10^{-9} < [H^+] < 10^{-7}$）。但是确实存在"<>"应为">"的情况，相应的 pH 范围是 $8.309\sim8.31$（$4.85\times10^{-9} < [H^+] < 4.91\times10^{-9}$），这种情况下 $c_1 < c_2$。

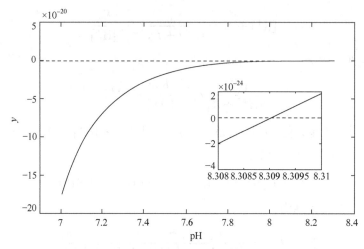

图 3.2　函数 $y = (K_1 - K)[H^+]^2 + 2K_1K_2[H^+] + KK_1K_2$ 的图像

嵌入图是原图像的放大部分

本题来自 2014 年全国高考卷-理综(新课标Ⅱ)选择题第 11 题。原题如下：

11. 一定温度下，下列溶液的离子浓度关系式正确的是

A. pH = 5 的 H_2S 溶液中，$c(H^+) = c(HS^-) = 1\times10^{-5}$ mol·L^{-1}

B. pH = a 的氨水溶液，稀释 10 倍后，其 pH 为 b，则 $a = b + 1$

C. pH = 2 的 $H_2C_2O_4$ 溶液与 pH = 12 的 NaOH 溶液任意比例混合：

$$c(Na^+) + c(H^+) = c(OH^-) + c(HCO_3^-)$$

D. pH 相同的①CH_3COONa②$NaHCO_3$③$NaClO$ 三种溶液的 $c(Na^+)$：①>②>③

答案是 D，但是，上述精确求解结果表明，该选项严格意义上是错误的，至少不严密。选项 D 的正确性在于忽略 H_2CO_3 的二级离解。选项 C 之所以错误，原因是忽略了 $H_2C_2O_4$ 的二级离解。这种逻辑矛盾的根源是近似处理思想。

3.3　酸碱滴定曲线

酸碱滴定曲线是滴定体系 pH 随滴定剂加入体积 V 的变化曲线。在传统课程体系中，滴定曲线通常分段绘制，在每一段使用特定公式产生 (V, pH) 数据点。以 NaOH 滴定 HAc

为例：滴定前使用一元弱酸 pH 计算公式；化学计量点之前使用缓冲溶液 pH 计算公式；化学计量点使用一元弱碱 pH 计算公式；化学计量点之后使用混合碱溶液 pH 计算公式(或者忽略 NaAc)。

传统绘制方法虽然简单，但是难以获得大量精确的(V, pH)数据点，所以绘制出的滴定曲线精度不高，一般不能用于定量计算(滴定曲线的定量计算功能参见第一章 1.1 中"滴定曲线"条目)。对于一些复杂体系，如多元酸或者混合酸，传统绘制方法难以胜任：不是公式太复杂，就是没有公式。

滴定曲线是函数$pH = f(V)$的图像，但是，函数解析式的推导非常困难，很多情况下解析式不存在。可见，传统的"公式化"绘制方法也是不得已而为之。反函数$V = g([H^+])$的解析式却很容易得到，因此在去公式化课程体系中，滴定曲线的绘制步骤是"指定 pH→计算$[H^+]$→通过反函数计算 V→获得(V, pH)数据点"。

通过反函数绘制滴定曲线时，作为横坐标的变量 V 的取值无法预先设定。所以，pH 范围尽量大一些，然后在绘制程序中保留所需的 V 值即可，具体操作参见以下例题。

例题通过 Matlab 计算(V, pH)数据点并绘制滴定曲线。程序中，linspace(a, b, n)为在$[a, b]$范围内生成的n个均匀间隔的数据点，其他语句容易理解。

绘制一元弱酸的滴定曲线 难度：★★☆☆☆

例3.20 现有 20.0 mL HAc 溶液，分析浓度为 $0.10 \ mol \cdot L^{-1}$，以同浓度的 NaOH 溶液滴定。绘制滴定曲线。($K_a = 1.8 \times 10^{-5}$)

解 用 V 表示 $0.10 \ mol \cdot L^{-1}$ NaOH 溶液的加入体积，此时滴定体系的总体积等于$(V + 20.0)$，各物质的分析浓度为：$c_{NaOH} = \frac{0.10V}{V+20.0}$，$c_{HAc} = \frac{2.0}{V+20.0}$。

绘制滴定曲线，需要建立$[H^+]$与 V 之间的函数关系。为此，列出 CBE：

$$[H^+] + [Na^+] = [Ac^-] + [OH^-]$$

通过分布分数，并结合相关物质的分析浓度，上式整理为：

$$[H^+] + \frac{0.10V}{V+20.0} = \frac{K_a}{[H^+]+K_a}\frac{2.0}{V+20.0} + \frac{K_w}{[H^+]}$$

令$a = \frac{K_a}{[H^+]+K_a}$，$b = [H^+] - \frac{K_w}{[H^+]}$，那么从上式容易推导出 V 的计算式：

$$V = \frac{2.0a - 20.0b}{0.10 + b}$$

基于上述反函数，很容易通过程序实现滴定曲线的绘制。下面是一个简单 Matlab 程序，其中保留了 0~40 之间的 V 值，最后两条语句用来获得滴定突跃。滴定曲线见图 3.3。

```
K = 1.8e-5;
pH = linspace(0.1, 14, 100000);
H = 10 .^ -pH;
a = K ./ (H + K);
b = H - 1e-14 ./ H;
V = (2.0*a - 20.0*b) ./ (0.10 + b);
```

```
Filter = find((V >= 0) & (V <= 40));
figure; plot(V(Filter), pH(Filter));
[NotNeeded, Position] = min(abs(V - 19.98)); pHJump_Lower = pH(Position);
[NotNeeded, Position] = min(abs(V - 20.02)); pHJump_Upper = pH(Position);
```

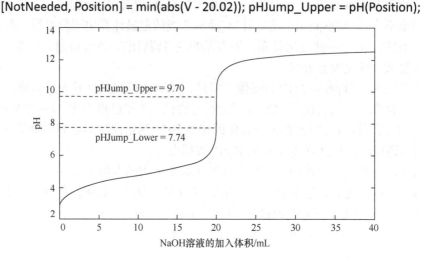

图 3.3　0.10 mol·L⁻¹ NaOH 溶液对 20.0 mL 同浓度 HAc 溶液的滴定曲线

图中标注了滴定突跃

绘制三元弱碱的滴定曲线　　　　　　　　　　　　　　　　　　　难度: ★★☆☆☆

例 3.21　现有 20.0 mL Na_3PO_4 溶液，分析浓度为 0.10 mol·L⁻¹，以同浓度的 HCl 溶液滴定。绘制滴定曲线。($K_1 = 7.6 \times 10^{-3}$，$K_2 = 6.3 \times 10^{-8}$，$K_3 = 4.4 \times 10^{-13}$)

解　用 V 表示 0.10 mol·L⁻¹ HCl 溶液的加入体积，此时滴定体系的总体积等于 $(V + 20.0)$，各物质的分析浓度为：$c_{HCl} = \frac{0.10V}{V+20.0}$，$c_{Na_3PO_4} = \frac{2.0}{V+20.0}$。

绘制滴定曲线，需要建立[H⁺]与 V 之间的函数关系。为此，列出 CBE:

$$[H^+] + [Na^+] = [Cl^-] + [H_2PO_4^-] + 2[HPO_4^{2-}] + 3[PO_4^{3-}] + [OH^-]$$

通过分布分数，并结合相关物质的分析浓度，上式整理为：

$$[H^+] + \frac{6.0}{V+20.0} = \frac{0.10V}{V+20.0} + \frac{K_1[H^+]^2 + 2K_1K_2[H^+] + 3K_1K_2K_3}{[H^+]^3 + K_1[H^+]^2 + K_1K_2[H^+] + K_1K_2K_3}\frac{2.0}{V+20.0} + \frac{K_w}{[H^+]}$$

令 $a = \frac{K_1[H^+]^2 + 2K_1K_2[H^+] + 3K_1K_2K_3}{[H^+]^3 + K_1[H^+]^2 + K_1K_2[H^+] + K_1K_2K_3}$，$b = [H^+] - \frac{K_w}{[H^+]}$，那么从上式容易推导出 V 的计算式：

$$V = \frac{2.0a - 6.0 - 20.0b}{b - 0.10}$$

基于上述反函数，很容易通过程序实现滴定曲线的绘制。下面是一个简单 Matlab 程序，其中保留了 0~80 之间的 V 值，最后六条语句用来获得滴定突跃。滴定曲线见图 3.4。

```
K1 = 7.6e-3; K2 = 6.3e-8; K3 = 4.4e-13;
pH = linspace(0.1, 14, 100000);
H = 10 .^ -pH;
```

```
a = (K1*H.^2 + 2*K1*K2*H + 3*K1*K2*K3)./(H.^3 + K1*H.^2 + K1*K2*H + K1*K2*K3);
b = H - 1e-14 ./ H;
V = (2.0*a - 6.0 - 20.0*b) ./ (b - 0.10);
Filter = find((V >= 0) & (V <= 80));
figure; plot(V(Filter), pH(Filter));
[NotNeeded, Position] = min(abs(V - 19.98)); pHJump_Upper1 = pH(Position);
[NotNeeded, Position] = min(abs(V - 20.02)); pHJump_Lower1 = pH(Position);
[NotNeeded, Position] = min(abs(V - 39.96)); pHJump_Upper2 = pH(Position);
[NotNeeded, Position] = min(abs(V - 40.04)); pHJump_Lower2 = pH(Position);
[NotNeeded, Position] = min(abs(V - 59.94)); pHJump_Upper3 = pH(Position);
[NotNeeded, Position] = min(abs(V - 60.06)); pHJump_Lower3 = pH(Position);
```

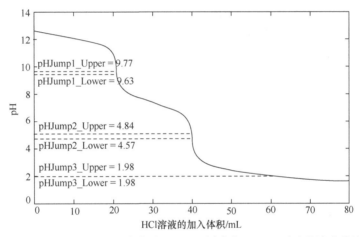

图 3.4　0.10 mol·L⁻¹ HCl 溶液对 20.0 mL 同浓度 Na₃PO₄ 溶液的滴定曲线

图中标注了滴定突跃

绘制混合酸的滴定曲线　　　　　　　　　　　　　　　　　难度：★★★☆☆

例 3.22　现有 10.0 mL HCl 和 $H_2C_2O_4$ 混合溶液，二者的分析浓度分别为 0.20 mol·L⁻¹ 和 0.10 mol·L⁻¹，以 0.10 mol·L⁻¹ NaOH 溶液滴定。绘制滴定曲线。($K_1 = 5.9×10^{-2}$，$K_2 = 6.4×10^{-5}$)

解　用 V 表示 0.10 mol·L⁻¹ NaOH 溶液的加入体积，此时滴定体系的总体积等于 $(V + 20.0)$，各物质的分析浓度为：$c_{NaOH} = \frac{0.10V}{V+10.0}$，$c_{HCl} = \frac{2.0}{V+10.0}$，$c_{H_2C_2O_4} = \frac{1.0}{V+10.0}$。

绘制滴定曲线，需要建立[H⁺]与 V 之间的函数关系。为此，列出 CBE：

$$[H^+] + [Na^+] = [Cl^-] + [HC_2O_4^-] + 2[C_2O_4^{2-}] + [OH^-]$$

通过分布分数，并结合相关物质的分析浓度，上式整理为：

$$[H^+] + \frac{0.10V}{V+10.0} = \frac{2.0}{V+10.0} + \frac{K_1[H^+] + 2K_1K_2}{[H^+]^2 + K_1[H^+] + K_1K_2}\frac{1.0}{V+10.0} + \frac{K_w}{[H^+]}$$

令 $a = \frac{K_1[H^+] + 2K_1K_2}{[H^+]^2 + K_1[H^+] + K_1K_2}$，$b = [H^+] - \frac{K_w}{[H^+]}$，那么从上式容易推导出 V 的计算式：

$$V = \frac{2.0 + a - 10.0b}{0.10 + b}$$

　　基于上述反函数，很容易通过程序实现滴定曲线的绘制。下面是一个简单 Matlab 程序，其中保留了 0~60 之间的 V 值，最后四条语句用来获得滴定突跃。滴定曲线见图 3.5。

```
K1 = 5.9e-2; K2 = 6.4e-5;
pH = linspace(0.1, 14, 100000);
H = 10 .^ -pH;
a = (K1*H + 2*K1*K2) ./ (H.^2 + K1*H + K1*K2);
b = H - 1e-14 ./ H;
V = (2.0 + a - 10.0*b) ./ (0.10 + b);
Filter = find((V >= 0) & (V <= 60));
figure; plot(V(Filter), pH(Filter));
[NotNeeded, Position] = min(abs(V - 29.97)); pHJump_Upper1 = pH(Position);
[NotNeeded, Position] = min(abs(V - 30.03)); pHJump_Lower1 = pH(Position);
[NotNeeded, Position] = min(abs(V - 39.96)); pHJump_Upper2 = pH(Position);
[NotNeeded, Position] = min(abs(V - 40.04)); pHJump_Lower2 = pH(Position);
```

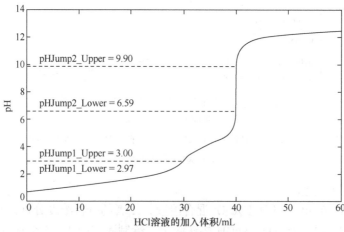

图 3.5　0.10 mol·L^{-1} NaOH 溶液对 10.0 mL HCl (c = 0.20 mol·L^{-1}) 和 H$_2$C$_2$O$_4$ (c = 0.10 mol·L^{-1}) 混合溶液的滴定曲线

　　该滴定体系有一个微弱的滴定突跃(小于 0.4 pH 单位)，出现在 V = 30.0 mL 处，这是 HCl 和 H$_2$C$_2$O$_4$ 第一级离解 H$^+$ 被滴定。第二个滴定突跃相当显著(大于 0.4 pH 单位)，出现在 V = 40.0 mL 处，这是 HCl 和 H$_2$C$_2$O$_4$ 前两级离解 H$^+$ 共同被滴定。所以，该滴定方案测量混合酸总量，其中 H$_2$C$_2$O$_4$ 被当作二元酸滴定。

　　滴定曲线表明，无法单独滴定混合酸中的 HCl，否则 V = 20.0 mL 处应该有一个明显的突跃。这是由于 H$_2$C$_2$O$_4$ 第一级离解非常显著，离解出的 H$^+$ 与 HCl 共同被滴定。

　　滴定曲线还表明，无法分别滴定 H$_2$C$_2$O$_4$ 两级离解的 H$^+$，否则 V = 30.0 mL 处突跃应该大于 0.4 pH 单位。这是由于 H$_2$C$_2$O$_4$ 第二级离解也比较显著，干扰了第一级离解 H$^+$

的滴定。不难设想，如果 $H_2C_2O_4$ 的 K_2 变小，那么有可能分别滴定 $H_2C_2O_4$ 两级离解的 H^+。让我们做个数字实验，将 K_2 的数量级降低至 -8，然后绘制滴定曲线，结果见图 3.6。图中 $V = 30.0$ mL 和 $V = 40.0$ mL 处的滴定突跃均大于 0.4 pH 单位。在第一个突跃，HCl 和 $H_2C_2O_4$ 被滴定到 NaCl 和 $NaHC_2O_4$，因此可以测定混合酸总量；在第二个突跃，$NaHC_2O_4$ 被滴定到 $Na_2C_2O_4$，因此可以测定 $H_2C_2O_4$ 量。

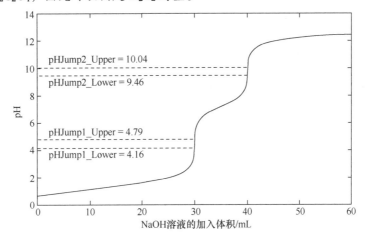

图 3.6　数字实验的滴定曲线：0.10 mol·L⁻¹ NaOH 溶液滴定 10.0 mL HCl ($c = 0.20$ mol·L⁻¹) 和 $H_2C_2O_4$ ($c = 0.10$ mol·L⁻¹) 混合溶液

数字实验中，$H_2C_2O_4$ 的二级离解常数由 6.4×10^{-5} 减小为 6.4×10^{-8}

3.4　酸碱滴定终点误差

在去公式化体系中，终点误差的计算基于如下体积定义式：

$$E_t = \frac{V_{ep} - V_{sp}}{V_{sp}} \times 100\% = (R - 1) \times 100\%$$

式中，V_{ep} 和 V_{sp} 分别表示终点和化学计量点时加入滴定剂的体积，$R = \frac{V_{ep}}{V_{sp}}$。首先列出终点时的电荷平衡式 CBE，然后将 CBE 整理为包含 $[H^+]$ 与 R 的关系式（整理过程中的关键点：①使用分布分数；②以 V_{sp} 表示出被测物溶液的体积），最后代入 $[H^+]_{ep}$（由指示剂确定，已知）计算 R。

基础概念　　　　　　　　　　　　　　　　　　　　难度：★★☆☆☆

例 3.23　现有分析浓度为 0.10 mol·L⁻¹ 的氨水，以同浓度的 HCl 溶液滴定。计算分别以酚酞（$pH_{ep} = 8.5$）和甲基橙（$pH_{ep} = 4.0$）为指示剂时的终点误差。($K_b = 1.8 \times 10^{-5}$)

解　分别用 V_{ep} 和 V_{sp} 表示滴定终点和化学计量点时加入 HCl 溶液的体积，并令 $R = \frac{V_{ep}}{V_{sp}}$。根据反应物浓度和滴定反应的计量关系，易知被测物溶液的体积等于 V_{sp}。

终点时溶液的总体积等于 $(V_{ep} + V_{sp})$，各物质的分析浓度为：$c_{NH_3,ep} = \frac{0.10 V_{sp}}{V_{ep} + V_{sp}} = \frac{0.10}{R+1}$，

$[\mathrm{Cl}^-]_{\mathrm{ep}} = \dfrac{0.10V_{\mathrm{ep}}}{V_{\mathrm{ep}}+V_{\mathrm{sp}}} = \dfrac{0.10R}{R+1}$。

欲计算终点误差，需要建立(已知的)$[\mathrm{H}^+]_{\mathrm{ep}}$ 与 R 之间的函数关系。为此，列出终点时的 CBE(无论使用哪种指示剂，CBE 都相同)：

$$[\mathrm{H}^+]_{\mathrm{ep}} + [\mathrm{NH}_4^+]_{\mathrm{ep}} = [\mathrm{Cl}^-]_{\mathrm{ep}} + [\mathrm{OH}^-]_{\mathrm{ep}}$$

通过分布分数，上式整理为：

$$[\mathrm{H}^+]_{\mathrm{ep}} + \dfrac{[\mathrm{H}^+]_{\mathrm{ep}}}{[\mathrm{H}^+]_{\mathrm{ep}}+K_{\mathrm{a}}} c_{\mathrm{NH_3,ep}} = [\mathrm{Cl}^-]_{\mathrm{ep}} + \dfrac{K_{\mathrm{w}}}{[\mathrm{H}^+]_{\mathrm{ep}}}$$

式中，K_{a} 表示 NH_4^+ 的离解平衡常数。将$c_{\mathrm{NH_3,ep}}$和$[\mathrm{Cl}^-]_{\mathrm{ep}}$的表达式代入上式，并令$a = \dfrac{[\mathrm{H}^+]_{\mathrm{ep}}}{[\mathrm{H}^+]_{\mathrm{ep}}+K_{\mathrm{a}}}$，$b = [\mathrm{H}^+]_{\mathrm{ep}} - \dfrac{K_{\mathrm{w}}}{[\mathrm{H}^+]_{\mathrm{ep}}}$，那么容易推导出 R 的计算式：

$$R = \dfrac{0.10a + b}{0.10 - b}$$

分别代入$[\mathrm{H}^+]_{\mathrm{ep}} = 10^{-8.5}$ 或者$[\mathrm{H}^+]_{\mathrm{ep}} = 10^{-4.0}$，计算出 $R = 0.8505$ 或者 $R = 1.002$，最终得到 $E_{\mathrm{t}} = (R-1) \times 100\% = -15\%$(酚酞)或者 $E_{\mathrm{t}} = 0.2\%$(甲基橙)。

基础概念　　　　　　　　　　　　　　　　　　　　　　难度：★★☆☆☆

例 3.24 现有苯甲酸(以 HB 表示)溶液 25.00 ml，以 0.1000 mol·L⁻¹ NaOH 溶液滴定。以甲基红为指示剂，终点 pH = 6.20 时消耗滴定剂 20.70 mL。计算：①HB 的原始浓度；②终点误差；③pH$_{\mathrm{sp}}$。($K_{\mathrm{a}} = 6.2 \times 10^{-5}$)

解 ①终点时溶液的 CBE 如下：

$$[\mathrm{H}^+]_{\mathrm{ep}} + [\mathrm{Na}^+]_{\mathrm{ep}} = [\mathrm{B}^-]_{\mathrm{ep}} + [\mathrm{OH}^-]_{\mathrm{ep}}$$

通过分布分数，上式整理为：

$$[\mathrm{H}^+]_{\mathrm{ep}} + [\mathrm{Na}^+]_{\mathrm{ep}} = \dfrac{K_{\mathrm{a}}}{[\mathrm{H}^+]_{\mathrm{ep}}+K_{\mathrm{a}}} c_{\mathrm{HB,ep}} + \dfrac{K_{\mathrm{w}}}{[\mathrm{H}^+]_{\mathrm{ep}}}$$

式中，$c_{\mathrm{HB,ep}}$表示苯甲酸在终点时的分析浓度。将$[\mathrm{Na}^+]_{\mathrm{ep}} = \dfrac{2.070}{45.70}$和$[\mathrm{H}^+]_{\mathrm{ep}} = 10^{-6.20}$代入上式，计算出$c_{\mathrm{HB,ep}} = 0.04576$ mol·L⁻¹。所以苯甲酸的原始浓度为$\dfrac{45.70 \times 0.04576}{25.00} = 0.08365$ (mol·L⁻¹)。

②根据上述结果，可知化学计量点时加入 NaOH 溶液的体积$V_{\mathrm{sp}} = \dfrac{0.08364 \times 25.00}{0.1000} = 20.91$ (mL)。所以，$E_{\mathrm{t}} = \dfrac{V_{\mathrm{ep}}-V_{\mathrm{sp}}}{V_{\mathrm{sp}}} \times 100\% = -1\%$。

③通过分布分数，将化学计量点时的 CBE(与①中 CBE 的形式相同)整理为关于$[\mathrm{H}^+]$的方程，再代入①和②的计算结果：苯甲酸的原始浓度为 0.08364 mol·L⁻¹，sp 时加入滴定剂的体积为 20.91 mL、溶液总体积为 45.91 mL。得到如下方程：

$$[\mathrm{H}^+]_{\mathrm{sp}} + \dfrac{2.091}{45.91} = \dfrac{K_{\mathrm{a}}}{[\mathrm{H}^+]_{\mathrm{sp}}+K_{\mathrm{a}}} \dfrac{0.08364 \times 25.00}{45.91} + \dfrac{K_{\mathrm{w}}}{[\mathrm{H}^+]_{\mathrm{sp}}}$$

通过软件解得$[\mathrm{H}^+]_{\mathrm{sp}} = 3.7 \times 10^{-9}$ mol·L⁻¹，所以 pH$_{\mathrm{sp}}$ = 8.43。

混合碱的选择性滴定 难度：★★★☆☆

例3.25 现有 NaOH 和 NaCN 混合溶液 25.00 mL，分析浓度分别是 0.10 和 0.020 mol·L^{-1}。通过 0.10 mol·L^{-1} HCl 标准溶液滴定其中的 NaOH，$pH_{ep} = 10.00$。计算：①滴定前溶液的 pH；②滴定体系的 pH_{sp}；③终点误差；④pH_{sp} 和 pH_{ep} 时，被滴定的CN$^-$的百分比。（$K_a = 6.2×10^{-10}$）

解 ①滴定前溶液的 CBE 如下：

$$[H^+] + [Na^+] = [CN^-] + [OH^-]$$

通过碱式分布分数，上式整理为：

$$\frac{K_w}{[OH^-]} + 0.12 = \frac{[OH^-]}{[OH^-] + K_b} 0.020 + [OH^-]$$

式中，K_b 表示CN$^-$的水解平衡常数。通过软件解得[OH$^-$] = 0.10 mol·L^{-1}，所以 pH = 13.00。使用酸式分布分数时，结果相同。

②本题中 NaOH 是滴定对象，NaCN 是干扰。所以，在化学计量点——理想状况下，加入滴定剂 HCl 的量等于 NaOH 的量，即滴定剂加入 25.00 mL。这样，化学计量点时 HCl、NaOH 和 NaCN 的分析浓度分别是 0.050 mol·L^{-1}、0.050 mol·L^{-1} 和 0.010 mol·L^{-1}。溶液的 CBE 如下：

$$[H^+]_{sp} + [Na^+]_{sp} = [CN^-]_{sp} + [Cl^-]_{sp} + [OH^-]_{sp}$$

通过分布分数，上式整理为：

$$[H^+]_{sp} + 0.060 = \frac{K_a}{[H^+]_{sp} + K_a} 0.010 + 0.050 + \frac{K_w}{[H^+]_{sp}}$$

通过软件解得[H$^+$]$_{sp}$ = 2.5×10^{-11} mol·L^{-1}，所以，$pH_{sp} = 10.60$。

这一问也可以通过传统方法求解。由于滴定对象是混合溶液中的 NaOH，而且浓度与滴定剂 HCl 溶液相同，所以 sp 时加入了等体积的 HCl 溶液，得到的是 50.00 mL NaCl 与 NaCN 的混合溶液，二者的分析浓度分别是 0.050 mol·L^{-1} 和 0.010 mol·L^{-1}。弱碱 NaCN 是其中唯一的酸碱活性物质；经判断发现：$K_b c > 20K_w$，$c/K_b > 400$，所以可以用最简式 $[OH^-] = \sqrt{K_b c}$，得到[OH$^-$] = 4.0×10^{-4} mol·L^{-1}，$pH_{sp} = 10.60$。

③用 V_{ep} 表示滴定终点时加入 HCl 溶液的体积，那么终点时溶液的总体积等于(V_{ep} + 25.00)。此时各物质的分析浓度为：$[Na^+]_{ep} = \frac{0.12×25.00}{V_{ep}+25.00}$，$c_{NaCN,ep} = \frac{0.020×25.00}{V_{ep}+25.00}$，$[Cl^-]_{ep} = \frac{0.10V_{ep}}{V_{ep}+25.00}$。

欲计算终点误差，需要建立(已知的)[H$^+$]$_{ep}$ 与 V_{ep} 之间的函数关系。为此，列出终点时的 CBE：

$$[H^+]_{ep} + [Na^+]_{ep} = [CN^-]_{ep} + [Cl^-]_{ep} + [OH^-]_{ep}$$

通过分布分数，上式整理为：

$$[H^+]_{ep} + [Na^+]_{ep} = \frac{K_a}{[H^+]_{ep} + K_a} c_{NaCN,ep} + [Cl^-]_{ep} + \frac{K_w}{[H^+]_{ep}}$$

将$[Na^+]_{ep}$、$c_{NaCN,ep}$和$[Cl^-]_{ep}$的表达式代入上式，并令$a = \frac{K_a}{[H^+]_{ep}+K_a}$，$b = [H^+]_{ep} - \frac{K_w}{[H^+]_{ep}}$，那么容易推导出$V_{ep}$的计算式：

$$V_{ep} = \frac{0.50a - 3.0 - 25.00b}{b - 0.10}$$

代入$[H^+]_{ep} = 10^{-10}$ mol·L^{-1}，计算出$V_{ep} = 25.64$ mL。另外，根据反应物浓度和滴定反应计量关系，易知化学计量点时加入 HCl 溶液的体积 V_{sp} 等于被测物溶液体积，即 $V_{sp} = 25.00$ mL，这样求得终点误差$E_t = \frac{V_{ep}-V_{sp}}{V_{sp}} \times 100\% = 2.6\%$。

④滴定过程中，CN^-与滴定剂 HCl 反应，生成 HCN。所以，sp 时被滴定的CN^-的量就是$n_{HCN,sp} - n_{HCN,0}$，其中$n_{HCN,0}$和$n_{HCN,sp}$分别表示滴定前和化学计量点时溶液中 HCN 的物质的量。因此，sp 时被滴定的CN^-的百分比是：

$$\frac{n_{HCN,sp} - n_{HCN,0}}{n_{NaCN}} = \delta_{HCN}|_{pH=10.60} - \delta_{HCN}|_{pH=13.00} = 3.9\%$$

同理可以算出 ep 时被滴定的CN^-的百分比是 13.9%。

3.5 酸碱滴定准确滴定判别

酸碱滴定中，目测颜色变化存在不确定性。通常认为，这种不确定性导致 pH_{ep} 偏离 pH_{sp} 0.2 个单位；判断相应的终点误差是否超出允许范围(一般是±0.1%)，就是准确滴定判别。

准确滴定判别的第一种实施方法可以称为"终点误差法"。该方法的步骤如下：

1. 计算$[H^+]_{sp}$；
2. 计算$[H^+]_{ep} = [H^+]_{sp}10^{0.2}$(或者$[H^+]_{ep} = [H^+]_{sp}10^{-0.2}$)；
3. 计算$[H^+]_{ep}$对应的终点误差，并判断是否在允许范围之内。

这种方法的优点是容易理解，但是计算量较大。与本书配套的教材《分析化学》(邵利民，科学出版社，2016)中的例题求解多采用这种方法。

准确滴定判别的第二种实施方法可以称为"滴定突跃法"。该方法的步骤如下：

1. 以 V 和 V_{sp} 分别表示某一滴定时刻和化学计量点时加入滴定剂的体积，令$R = \frac{V}{V_{sp}}$；
2. 通过分布分数，将 CBE 整理为包含$[H^+]$和 R 的等式。整理过程中的关键点是以 V_{sp} 表示出被测物溶液的体积；
3. 将 $R = 0.999$ 和 $R = 1.001$ 分别代入上述等式，求解相应方程获得$[H^+]_{R=0.999}$和$[H^+]_{R=1.001}$，然后计算滴定突跃$|pH_{R=0.999} - pH_{R=1.001}|$；
4. 判断滴定突跃是否大于 0.4。

第三步中 $R = 0.999$ 和 $R = 1.001$ 这两个数值源自允许误差±0.1%；如果允许误差是±0.3%，那么这两个数值就是 0.997 和 1.003。第四步中的 0.4 这一数值源自目测不确定性所导致

的 $\Delta pH = 0.2$；如果这种不确定性导致了 0.3 pH 单位的偏离，那么该数值就是 0.6。

例 3.27、例 3.28 采用"滴定突跃法"进行准确滴定判别。

准确滴定判别的第三种实施方法可以称为"滴定曲线法"。该方法的步骤如下：

> 1. 以 V 表示某一滴定时刻加入滴定剂的体积；
> 2. 通过分布分数，将 CBE 整理为形如 $V = g([H^+])$ 的等式，整理过程中的关键点是以 V_{sp} 表示出被测物溶液的体积；
> 3. 基于 $V = g([H^+])$，以"指定 pH→计算[H$^+$]→计算 V"的方式获得(V, pH)数据点，进而绘制横坐标 V、纵坐标 pH 的滴定曲线；
> 4. 在曲线上查找 $0.999 V_{sp}$ 和 $1.001 V_{sp}$ 分别对应的 pH，然后计算其差值，即为滴定突跃。最后判断滴定突跃是否大于 0.4。

第四步中的"查找"是形象说法，实际上是在曲线绘制程序中通过查找命令完成。

"滴定曲线法"通过反函数 $V = g([H^+])$ 提高绘制效率。关于通过反函数绘制滴定曲线的详细介绍，参见本章 3.3 节。

"终点误差法""滴定突跃法"和"滴定曲线法"的原理相同，但是后两种方法的效率更高，尤其是"滴定曲线法"，在多元酸和混合酸的准确滴定判别中，效率最高，而且直观，参见例 3.29 和例 3.30。

上述三种方法属于精确求解，传统课程体系采用判别式。判别式虽然简单，但是适用范围有限，有的判别式也不严谨。下面介绍一些常见的判别式。

> 1. 一元弱酸准确滴定判别式：$K_a c_{sp} \geqslant 10^{-8}$（$c_{sp}$ 表示弱酸在化学计量点时的分析浓度）。
> 2. 多元弱酸分步滴定判别式：$\dfrac{K_{a1}}{K_{a2}} \geqslant 10^6$（$K_{a1}$ 和 K_{a2} 分别表示第一级、第二级离解常数）[1]。条件如果成立，再判断 $K_{a1} c_{sp} \geqslant 10^{-8}$，如果此条件也成立，那么可以准确滴定第一级离解的 H$^+$，不受第二级离解 H$^+$的干扰。
> 3. 混合弱酸分别滴定判别式：$\dfrac{K_{a,1} c_{1,sp}}{K_{a,2} c_{2,sp}} \geqslant 10^6$（下标 1、2 分别表示弱酸 1 和弱酸 2）[2]。条件如果成立，再判断$K_{a,1} c_{1,sp} \geqslant 10^{-8}$，如果此条件也成立，那么可以准确滴定弱酸 1，不受弱酸 2 的干扰。

需要注意上述判别式中的数值，它们是在目测不确定性 $\Delta pH = 0.2$ 和允许误差±0.1%这两个条件下得到的。如果 ΔpH 或者允许误差不同，那么判别式中的数值会发生变化。有关讨论参见文献(武汉大学，2006)第五章第七、八节，这里不再赘述。

一元酸的准确滴定判别　　　　　　　　　　　　　　　　难度：★★☆☆☆

例 3.26　能否准确滴定分析浓度为 0.010 mol·L^{-1} 的一元弱酸 HB？（$K_a = 1.0 \times 10^{-5}$）

解　设滴定剂是同浓度的 NaOH 溶液。分别用 V 和 V_{sp} 表示某一滴定时刻和化学计

---

1) 该条件不严谨，详细讨论参见《分析化学》(邵利民，科学出版社，2016)例题 3.25~3.27。

2) 该条件不严谨，详细讨论参见《分析化学》(邵利民，科学出版社，2016)例题 3.28、3.29。

量点时加入 NaOH 溶液的体积，并令 $R = \dfrac{V}{V_{sp}}$。根据反应物浓度和滴定反应的计量关系，易知被测物溶液的体积等于 V_{sp}。

加入 V mL 滴定剂时，溶液总体积等于 $(V + V_{sp})$，各物质的分析浓度为：$c_{HB} = \dfrac{0.010V_{sp}}{V+V_{sp}} = \dfrac{0.010}{R+1}$、$c_{NaOH} = \dfrac{0.010V}{V+V_{sp}} = \dfrac{0.010R}{R+1}$。

欲进行准确滴定判别，需要建立[H$^+$]与 R 之间的函数关系。为此，列出体系的 CBE：

$$[H^+] + [Na^+] = [B^-] + [OH^-]$$

通过分布分数，并结合相关物质的分析浓度，上式整理为：

$$[H^+] + \frac{0.010R}{R+1} = \frac{K_a}{[H^+]+K_a}\frac{0.010}{R+1} + \frac{K_w}{[H^+]} \tag{1}$$

将 $R = 0.999$ 和 $R = 1.001$ 分别代入(1)式，通过软件解得[H$^+$]$_{R=0.999} = 1.2\times10^{-8}$ mol·L^{-1} 和[H$^+$]$_{R=1.001} = 1.7\times10^{-9}$ mol·L^{-1}。然后计算出滴定突跃|pH$_{R=0.999}$ − pH$_{R=1.001}$| = 0.85，滴定突跃大于 0.4，因此可以准确滴定弱酸 HB。

做一个数字实验，研究不同浓度和离解常数对准确滴定判别的影响。通过上述方法计算滴定突跃，结果见表 3.2。

表 3.2　一元弱酸 HB 在不同浓度 c 和离解常数 K_a 下的滴定突跃

c	K_a				
	1.0×10^{-3}	1.0×10^{-4}	1.0×10^{-5}	1.0×10^{-6}	1.0×10^{-7}
1.0×10^{-1}	3.7	2.7	1.7	0.9	0.3
1.0×10^{-2}	2.6	1.7	0.9	0.3	0.1
1.0×10^{-3}	1.2	0.8	0.3	0.1	0.1
1.0×10^{-4}	0.2	0.2	0.1	0.1	0.0

注：小于 0.4 单位的滴定突跃以灰色背景标识

从表 3.2 可以发现，准确滴定判别受弱酸分析浓度和离解常数的影响，这两个参数的数值越小，滴定突跃就越小，就可能无法准确滴定。另外还可以发现，传统判别式 $K_a c_{sp} \geqslant 10^{-8}$ 只在 $c = 1.0\times10^{-4}$、$K_a = 1.0\times10^{-3}$ 这种情形下不正确。对于简单问题，传统判别式比较可靠，而且效率很高。

混合酸的选择性滴定　　　　　　　　　　　　　　　　难度：★★★☆☆

例 3.27　现有 H$_2$SO$_4$ 和(NH$_4$)$_2$SO$_4$ 混合溶液，二者的分析浓度均为 0.050 mol·L^{-1}，欲以 0.10 mol·L^{-1} 的 NaOH 溶液滴定其中的 H$_2$SO$_4$。①能否准确滴定？ ②若用甲基橙为指示剂，pH$_{ep}$ = 4.4，计算滴定误差。(NH$_3$：K_b = 1.8×10^{-5}；HSO$_4^-$：K_a = 1.0×10^{-2})

解　①分别用 V 和 V_{sp} 表示某一滴定时刻和化学计量点时加入 NaOH 溶液的体积，并令 $R = \dfrac{V}{V_{sp}}$。根据反应物浓度和滴定反应的计量关系，易知被测物溶液的体积等于 V_{sp}。

加入 V mL 滴定剂时，溶液总体积等于 $(V + V_{sp})$，各物质的分析浓度为：$c_{NH_4^+} = \dfrac{2\times0.050V_{sp}}{V+V_{sp}} = \dfrac{0.10}{R+1}$，$c_{SO_4^{2-}} = \dfrac{2\times0.050V_{sp}}{V+V_{sp}} = \dfrac{0.10}{R+1}$、$c_{Na^+} = \dfrac{0.10V}{V+V_{sp}} = \dfrac{0.10R}{R+1}$。

欲进行准确滴定判别,需要建立[H$^+$]与R之间的函数关系。为此,列出体系的CBE:

$$[H^+] + [NH_4^+] + [Na^+] = 2[SO_4^{2-}] + [HSO_4^-] + [OH^-]$$

通过分布分数,并结合相关物质的分析浓度,上式整理为:

$$[H^+] + \frac{[H^+]}{[H^+] + K_{a,1}} \frac{0.10}{R+1} + \frac{0.10R}{R+1} = \frac{2K_{a,2} + [H^+]}{[H^+] + K_{a,2}} \frac{0.10}{R+1} + \frac{K_w}{[H^+]} \quad (1)$$

式中,$K_{a,1}$和$K_{a,2}$分别表示NH_4^+和HSO_4^-的离解平衡常数。

将$R = 0.999$和$R = 1.001$分别代入(1)式,通过软件解得$[H^+]_{R=0.999} = 8.9 \times 10^{-6}$ mol·L^{-1}和$[H^+]_{R=1.001} = 5.5 \times 10^{-7}$ mol·L^{-1}。然后计算出滴定突跃$|pH_{R=0.999} - pH_{R=1.001}| = 1.21$,滴定突跃大于0.4,因此可以准确滴定混合溶液中的H_2SO_4。

②以甲基橙为指示剂时,$pH_{ep} = 4.4$。将$[H^+]_{ep} = 10^{-4.4}$代入(1)式,计算出$R = 0.9953$,进而求得终点误差$E_t = -0.47\%$。

多元酸的准确滴定判别　　　　　　　　　　　　　　　　　　难度:★★★☆☆

例3.28　现有二元弱酸H_2B的溶液,其分析浓度为0.10 mol·L^{-1},欲以同浓度的NaOH滴定之。试分析:①能否准确滴定第一级离解的H$^+$?②能否准确滴定两级离解H$^+$的总量?($K_1 = 1.4 \times 10^{-2}$,$K_2 = 5.4 \times 10^{-7}$)

解　无论是哪种滴定情形,溶液体系的CBE都具有如下形式:

$$[H^+] + [Na^+] = [HB^-] + 2[B^{2-}] + [OH^-]$$

①分别用V和V_{sp}表示某一滴定时刻和化学计量点时加入NaOH溶液的体积,并令$R = \frac{V}{V_{sp}}$。判断能否准确滴定第一级离解的H$^+$时,根据反应物浓度和滴定反应的计量关系,易知被测物溶液的体积等于V_{sp}。

加入V mL滴定剂时,溶液总体积等于$(V + V_{sp})$,各物质的分析浓度为:$c_{H_2B} = \frac{0.10V_{sp}}{V + V_{sp}} = \frac{0.10}{R+1}$、$c_{Na^+} = \frac{0.10V}{V + V_{sp}} = \frac{0.10R}{R+1}$。

通过分布分数,并结合相关物质的分析浓度,CBE整理为:

$$[H^+] + \frac{0.10R}{R+1} = \frac{K_1[H^+] + 2K_1K_2}{[H^+]^2 + K_1[H^+] + K_1K_2} \frac{0.10}{R+1} + \frac{K_w}{[H^+]} \quad (1)$$

将$R = 0.999$和$R = 1.001$分别代入(1)式,通过软件解得$[H^+]_{R=0.999} = 8.2 \times 10^{-5}$ mol·L^{-1}和$[H^+]_{R=1.001} = 7.1 \times 10^{-5}$ mol·L^{-1}。然后计算出滴定突跃$|pH_{R=0.999} - pH_{R=1.001}| = 0.06$,滴定突跃小于0.4,因此不能准确滴定第一级离解的H$^+$。

②判断能否准确滴定两级离解H$^+$的总量,求解思路相同。根据反应物浓度和滴定反应的计量关系,易知被测物溶液的体积等于$0.5V_{sp}$。

加入V mL滴定剂时,溶液总体积等于$(V + 0.5V_{sp})$,各物质的分析浓度为:$c_{H_2B} = \frac{0.10 \times 0.5V_{sp}}{V + 0.5V_{sp}} = \frac{0.050}{R+0.5}$、$c_{Na^+} = \frac{0.10V}{V + 0.5V_{sp}} = \frac{0.10R}{R+0.5}$。

通过分布分数,并结合相关物质的分析浓度,CBE整理为:

$$[H^+] + \frac{0.10R}{R+0.5} = \frac{K_1[H^+] + 2K_1K_2}{[H^+]^2 + K_1[H^+] + K_1K_2} \frac{0.050}{R+0.5} + \frac{K_w}{[H^+]} \quad (2)$$

将 $R = 0.999$ 和 $R = 1.001$ 分别代入(2)式,通过软件解得$[H^+]_{R=0.999} = 1.2 \times 10^{-9}$ mol·L^{-1} 和$[H^+]_{R=1.001} = 1.3 \times 10^{-10}$ mol·L^{-1}。然后计算出滴定突跃$|pH_{R=0.999} - pH_{R=1.001}| = 0.96$,滴定突跃大于 0.4,因此可以准确滴定两级离解 H$^+$的总量。

多元碱的准确滴定判别　　　　　　　　　　　　　　　　　　难度:★★★☆☆

例 3.29　现有分析浓度为 0.10 mol·L^{-1} 的联氨(H$_2$NNH$_2$)溶液,欲以同浓度的 HCl 溶液滴定之。该滴定体系有几个滴定突跃?($K_{b1} = 9.8 \times 10^{-7}$,$K_{b2} = 1.3 \times 10^{-15}$)

解法一　本题实际上是判断有几个大于 0.4 的滴定突跃,思路和解法与例 3.28 相同。滴定第一级水解的OH$^-$时的滴定突跃:首先将 CBE 整理为包含[H$^+$]和 R 的等式;然后分别代入 $R = 0.999$ 和 $R = 1.001$,通过软件解得$[H^+]_{R=0.999} = 8.7 \times 10^{-6}$ mol·L^{-1} 和$[H^+]_{R=1.001} = 5.9 \times 10^{-5}$ mol·L^{-1};最后计算出滴定突跃$|pH_{R=0.999} - pH_{R=1.001}| = 0.83$,大于 0.4。

同理可以得到滴定前两级水解的OH$^-$时的滴定突跃,约为零。

所以,该滴定体系只有一个滴定突跃。实际上,联氨的 K_{b2} 非常小,在水溶液中被当作一元弱碱滴定。

解法二　通过"滴定曲线法"求解本题。读者可以发现,该方法比解法一更加高效、直观。

设被测物溶液体积为 20.0 mL[1]。加入 V mL 滴定剂时,溶液的总体积等于$(V + 20.0)$,各物质的分析浓度为:$c_{HCl} = \dfrac{0.10V}{V+20.0}$,$c_{N_2H_4} = \dfrac{2.0}{V+20.0}$。平衡体系的 CBE 为:

$$[H^+] + [N_2H_5^+] + 2[N_2H_6^{2+}] = [Cl^-] + [OH^-]$$

通过分布分数,并结合相关物质的分析浓度,CBE 整理为:

$$\frac{K_w}{[OH^-]} + \frac{K_{b1}[OH^-] + 2K_{b1}K_{b2}}{[OH^-]^2 + K_{b1}[OH^-] + K_{b1}K_{b2}} \frac{2.0}{V+20.0} = \frac{0.10V}{V+20.0} + [OH^-]$$

令 $a = \dfrac{K_{b1}[OH^-] + 2K_{b1}K_{b2}}{[OH^-]^2 + K_{b1}[OH^-] + K_{b1}K_{b2}}$,$b = \dfrac{K_w}{[OH^-]} - [OH^-]$,那么从上式容易推导出 V 的计算式:

$$V = \frac{2.0a + 20.0b}{0.10 - b}$$

基于上述反函数,很容易通过程序实现滴定曲线的绘制。下面是一个简单 Matlab 程序,其中保留了 0~60 之间的 V 值(目的绘制两个化学计量点前后的滴定曲线),最后四条语句用来获得滴定突跃。

```
K1 = 9.8e-7; K2 = 1.3e-15;
pH = linspace(0.1, 14, 100000);
OH = 10 .^ (pH – 14);
a = (K1*OH + 2*K1*K2) ./ (OH .^ 2 + K1*OH + K1*K2);
b = 1e-14 ./ OH – OH;
V = (2.0*a + 20.0*b) ./ (0.10 – b);
Filter = find((V >= 0) & (V <= 60));
```

---

1) 该数值不影响结论,取 20.00 是为了方便计算。

```
figure; plot(V(Filter), pH(Filter));
[NotNeeded, Position] = min(abs(V - 19.98)); pHJump1_Upper = pH(Position);
[NotNeeded, Position] = min(abs(V - 20.02)); pHJump1_Lower = pH(Position);
[NotNeeded, Position] = min(abs(V - 39.96)); pHJump2_Upper = pH(Position);
[NotNeeded, Position] = min(abs(V - 40.04)); pHJump2_Lower = pH(Position);
```

滴定曲线见图 3.7。从图中可以发现该滴定体系只有一个滴定突跃，发生在 H_2NNH_2 第一级水解的 OH^- 被滴定。在 $V = 40$ mL 附近，对应前两级水解的 OH^- 的滴定，图中显示，滴定突跃几乎为零。所以，该滴定体系有一个滴定突跃。

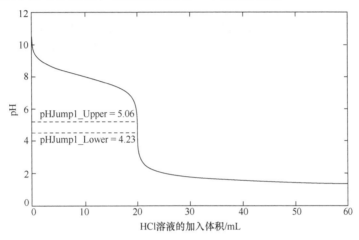

图 3.7　0.10 $mol·L^{-1}$ HCl 溶液对 20.0 mL 同浓度联氨溶液的滴定曲线
图中标注了第一个滴定突跃

多元酸的准确滴定判别　　　　　　　　　　　　　　　难度：★★★☆☆

例 3.30　现有 20.0 mL H_2SO_3 溶液，其分析浓度为 0.10 $mol·L^{-1}$，欲以 0.20 $mol·L^{-1}$ 的 NaOH 滴定之。计算 pH_{sp1} 和 pH_{sp2}，并选择合适的指示剂。（$K_1 = 1.3×10^{-2}$，$K_2 = 6.3×10^{-8}$）

解　无论滴定第一级离解的 H^+ 还是前两级离解的 H^+，CBE 形式都相同：

$$[H^+] + [Na^+] = [HSO_3^-] + 2[SO_3^{2-}] + [OH^-]$$

通过分布分数，CBE 整理为：

$$[H^+] + [Na^+] = \frac{K_1[H^+] + 2K_1K_2}{[H^+]^2 + K_1[H^+] + K_1K_2} c_{H_2SO_3} + \frac{K_w}{[H^+]}$$

根据化学反应计量关系可知，在第一化学计量点，加入滴定剂 10.0 mL，各物质的分析浓度为：$[Na^+]_{sp1} = \frac{0.20}{3}$，$c_{H_2SO_3,sp1} = \frac{0.20}{3}$；在第二化学计量点，加入滴定剂 20.00 mL，各物质的分析浓度为：$[Na^+]_{sp2} = 0.10$，$c_{H_2SO_3,sp2} = 0.050$。分别将这些数值代入上式，通过软件解得 $[H^+]_{sp1} = 2.6×10^{-5}$ $mol·L^{-1}$，$[H^+]_{sp2} = 1.1×10^{-10}$ $mol·L^{-1}$。所以，$pH_{sp1} = 4.59$，与甲基橙变色点相近；$pH_{sp2} = 9.96$，与百里酚酞变色点相近。

尽管可以找到合适变色点的指示剂，滴定却不一定可行。事实上，在确定指示剂之前，必须要进行准确滴定判别。为了提高判别效率，采用"滴定曲线法"。

设加入滴定剂的体积为 V mL，此时溶液的总体积等于($V + 20.0$)，各物质的分析浓度为：$c_{NaOH} = \frac{0.20V}{V+20.0}$，$c_{H_2SO_3} = \frac{2.0}{V+20.0}$。通过分布分数，并结合相关物质的分析浓度，CBE 整理为：

$$[H^+] + \frac{0.20V}{V+20.0} = \frac{K_1[H^+]+2K_1K_2}{[H^+]^2+K_1[H^+]+K_1K_2}\frac{2.0}{V+20.0} + \frac{K_w}{[H^+]}$$

令 $a = \frac{K_1[H^+]+2K_1K_2}{[H^+]^2+K_1[H^+]+K_1K_2}$，$b = [H^+] - \frac{K_w}{[H^+]}$，那么从上式容易推导出 V 的计算式：

$$V = \frac{2.0a - 20.0b}{0.20 + b}$$

基于上述反函数，很容易通过程序实现滴定曲线的绘制。下面是一个简单 Matlab 程序，其中保留了 0~40 之间的 V 值(目的绘制两个化学计量点前后的滴定曲线)，最后四条语句用来获得滴定突跃。

```
K1 = 1.3e-2; K2 = 6.3e-8;
pH = linspace(0.1, 14, 100000);
H = 10 .^ -pH;
a = (K1*H + 2*K1*K2) ./ (H .^ 2 + K1*H + K1*K2);
b = H - 1e-14 ./ H;
V = (2.0*a - 20.0*b) ./ (0.20 + b);
Filter = find((V >= 0) & (V <= 40));
figure; plot(V(Filter), pH(Filter));
[NotNeeded, Position] = min(abs(V - 9.99)); pHJump1_ Lower = pH(Position);
[NotNeeded, Position] = min(abs(V - 10.01)); pHJump1_Upper = pH(Position);
[NotNeeded, Position] = min(abs(V - 19.98)); pHJump2_Lower = pH(Position);
[NotNeeded, Position] = min(abs(V - 20.02)); pHJump2_Upper = pH(Position);
```

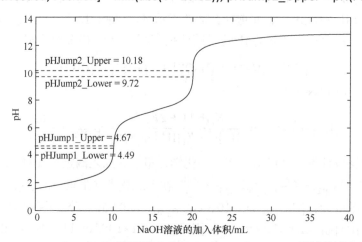

图 3.8　0.20 mol·L⁻¹ NaOH 溶液对 20.00 mL 0.10 mol·L⁻¹ H₂SO₃ 溶液的滴定曲线
图中标注了两个滴定突跃

滴定曲线见图 3.8。图中显示，两个滴定突跃分别是 0.18 和 0.46。只有第二个滴定突跃大于 0.4, 所以, 可以准确滴定两级离解 H^+的总量, 即 H_2SO_3 被当作二元酸滴定, 百里酚酞作为指示剂。

第一个滴定突跃太小, 源于第二级离解的 H^+的显著干扰(K_{a2} 不足够小)。所以, H_2SO_3 不能被当作一元酸滴定。

第四章　配位平衡和配位滴定

4.1　传统解析策略

氨羧螯合剂出现后，配位滴定才得以广泛应用。EDTA 是最常用的氨羧螯合剂，所以，EDTA 滴定几乎是配位滴定的全部内容，尽管从逻辑上说它只是配位滴定中的一种类型。

同样原因，配位滴定和配位平衡的相关解析也集中于 EDTA，策略和技巧也是针对 EDTA 与金属离子螯合反应的特点。

EDTA 与金属离子螯合反应有两个特点：①反应足够简单，反应计量关系在绝大多数情况下是 1：1；②干扰相当复杂，严重影响计算效率。

针对上述特点，传统解析策略引入了"表观浓度""副反应系数"和"条件稳定常数"这三个概念，以简化计算——更准确地说是简化表达式。有针对性的优化显著提高了计算效率，但是这种"量身定制"难以在酸碱、氧化还原和沉淀平衡的计算中发挥同样作用。

下面介绍传统解析策略中的基础概念和总体思路。

▶▶主反应和副反应

主反应是发生在 EDTA 和金属离子 M(作为被测物或者基准物)之间的反应，也就是滴定反应。其他与 EDTA 或者离子 M 相关的反应就是副反应，如 EDTA 与 H^+或者干扰离子之间的反应、离子 M 与干扰配体或者沉淀剂之间的反应。

▶▶表观浓度

表观浓度(apparent concentration)是 1 L 溶液中未参加主反应(即滴定反应)的 EDTA 或者金属离子 M 的物质的量。表观浓度也可以理解为：1 L 溶液中参加了副反应和处于游离状态的 EDTA 或者离子 M 的物质的量。

EDTA 和金属离子 M 的表观浓度分别表示为[Y′]和[M′]，以区别于各自的平衡浓度[Y]和[M]。

表观浓度是一个为了简化计算而设计出的概念，仅适用于主反应的反应物，即 EDTA 和金属离子 M。表观浓度当然可以外延到其他组分，只是容易导致概念上的混乱。

▶▶副反应系数

副反应系数(side-reaction coefficient)也是为参加主反应的 EDTA 和金属离子 M 而定

义的，其定义式如下：

$$\alpha_{A(B)} = \frac{[A']}{[A]}$$

式中，$\alpha_{A(B)}$表示物质 A(EDTA 或者离子 M)的副反应系数，B 表示副反应物质(H^+、干扰离子、干扰配体等)；$[A']$和$[A]$分别表示物质 A 的表观浓度和平衡浓度。

EDTA 的副反应以及副反应系数的计算如下所示。

EDTA 与 H^+的 副反应	EDTA 与干扰离子 N_1 的副反应	…	EDTA 与干扰离子 N_x 的副反应
$\alpha_{Y(H)}$列表数据	$\alpha_{Y(N_1)} = 1 + K_{N_1Y}[N_1]$		$\alpha_{Y(N_x)} = 1 + K_{N_xY}[N_x]$

EDTA 与 H^+、干扰离子 N_1, N_2, $\cdots$, N_x 的总副反应系数

$$\alpha_Y = \alpha_{Y(H)} + \alpha_{Y(N_1)} + \alpha_{Y(N_2)} + \cdots + \alpha_{Y(N_x)} - x$$

金属离子 M 的副反应以及副反应系数的计算如下所示。

离子 M 与干扰配体 L_1 的副反应 (最大配位数m)	…	离子 M 与干扰配体L_x的副反应 (最大配位数n)
$\alpha_{M(L_1)} = 1 + \beta_1[L_1] + \beta_2[L_1]^2 + \cdots + \beta_m[L_1]^m$		$\alpha_{M(L_x)} = 1 + \beta_1[L_x] + \beta_2[L_x]^2 + \cdots + \beta_n[L_x]^n$

离子 M 与干扰配体 L_1, L_2, $\cdots$, L_x 的总副反应系数

$$\alpha_M = \alpha_{M(L_1)} + \alpha_{M(L_2)} + \cdots + \alpha_{M(L_x)} - (x-1)$$

计算副反应系数，需要知道干扰金属离子或者干扰配体的浓度。EDTA 滴定通过缓冲溶液控制酸度，$[H^+]$已知，因此$\alpha_{Y(H)}$值是准确的；而对于干扰金属离子或者干扰配体，其浓度通常需要估算(估算手段参见例 4.9、4.18、4.20、4.23 和 4.28 中传统算法)。估算导致了传统解法的误差，这也是去公式化精确计算中仅仅采用$\alpha_{Y(H)}$的原因。

▶▶**条件稳定常数**

条件稳定常数(conditional stability constant)的定义式如下：

$$K'_{MY} = \frac{[MY]}{[M'][Y']}$$

式中，$[M']$和$[Y']$分别表示金属离子 M 和 EDTA 的表观浓度。

条件稳定常数和稳定常数之间的关系是：

$$K'_{MY} = \frac{K_{MY}}{\alpha_M \alpha_Y}$$

上式也是条件稳定常数的计算式。

▶▶**分布分数**

类似于酸碱平衡，配位平衡中也存在分布分数这一概念，是针对金属离子 M 及其 EDTA 配合物，且以[Y′]表示的代数式：

$$\delta_M = \frac{[M']}{c_M} = \frac{[M']}{[M'] + [MY]} = \frac{1}{K'_{MY}[Y'] + 1}$$

$$\delta_{MY} = \frac{[MY]}{c_M} = \frac{[MY]}{[M'] + [MY]} = \frac{K'_{MY}[Y']}{K'_{MY}[Y'] + 1}$$

δ_M 和 δ_{MY} 不是物料平衡式和条件稳定常数之外的独立等量关系，其目的是简化计算。

对于 EDTA 配位平衡和配位滴定，传统解析思路是以表观浓度代替平衡浓度，以条件稳定常数代替稳定常数。这样，金属离子 M 只有两个去向：参加滴定反应(定量表现是[MY])、未参加滴定反应(定量表现是[M′])；物料平衡式为[M′] + [MY] = c_M。EDTA 也只有两个去向：参加滴定反应(定量表现是[MY])、未参加滴定反应(定量表现是[Y′])；物料平衡式为[Y′] + [MY] = c_Y。

从物料平衡式(由于表观浓度的使用而显得简洁)出发，结合近似处理(用于估算干扰离子或者干扰配体的浓度，估算方法比较简单，参见例 4.9、4.18、4.20、4.23 和 4.28 中传统算法)，获得运算简单的导出公式，用于各种计算。

4.2 去公式化解析策略

在去公式化体系中，配位平衡和配位滴定的相关计算遵循第一章图 1.3 所示的理论框架。基本等量关系是物料平衡式 MBE，然后根据具体问题将 MBE 整理为包含目标未知量的方程，最后进行求解。

实施精确解析时，不再使用 4.1 介绍的表观浓度和条件稳定常数，因为副反应系数中干扰金属离子或者干扰配体的浓度变成未知量。但是，也不采用 EDTA 的平衡浓度[Y](数值非常小，受数值运算误差的影响较大)，而是采用[Y″] = [Y]$\alpha_{Y(H)}$(加双撇号是为了区别于传统的表观浓度)。

对于只有一个金属离子的简单体系，列出关于金属离子和 EDTA 的 MBE，将之整理为包含目标未知量的方程。推导过程较为简单。

对于包含多个金属离子的复杂体系，仍然使用金属离子和 EDTA 的 MBE。但是以 EDTA 的 MBE 为主，并将其中螯合物的平衡浓度替换为其分布分数与分析浓度的乘积(相当于间接使用关于金属离子的 MBE，因为螯合物的分布分数从该 MBE 得出)。这样，EDTA 的 MBE 便转化为包含[Y″]和目标未知量的等式。从其他条件推导出包含这两个量的另一个等式。最后消去[Y″]进行求解，参见例 4.9、4.18。

使用软件求解时，不必推导出关于目标未知量的方程的显式形式(推导过程繁琐，方程形式复杂)；以[Y″]为中间变量，可以快速、高效地在软件中输入方程的表达式，具体操作参见例 4.10、4.11、4.18~4.23、4.25~4.29 中的代码。

去公式化策略的优点是能够实施精确求解，但是涉及的推导有些繁琐。传统策略尽管只能给出近似结果，但是计算比较简便。对于大多数习题，传统方法的计算效率略高于去公式化方法。当近似条件难以满足时，传统方法的误差较显著。对于本章的一些复杂例题，本书提供两类解法，读者可以在效率和精度方面进行比较。

4.3　常　规　计　算

基础概念　　　　　　　　　　　　　　　　　　　　　　　　　　　难度：★★☆☆☆

例4.1　现有 100.0 mL 0.010 mol·L^{-1} Zn^{2+}溶液,加入 KCN 将 Zn^{2+}浓度控制在 $1.0×10^{-9}$ mol·L^{-1}以下，需要加入多少克？($\beta_4 = 5.01×10^{16}$；$M_r = 65.12$ g·mol^{-1})

　　解　列出关于 Zn 的 MBE：

$$[Zn^{2+}] + [Zn(CN)_4^{2-}] = 0.010$$

将β_4的表达式代入上式，得到：

$$[Zn^{2+}] + \beta_4[Zn^{2+}][CN^-]^4 = 0.010$$

欲将[Zn^{2+}]降低至 $1.0×10^{-9}$ mol·L^{-1}，通过上式计算出：

$$[CN^-] = \sqrt[4]{\frac{0.010 - 1.0×10^{-9}}{5.01×10^7}}$$

　　关于CN$^-$的 MBE 如下：

$$[CN^-] + 4[Zn(CN)_4^{2-}] = c_{KCN}$$

将β_4的表达式代入上式，得到：

$$[CN^-] + 4\beta_4[Zn^{2+}][CN^-]^4 = c_{KCN}$$

将前面得到的[CN$^-$]和[Zn^{2+}] = $1.0×10^{-9}$ mol·L^{-1}代入上式,计算出$c_{KCN} = 0.0438$ mol·L^{-1}。所以需要加入 KCN 0.00438 mol，即 0.29 g。

基础概念　　　　　　　　　　　　　　　　　　　　　　　　　　　难度：★★★☆☆

例4.2　焦磷酸根P$_2$O$_7^{4-}$与 Cu^{2+}生成配合物。利用这一反应，通过控制 pH 可以实现 Cu^{2+}的掩蔽或者解蔽。某溶液含有 Cu^{2+}和 Na$_4$P$_2$O$_7$，二者的分析浓度分别为 0.10 mol·L^{-1} 和 0.20 mol·L^{-1}。调节 pH = 8.00，计算[Cu^{2+}]。调节 pH = 4.00，结果又是多少？(H$_4$P$_2$O$_7$：$K_1 = 3.0×10^{-2}$, $K_2 = 4.4×10^{-3}$, $K_3 = 2.5×10^{-7}$, $K_4 = 5.6×10^{-10}$；Cu^{2+}-P$_2$O$_7^{4-}$配离子：$\beta_1 = 5.0×10^6$, $\beta_2 = 1.0×10^9$)

　　解　为了使表达式简洁，以A^{4-}表示焦磷酸根P$_2$O$_7^{4-}$。分别列出关于 Cu 和焦磷酸的 MBE，并进行整理：

$$[Cu^{2+}] + [CuA^{2-}] + [CuA_2^{6-}] = 0.10$$

$$\Downarrow$$

$$[Cu^{2+}](1 + \beta_1[A^{4-}] + \beta_2[A^{4-}]^2) = 0.01 \tag{1}$$

$$[H_4A] + [H_3A^-] + \cdots + [A^{4-}] + [CuA^{2-}] + 2[CuA_2^{6-}] = 0.20$$

$$\Downarrow$$

$$\frac{[A^{4-}]}{\delta} + [Cu^{2+}](\beta_1[A^{4-}] + 2\beta_2[A^{4-}]^2) = 0.20 \tag{2}$$

式中，δ 表示(作为酸根的)$P_2O_7^{4-}$ 的分布分数。将(1)式代入(2)式以消去[Cu^{2+}]，得到：

$$\frac{[A^{4-}]}{\delta} + \frac{\beta_1[A^{4-}] + 2\beta_2[A^{4-}]^2}{1 + \beta_1[A^{4-}] + \beta_2[A^{4-}]^2}0.10 = 0.20$$

在 pH = 8.00(由此计算出方程中的δ)，通过软件解上述方程得到[A^{4-}] = 3.14×10⁻³ mol·L⁻¹，然后将之代入(1)后计算出[Cu^{2+}] = 3.9×10⁻⁶ mol·L⁻¹。可见，Cu^{2+}基本被掩蔽。

当 pH = 4.00 时，通过软件求得[A^{4-}] = 2.71×10⁻⁹ mol·L⁻¹，然后将之代入(1)后计算出[Cu^{2+}] = 0.099 mol·L⁻¹。可见，Cu^{2+}基本被解蔽。

基础概念；精确求解和近似求解　　　　　　　　　　　　　　　　难度：★★☆☆☆

例4.3　以 0.020 mol·L⁻¹ 的 EDTA 滴定同浓度的 Zn^{2+}，控制 pH = 5.50。计算[Y']$_{sp}$。(K_{ZnY} = 3.16×10¹⁶；$\alpha_{Y(H)}|_{pH=5.5}$ = 3.24×10⁵)

解　sp 时，关于 Zn^{2+}和 EDTA 的 MBE 分别如下(省略离子电荷数)：

$$[ZnY]_{sp} + [Zn']_{sp} = c_{Zn,sp} = 0.010$$

$$[ZnY]_{sp} + [Y']_{sp} = c_{EDTA,sp} = 0.010$$

将K'_{ZnY}的表达式分别代入以上两式，得到：

$$K'_{ZnY}[Zn']_{sp}[Y']_{sp} + [Zn']_{sp} = 0.010$$

$$K'_{ZnY}[Zn']_{sp}[Y']_{sp} + [Y']_{sp} = 0.010$$

通过以上两式消去[Zn']$_{sp}$，整理后得到关于[Y']$_{sp}$的方程：

$$\frac{K'_{ZnY}[Y']_{sp} + 1}{K'_{ZnY}[Y']_{sp}} = \frac{0.010}{0.010 - [Y']_{sp}}$$

通过软件解得[Y']$_{sp}$ = 3.2×10⁻⁷ mol·L⁻¹，然后求得[Y]$_{sp}$ = $\frac{[Y']_{sp}}{\alpha_{Y(H)}}$ = 9.9 × 10⁻¹³ mol·L⁻¹。

有一个近似公式可以方便地计算[Y']$_{sp}$：

$$[Y']_{sp} = \sqrt{\frac{c_{M,sp}}{K'_{MgY}}}$$

将相应数值代入上式，得到[Y']$_{sp}$ = 3.2×10⁻⁷ mol·L⁻¹，与精确结果相同。

该算式是准确式[Y']$_{sp}$ = $\sqrt{\frac{c_{M,sp}-[M']_{sp}}{K'_{MgY}}}$的近似。近似处理的误差只有在$K'_{MY}$足够大时才可以忽略：$K'_{MY}$足够大时，$c_{M,sp} \gg [M']_{sp}$，故$c_{M,sp} - [M']_{sp} \approx c_{M,sp}$。

不难想到，此近似算式的误差随 K'_{MY} 减小而增大。例如将本题中的 Zn^{2+} 改为 Mg^{2+}($K_{MgY} = 5.01\times10^8$)，那么 $[Y']_{sp} = 2.2\times10^{-3}$ mol·L^{-1}，而近似结果是 2.5×10^{-3} mol·L^{-1}，误差超过 13%。

基础概念 难度：★★☆☆☆

例 4.4 在 NH_3-NH_4Cl 的缓冲溶液中，Zn^{2+}-EDTA 螯合物的分析浓度为 0.10 mol·L^{-1}，$[NH_3] = 0.10$ mol·L^{-1}，pH = 9.00。计算$[Zn^{2+}]$。($K_{ZnY} = 3.16\times10^{16}$；$\beta_1 = 2.34\times10^2$，$\beta_2 = 6.46\times10^4$，$\beta_3 = 2.04\times10^7$，$\beta_4 = 2.88\times10^9$；$\alpha_{Y(H)}|_{pH=9.00} = 19.1$；$\alpha_{Zn(OH)}|_{pH=9.00} = 1.6$)

解 关于 Zn^{2+} 和 EDTA 的 MBE 分别如下(省略离子电荷数)：

$$[ZnY] + [Zn'] = c_{Zn} = 0.10$$

$$[ZnY] + [Y'] = c_{EDTA} = 0.10$$

将K'_{ZnY}的表达式分别代入以上两式，得到：

$$K'_{ZnY}[Zn'][Y'] + [Zn'] = 0.10$$

$$K'_{ZnY}[Zn'][Y'] + [Y'] = 0.10$$

式中，$K'_{ZnY} = \dfrac{K_{ZnY}}{\alpha_{Zn}\alpha_Y}$。通过以上两式消去$[Y']$，整理后得到关于$[Zn']$的方程：

$$\frac{K'_{ZnY}[Zn']}{K'_{ZnY}[Zn'] + 1} = \frac{0.10 - [Zn']}{0.10}$$

计算K'_{ZnY}所需要的参数为：$\alpha_Y = \alpha_{Y(H)}$；$\alpha_{Zn} = \alpha_{Zn(NH_3)} + \alpha_{Zn(OH)} - 1$；$\alpha_{Zn(NH_3)} = 1 + \beta_1[NH_3] + \cdots + \beta_4[NH_3]^4$。通过软件求解上述方程，得到$[Zn'] = 4.32\times10^{-6}$ mol·L^{-1}，进而求得$[Zn] = \dfrac{[Zn']}{\alpha_{Zn}} = 1.4 \times 10^{-11}$ mol·L^{-1}。

本题也可以近似求解。从条件稳定常数获得$[Zn'] = \sqrt{\dfrac{[ZnY]}{K'_{ZnY}}}$，认为$[ZnY] \approx c_{ZnY} = 0.10$ mol·L^{-1}。代入相应数值，计算出$[Zn'] = 4.32\times10^{-6}$ mol·L^{-1}。近似结果与精确结果相同，原因是K'_{ZnY}较大。如果K'_{ZnY}不足够大，那么近似结果会有显著误差。

基础概念；精确求解和近似求解 难度：★★☆☆☆

例 4.5 将分析浓度分别为 0.022 mol·L^{-1} 和 0.020 mol·L^{-1} 的 EDTA 与 Mg^{2+} 溶液等体积混合，控制 pH = 10.0，计算$[Mg^{2+}]$。($K_{MgY} = 5.01\times10^8$；$\alpha_{Y(H)}|_{pH=10.0} = 2.82$)

解法一 混合溶液中，关于 Mg^{2+} 和 EDTA 的 MBE 分别如下(省略离子电荷数)：

$$[MgY] + [Mg'] = c_{Mg} = 0.010$$

$$[MgY] + [Y'] = c_{EDTA} = 0.011$$

将K'_{MgY}的表达式分别代入以上两式，得到：

$$K'_{MgY}[Mg'][Y'] + [Mg'] = 0.010$$

$$K'_{MgY}[Mg'][Y'] + [Y'] = 0.011$$

通过以上两式消去[Y′]，整理后得到关于[Mg′]的方程：

$$\frac{K'_{MgY}[Mg']}{K'_{MgY}[Mg']+1}=\frac{0.010-[Mg']}{0.011}$$

通过软件解得[Mg′] = 5.6×10⁻⁸ mol·L⁻¹。由于 Mg²⁺没有副反应，所以[Mg²⁺] = 5.6×10⁻⁸ mol·L⁻¹。

解法二　对于解法一中关于[Mg′]的方程，通过一元二次方程的求根公式也能够得到结果，只是整理过程比较繁琐。实际上，通过第二章 2.1.2 介绍的不动点迭代法，使用简单计算器即可快速求解。

方程等号两侧同时减去 1，然后整理为如下形式：

$$[Mg']=\frac{0.010-[Mg']}{0.001+[Mg']}\frac{1}{K'_{MgY}}$$

令$x=[Mg']$，从上式得到迭代公式：

$$x_{i+1}=\frac{0.010-x_i}{0.001+x_i}\frac{1}{K'_{MgY}}\quad(i=0,1,2,\cdots)$$

取初值$x_0=0.001$，终止条件为$|x_{i+1}-x_i|<10^{-13}$。迭代过程如下，4 次迭代后即收敛，所以[Mg′] = 5.6×10⁻⁸ mol·L⁻¹。

迭代次数	x_i
1	2.5329×10⁻⁸
2	5.6286×10⁻⁸
3	5.6284×10⁻⁸
4	5.6284×10⁻⁸

本题也可以使用例题 4.3 和 4.4 中的近似解法。近似认为 Mg²⁺与 EDTA 反应完全，所以[MgY] ≈ 0.010 mol·L⁻¹，[Y′] ≈ 0.001 mol·L⁻¹。将这些数值代入K'_{MgY}的表达式，计算出[Mg′] = 5.6×10⁻⁸ mol·L⁻¹。

近似结果与精确结果相同，原因是 EDTA 显著过量且K'_{MgY}较大，反应较完全，近似处理较为合理。如果这两个条件不满足，那么上述近似处理可能导致显著误差。例如在 pH = 6.0 的情况下，K'_{MgY}减小到 5.01×10⁸/4.47×10⁴，精确结果是[Mg′] = 5.5×10⁻⁴ mol·L⁻¹，而近似结果是 8.9×10⁻⁴ mol·L⁻¹，误差高达 62%。

基础概念　　　　　　　　　　　　　　　　　　　　　　　　难度：★★☆☆☆

例 4.6　现有 Cu²⁺和 NH₃·H₂O 两种溶液，分析浓度分别为 0.20 mol·L⁻¹ 和 0.30 mol·L⁻¹。将两种溶液等体积混合，忽略 NH₃·H₂O 的水解，计算平衡体系中[Cu²⁺]、[NH₃]以及各种铜配离子的分布。($\beta_1=2.04\times10^4$，$\beta_2=9.55\times10^7$，$\beta_3=1.05\times10^{11}$，$\beta_4=2.09\times10^{13}$，$\beta_5=7.24\times10^{12}$)

解　混合溶液中，Cu²⁺和 NH₃的分析浓度分别是 0.10 mol·L⁻¹ 和 0.15 mol·L⁻¹。二者的 MBE 分别如下(省略离子电荷数)：

$$[Cu] + [Cu(NH_3)] + [Cu(NH_3)_2] + [Cu(NH_3)_3] + [Cu(NH_3)_4] + [Cu(NH_3)_5] = 0.10$$

$$[NH_3] + [Cu(NH_3)] + 2[Cu(NH_3)_2] + 3[Cu(NH_3)_3] + 4[Cu(NH_3)_4] + 5[Cu(NH_3)_5] = 0.15$$

整理以上两式，得到：

$$[Cu](1 + \beta_1[NH_3] + \beta_2[NH_3]^2 + \beta_3[NH_3]^3 + \beta_4[NH_3]^4 + \beta_5[NH_3]^5) = 0.10$$

$$[Cu](\beta_1[NH_3] + 2\beta_2[NH_3]^2 + 3\beta_3[NH_3]^3 + 4\beta_4[NH_3]^4 + 5\beta_5[NH_3]^5) = 0.15 - [NH_3]$$

以上两式相除，消去[Cu]后获得关于[NH_3]的代数方程。通过软件解得[NH_3]，然后将之代入上两式之一，得到[Cu]。计算过程全部采用双精度数值，最后得到 $[NH_3] = 2.1\times10^{-4}$ mol·L^{-1}，$[Cu] = 9.6\times10^{-3}$ mol·L^{-1}。

根据以上结果，计算出铜-氨配离子的分布分数：$\delta_{Cu} = 0.096$，$\delta_{Cu(NH_3)} = 0.41$，$\delta_{Cu(NH_3)_2} = 0.40$，$\delta_{Cu(NH_3)_3} = 0.093$，$\delta_{Cu(NH_3)_4} = 3.9\times10^{-3}$，$\delta_{Cu(NH_3)_5} = 2.8\times10^{-7}$。

基础概念　　　　　　　　　　　　　　　　　　　　难度：★★☆☆☆

例 4.7　现有 200.0 mL 0.010 mol·L^{-1} Al^{3+}溶液。向此溶液加入多少克乙酰丙酮(以 L 表示)，可以将[Al^{3+}]降低到 1.0×10^{-5} mol·L^{-1}？忽略 pH 的影响。($\beta_1 = 3.98\times10^8$，$\beta_2 = 3.16\times10^{15}$，$\beta_3 = 2.00\times10^{21}$；$M_r = 100.11$ g·mol^{-1})

解　关于 Al^{3+}的 MBE 如下(省略离子电荷数)：

$$[Al] + [AlL] + [AlL_2] + [AlL_3] = c_{Al} = 0.010$$

整理后得到：

$$[Al](1 + \beta_1[L] + \beta_2[L]^2 + \beta_3[L]^3) = 0.010$$

将 $[Al] = 1.0\times10^{-5}$ mol·L^{-1} 代入上式，然后通过软件求解相应方程，得到 $[L] = 4.49\times10^{-7}$ mol·L^{-1}。

关于乙酰丙酮的 MBE 如下：

$$[L] + [AlL] + 2[AlL_2] + 3[AlL_3] = c_L$$

整理后得到：

$$[L] + \beta_1[Al][L] + 2\beta_2[Al][L]^2 + 3\beta_3[Al][L]^3 = c_L$$

将[Al] = 1.0×10^{-5} mol·L^{-1} 和[L] = 4.49×10^{-7} mol·L^{-1}代入上式，计算出 $c_L = 0.020$ mol·L^{-1}。所以，需要加入乙酰丙酮 4.0 mmol，即 0.40 g，才可以将[Al^{3+}]降低到 1.0×10^{-5} mol·L^{-1}。

多个平衡；复杂方程　　　　　　　　　　　　　　　难度：★★★☆☆

例 4.8　现有 Fe^{3+}和 H$_3$PO$_4$混合溶液，二者的分析浓度分别为 0.10 mol·L^{-1}和 0.15 mol·L^{-1}，通过缓冲溶液控制溶液 pH = 2.00，计算[HPO$_4^{2-}$]。(Fe^{3+}-HPO$_4^{2-}$配离子：$K = 2.24\times10^9$；Fe^{3+}-OH$^-$配离子：$\beta_1 = 1.00\times10^{11}$，$\beta_2 = 5.01\times10^{21}$；Fe$_2(OH)_2^{4+}$配离子：$K_{FeOH} = 1.26\times10^{25}$；H$_3PO_4$：$K_1 = 7.6\times10^{-3}$，$K_2 = 6.3\times10^{-8}$，$K_3 = 4.4\times10^{-13}$)

解　关于 Fe^{3+}和 H$_3$PO$_4$的 MBE 分别如下：

$$[Fe^{3+}] + [Fe(HPO_4)^+] + [Fe(OH)^{2+}] + [Fe(OH)_2^+] + 2[Fe_2(OH)_2^{4+}] = 0.10$$

$$[Fe(HPO_4)^+] + [H_3PO_4] + [H_2PO_4^-] + [HPO_4^{2-}] + [PO_4^{3-}] = 0.15$$

将以上两式尽量整理为包含目标未知量$[HPO_4^{2-}]$的代数式，获得如下方程，其中未知量均以粗体表示，以凸显方程组中未知量的结构，便于进一步推导：

$$[\mathbf{Fe^{3+}}](1 + K[\mathbf{HPO_4^{2-}}] + \beta_1[OH^-] + \beta_2[OH^-]^2) + 2K_{FeOH}[\mathbf{Fe^{3+}}]^2[OH^-]^2 = 0.10 \quad (1)$$

$$K[\mathbf{Fe^{3+}}][\mathbf{HPO_4^{2-}}] + \frac{[\mathbf{HPO_4^{2-}}]}{\delta} = 0.15 \quad (2)$$

(2)式中，δ 为HPO_4^{2-}的酸式分布分数。将(2)式代入(1)式以消去$[Fe^{3+}]$，得到关于$[HPO_4^{2-}]$的一元方程。使用软件求解时，不必费力写出这个方程，以$[Fe^{3+}]$为中间变量，即可快速完成输入。参考 Matlab 代码如下，其中第三条语句就是通过(2)式得出的$[Fe^{3+}]$表达式。

```
k1 = 7.6e-3; k2 = 6.3e-8; k3 = 4.4e-13; k = 2.24e9;
delta = k1*k2*1e-2 / (1e-6 + k1*1e-4 + k1*k2*1e-2 + k1*k2*k3);
Fe = (0.15 - x / delta) ./ (k * x);
y = Fe .* (k * x + 1.10501) + 25.2 * Fe .^2 - 0.10;
```

通过软件解得$[HPO_4^{2-}] = 1.37 \times 10^{-7}$ mol·L^{-1}。

该题传统解法的关键是两个近似处理：①忽略 Fe^{3+}与$[OH^-]$的配位反应，②近似认为 Fe^{3+}与HPO_4^{2-}反应完全，那么剩余磷酸的分析浓度是 0.15 – 0.10 = 0.05 (mol·L^{-1})，这样不必考虑任何配位反应，通过HPO_4^{2-}的分布分数求得其平衡浓度，结果为 1.36×10^{-7} mol·L^{-1}。

两种金属离子；基础概念 　　　　　　　　　　　　　　　　　　　　难度：★★★☆☆

例 4.9　现有 Pb^{2+}和 Ca^{2+}混合溶液，二者的分析浓度均为 0.020 mol·L^{-1}，控制溶液 pH = 5.00，以同浓度 EDTA 溶液滴定其中的 Pb^{2+}。计算：①$[Pb]_{sp}$和$[CaY]_{sp}$；②sp 时 Pb^{2+}和 Ca^{2+}分别被滴定的百分比。（$K_{PbY} = 1.10 \times 10^{18}$；$K_{CaY} = 4.90 \times 10^{10}$；$\alpha_{Y(H)}|_{pH=5.00} = 2.82 \times 10^6$）

解　①由于 Pb^{2+}是滴定对象，且浓度与 EDTA 相同，所以 sp 时加入等体积的 EDTA 溶液，各物质的分析浓度为：$c_{Pb,sp} = 0.010$ mol·L^{-1}，$c_{Ca,sp} = 0.010$ mol·L^{-1}，$c_{EDTA,sp} = 0.010$ mol·L^{-1}。sp 时关于 EDTA 的 MBE 如下(省略离子电荷数)：

$$[PbY]_{sp} + [CaY]_{sp} + [Y]_{sp}\alpha_{Y(H)} = 0.010$$

通过 PbY 和 CaY 的分布分数，分别消去上式中的$[PbY]_{sp}$和$[CaY]_{sp}$，得到：

$$\left(\frac{K_1''[Y'']_{sp}}{K_1''[Y'']_{sp} + 1} + \frac{K_2''[Y'']_{sp}}{K_2''[Y'']_{sp} + 1}\right)0.010 + [Y'']_{sp} = 0.010$$

式中，$[Y'']_{sp} = [Y]_{sp}\alpha_{Y(H)}$，$K_1'' = \frac{K_{PbY}}{\alpha_{Y(H)}}$，$K_2'' = \frac{K_{CaY}}{\alpha_{Y(H)}}$(加双撇号是为了区别于真实表观浓度和真实条件稳定常数；以$[Y'']_{sp}$替代$[Y]_{sp}$是为了减小数值运算误差，因为$[Y'']_{sp} \gg [Y]_{sp}$)。

通过软件解得 $[Y'']_{sp} = 1.21 \times 10^{-8}$ mol·L^{-1}，然后通过分布分数，求得 $[Pb]_{sp} = $

$\dfrac{1}{[Y'']_{sp}K_1''+1}0.010 = 2.12\times10^{-6}\ mol\cdot L^{-1}$，$[CaY]_{sp} = \dfrac{K_2''[Y'']_{sp}}{K_2''[Y'']_{sp}+1}0.010 = 2.10\times10^{-6}\ mol\cdot L^{-1}$。

②sp 时 Pb^{2+} 被滴定的百分比就是生成的 PbY 占 Pb 总量的百分比，也就是 PbY 的分布分数，$\dfrac{K_1''[Y'']_{sp}}{K_1''[Y'']_{sp}+1}\times100\% = 99.98\%$。同理求得 sp 时 Ca^{2+} 被滴定的百分比是 $\dfrac{K_2''[Y'']_{sp}}{K_2''[Y'']_{sp}+1}\times100\% = 0.021\%$。可见，$Ca^{2+}$ 对滴定的干扰很小，原因是 $K_{CaY} \ll K_{PbY}$。

第一问的传统解法是先利用以下公式获得$[Y']_{sp}$，然后通过$[Pb']_{sp} = [Y']_{sp}$和分布分数计算出$[Pb]_{sp}$和$[CaY]_{sp}$。

$$[Y']_{sp} = \sqrt{\dfrac{c_{Pb,sp}}{K_{PbY}'}}$$

上式的关键是K_{PbY}'：

$$K_{PbY}' = \dfrac{K_{PbY}}{\alpha_{Pb}\alpha_Y} = \dfrac{K_{PbY}}{\alpha_{Y(H)}+\alpha_{Y(Ca)}-1} = \dfrac{K_{PbY}}{\alpha_{Y(H)}+K_{CaY}[Ca]_{sp}}$$

由于 $K_{PbY} \gg K_{CaY}$，所以认为：加入的 EDTA 全部与 Pb^{2+} 反应，不与 Ca^{2+} 反应，故$[Ca]_{sp} \approx c_{Ca,sp} = 0.010\ mol\cdot L^{-1}$。

至此，已经可以求得K_{PbY}'，将相应数值代入$[Y']_{sp} = \sqrt{\dfrac{c_{Pb,sp}}{K_{PbY}'}}$，计算出$[Y']_{sp} = 2.12\times10^{-6}\ mol\cdot L^{-1}$。$[Pb']_{sp} = [Y']_{sp} = 2.12\times10^{-6}\ mol\cdot L^{-1}$，$Pb^{2+}$没有副反应，所以$[Pb]_{sp} = [Pb']_{sp} = 2.12\times10^{-6}\ mol\cdot L^{-1}$，与精确结果相同。

$[CaY]_{sp}$的计算稍显复杂，先计算出$[Y]_{sp} = [Y']_{sp}/\alpha_Y$，然后代入$[CaY]_{sp}$的分布分数$\dfrac{K_2[Y]_{sp}}{K_2[Y]_{sp}+1}$得到$2.10\times10^{-6}\ mol\cdot L^{-1}$。注意$[CaY]_{sp}$的分布分数不应写成$\dfrac{K_2'[Y]_{sp}}{K_2'[Y]_{sp}+1}$，否则其中$K_2'$容易被误认为是 CaY 的条件稳定常数，而这又暗示着 Ca^{2+} 与 EDTA 的反应是主反应，Pb^{2+} 与 EDTA 的反应是副反应——不符合实际情况。

两种金属离子；复杂方程；方程推导稍难 难度：★★★★☆

例4.10 现有 Mg^{2+} 和 Zn^{2+} 混合溶液，二者的分析浓度均为 $0.020\ mol\cdot L^{-1}$，控制溶液 pH = 10.00，以同浓度 EDTA 溶液滴定其中的 Mg^{2+}。为了掩蔽 Zn^{2+}，滴定前加入 KCN，其总浓度为 $0.20\ mol\cdot L^{-1}$。计算 $[Mg]_{sp}$ 和 $[Zn]_{sp}$。（$K_{MgY} = 5.01\times10^8$；$K_{ZnY} = 3.16\times10^{16}$；$\alpha_{Y(H)}|_{pH=10.00} = 2.82$；HCN：$K_a = 6.2\times10^{-10}$；$Zn^{2+}$-$CN^-$配离子：$\beta_4 = 5.01\times10^{16}$）

解 由于 Mg^{2+} 是滴定对象，且浓度与 EDTA 相同，所以 sp 时加入等体积的 EDTA 溶液，各物质的分析浓度为：$c_{Mg,sp} = 0.010\ mol\cdot L^{-1}$，$c_{Zn,sp} = 0.010\ mol\cdot L^{-1}$，$c_{EDTA,sp} = 0.010\ mol\cdot L^{-1}$，$c_{KCN,sp} = 0.10\ mol\cdot L^{-1}$。sp 时体系各物质的 MBE 如下(省略离子电荷数)：

$$[MgY]_{sp} + [Mg]_{sp} = c_{Mg,sp} = 0.010$$

$$[ZnY]_{sp} + [Zn]_{sp} + [Zn(CN)_4]_{sp} = c_{Zn,sp} = 0.010$$

$$[MgY]_{sp} + [ZnY]_{sp} + [Y'']_{sp} = c_{EDTA,sp} = 0.010$$

$$[HCN]_{sp} + [CN]_{sp} + 4[Zn(CN)_4]_{sp} = c_{KCN,sp} = 0.10$$

其中，$[Y'']_{sp} = [Y]_{sp}\alpha_{Y(H)}$。通过稳定常数，分别整理以上 MBE，得到如下方程组，其中未知量均以粗体表示，以凸显方程组中未知量的结构，便于进一步推导：

$$K_1''[\mathbf{Mg}]_{sp}[\mathbf{Y''}]_{sp} + [\mathbf{Mg}]_{sp} = 0.010 \tag{1}$$

$$K_2''[\mathbf{Zn}]_{sp}[\mathbf{Y''}]_{sp} + [\mathbf{Zn}]_{sp} + \beta_4[\mathbf{Zn}]_{sp}[\mathbf{CN}]_{sp}^4 = 0.010 \tag{2}$$

$$K_1''[\mathbf{Mg}]_{sp}[\mathbf{Y''}]_{sp} + K_2''[\mathbf{Zn}]_{sp}[\mathbf{Y''}]_{sp} + [\mathbf{Y''}]_{sp} = 0.010 \tag{3}$$

$$\frac{[\mathbf{CN}]_{sp}}{\delta} + 4\beta_4[\mathbf{Zn}]_{sp}[\mathbf{CN}]_{sp}^4 = 0.10 \tag{4}$$

其中，$K_1'' = \frac{K_{MgY}}{\alpha_{Y(H)}}$，$K_2'' = \frac{K_{ZnY}}{\alpha_{Y(H)}}$，$\delta = \frac{K_a}{[H^+]+K_a}$。

以上 4 个独立方程包含 4 个未知量：$[Mg]_{sp}$、$[Zn]_{sp}$、$[Y'']_{sp}$ 和 $[CN]_{sp}$，所以可解。观察这些方程，发现$[Mg]_{sp}$ 和$[Zn]_{sp}$ 比较容易消去。将(1)、(2)两式代入(3)式，分别消去$[Mg]_{sp}$ 和$[Zn]_{sp}$，得到下面(5)式；将(2)式代入(4)式，消去$[Zn]_{sp}$，得到下面(6)式：

$$\frac{0.01K_1''[\mathbf{Y''}]_{sp}}{K_1''[\mathbf{Y''}]_{sp} + 1} + \frac{0.01K_2''[\mathbf{Y''}]_{sp}}{K_2''[\mathbf{Y''}]_{sp} + 1 + \beta_4[\mathbf{CN}]^4} + [\mathbf{Y''}]_{sp} = 0.010 \tag{5}$$

$$\frac{[\mathbf{CN}]_{sp}}{\delta} + \frac{0.04\beta_4[\mathbf{CN}]_{sp}^4}{K_2''[\mathbf{Y''}]_{sp} + 1 + \beta_4[\mathbf{CN}]_{sp}^4} = 0.10 \tag{6}$$

(5)、(6)两式包含未知量$[Y'']_{sp}$ 和$[CN]_{sp}$，所以可解。将(6)式代入(5)式以消去$[Y'']_{sp}$，即可获得关于$[CN]_{sp}$ 的方程。方程形式比较复杂，不过使用软件求解时，不必费力写出这个方程，以$[Y'']_{sp}$为中间变量，即可快速完成输入。参考 Matlab 代码如下，其中第三条语句就是从(6)式得出的$[Y'']_{sp}$表达式。

```
k1 = 5.01e8/2.82; k2 = 3.16e16/2.82; beta = 5.01e16;
delta = 6.2e-10 / (1e-10 +6.2e-10);
EDTA = (0.04*beta*x.^4 ./ (0.1 - x / delta) - 1 - beta * x.^4) / k2;
y = 0.01*k1*EDTA ./ (k1*EDTA + 1) + 0.01*k2*EDTA ./ (k2*EDTA + 1 + beta*x.^4) + EDTA - 0.01;
```

下一步考虑$[CN]_{sp}$ 的求根区间。

如果 sp 时 Zn^{2+}全部转化为$Zn(CN)_4^{2-}$配离子，那么剩余 NaCN 的分析浓度为 0.10 − 0.040 = 0.06 $(mol\cdot L^{-1})$，在 pH = 10.00 时$[CN^-] = 0.06\delta = 0.0517\ mol\cdot L^{-1}$，这是$[CN]_{sp}$的下限。

由(6)式可知，$\frac{[CN]_{sp}}{\delta} < 0.10$，进而得到$[CN]_{sp} < 0.0861\ mol\cdot L^{-1}$，这是$[CN]_{sp}$ 的上限。

根据上述结论，在 0.0517 ~ 0.0861 范围内求根，得到$[CN]_{sp}$。将$[CN]_{sp}$代入(6)式，计算出$[Y'']_{sp}$；将$[Y'']_{sp}$代入(1)式，计算出$[Mg]_{sp}$；将$[CN]_{sp}$ 和$[Y'']_{sp}$代入(2)式，计算出$[Zn]_{sp}$。计算过程全部采用双精度数值，最后得到$[Mg]_{sp} = 1.29\times10^{-4}\ mol\cdot L^{-1}$，$[Zn]_{sp} = 2.67\times10^{-14}\ mol\cdot L^{-1}$。

下面给出基于公式的近似解法。

$$[Mg]_{sp} = \sqrt{\frac{c_{Mg,sp}}{K_{MgY}'}}$$

上式的关键是K'_{MgY}:

$$K'_{MgY} = \frac{K_{MgY}}{\alpha_{Mg}\alpha_Y} = \frac{K_{MgY}}{\alpha_{Y(H)} + \alpha_{Y(Zn)} - 1} = \frac{K_{MgY}}{\alpha_{Y(H)} + K_{ZnY}[Zn]_{sp}}$$

获得K'_{MgY}的关键在于$[Zn]_{sp}$。为了获得$[Zn]_{sp}$，从其物料平衡式 MBE 入手

$$[Zn]_{sp} + [Zn(CN)_4]_{sp} + [ZnY]_{sp} = c_{Zn,sp} = 0.010$$

忽略 MBE 中的$[ZnY]_{sp}$，得到:

$$[Zn]_{sp} = 0.010 / (1 + \beta_4[CN]^4) \tag{7}$$

近似认为 sp 时 Zn^{2+} 全部转化为$Zn(CN)_4^{2-}$配离子，于是剩余 NaCN 的分析浓度为 0.10 $-$ 0.040 $= 0.06(mol·L^{-1})$，然后通过$[CN]_{sp} = 0.06\delta_{CN}$计算出$[CN]_{sp}$，其中$\delta_{CN}$表示作为酸根 CN 的分布分数。

至此，已经可以计算，得到$[Mg]_{sp} = 1.33×10^{-4}$ $mol·L^{-1}$，相对误差 3.1%；至于$[Zn]_{sp}$，可以通过(7)式计算出，为$2.80×10^{-14}$ $mol·L^{-1}$，相对误差 4.9%。

与精确结果相比，近似结果的误差不大，这是因为计算过程中的两条近似还比较合理：①忽略 ZnY 的生成，②认为 Zn^{2+} 全部转化为配离子$Zn(CN)_4^{2-}$。合理之处在于：$Zn(CN)_4^{2-}$的稳定常数非常大，大于 ZnY 的稳定常数，而且CN^-的浓度是 EDTA 的 10 倍。如果将CN^-换成配位能力稍弱的配体，那么近似计算的误差会更加显著。

基础概念；近似计算精度讨论　　　　　　　　　　　　　　　　　　**难度：★★★☆☆**

例 4.11　现有 20.00 mL 0.010 $mol·L^{-1}$ 金属离子 M 溶液，以同浓度的 EDTA 滴定之。加入滴定剂 19.98 ~ 20.02 mL 时，pM'改变了 1 个单位，计算K'_{MY}。

　　解法一　使用林邦公式。可以认为 EDTA 对金属离子的滴定曲线在化学计量点附近是对称的；根据题意，画出滴定曲线的示意图如下。

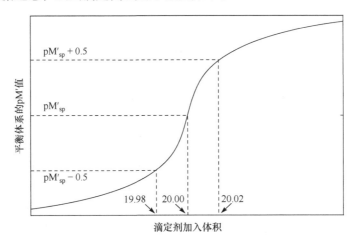

从图中可以看出，当滴定剂加入 19.98 mL 或者 20.02 mL 时，相对于 $V_{sp}(= 20.00$ mL)的误差为-0.1%或者 0.1%，对应的 pM'相对于pM'_{sp}改变了-0.5 单位或者 0.5 单位。换言之，当$|\Delta pM'| = 0.5$时，终点误差为 0.1%。因此，林邦公式为：

$$\frac{10^{0.5} - 10^{-0.5}}{\sqrt{c_{M,sp}K'_{MY}}} \times 100\% = 0.1\%$$

解得$K'_{MY} = 1.62 \times 10^9$。

解法二　通过滴定突跃求解。滴定剂加入体积为 19.98 mL 时，金属离子 M 剩余，其浓度约为 0.010×0.02 / 39.98，所以 pM' = 5.3。滴定剂加入体积为 20.02 mL 时，EDTA 过量，其浓度约为 0.010×0.02 / 40.02。生成 MY 的浓度约为 0.010×20.00 / 40.02。根据条件稳定常数，得到 pM' = $\lg K'_{MY} - 3$。所以，$\Delta pM' = \lg K'_{MY} - 8.3$。根据题意，$\Delta pM' = 1$，所以$K'_{MY} = 2.00 \times 10^9$。

解法三　精确求解。求解思路的核心是建立[M']与滴定加入体积 V 之间的关系。为此，列出滴定剂加入 VmL 时关于 M 和 EDTA 的 MBE：

$$[MY] + [M'] = c_M = \frac{0.20}{V + 20.00}$$

$$[MY] + [Y'] = c_{EDTA} = \frac{0.010V}{V + 20.00}$$

将K'_{MY}的表达式分别代入以上两式，得到：

$$K'_{MY}[M'][Y'] + [M'] = \frac{0.20}{V + 20.00}$$

$$K'_{MY}[M'][Y'] + [Y'] = \frac{0.010V}{V + 20.00}$$

通过以上两式消去[Y']，简单整理后获得[M']与 V 的关系式：

$$\frac{K'_{MY}[M']}{K'_{MY}[M'] + 1} = \frac{0.20 - (V + 20.00)[M']}{0.010V}$$

将 V = 19.98 mL 代入上式，得到：

$$\frac{K'_{MY}[M']}{K'_{MY}[M'] + 1} = \frac{0.20 - 39.98[M']}{0.1998}$$

当 V = 20.02 mL 时，根据题意可知$[M']_{V=20.02} = 0.1[M']_{V=19.98}$，相应等式为：

$$\frac{K'_{MY}0.1[M']}{K'_{MY}0.1[M'] + 1} = \frac{0.20 - 40.02 \times 0.1[M']}{0.2002}$$

注意：以上两式中的[M']相同。通过以上两式消去K'_{MY}后，可以推导出关于[M']的一元高次方程[1]。使用软件求解时，不必费力写出这个方程，以K'_{MY}为中间变量，即可快速完成输入。参考 Matlab 代码如下，其中第一条语句就是从上式得出的K'_{MY}表达式。

```
k = (0.20 - 40.02*0.1*x) ./ (0.2002 - 0.20 + 40.02*0.1*x) ./ (0.1*x);
y = k*x ./ (k*x + 1) - (0.20 - 39.98*x) / 0.1998;
```

---

1) 尽管求解对象是K'_{MY}，但是难以(通过消去[M']以)获得关于K'_{MY}的方程，所以这里采用间接求解方式。计算过程全部采用双精度，所以额外的数值运算不会带来太大误差。

通过软件求得 x(即[M′])，然后将之代入第一条语句以计算 k。计算过程全部采用双精度数值，最后得到 $K'_{MY} = 1.62 \times 10^9$。

解法二的相对误差高达 23%，原因是解法中近似处理的误差只有在条件稳定常数足够大时才可以忽略。让我们做一个数字实验。题目中其他条件不变，将 pM′改变量提高为 2 单位(意味着条件稳定常数增大)，那么精确计算结果是 1.96×10^{10}，解法二的结果是 2.00×10^{10}，相对误差只有 2%。如果将 pM′改变量提高为 3 单位，那么精确计算结果是 2.00×10^{11}，解法二的结果也是 2.00×10^{11}。

综上所述，对于这类问题：推荐使用林邦公式(计算效率比精确求解高)；使用滴定突跃公式的解法只有在条件稳定常数足够大时才比较准确，但是"足够大"并没有简单有效的衡量标准。

基础概念；近似计算精度   难度：★★★☆☆

例 4.12 现有 25.00 mL 0.020 mol·L⁻¹ Cd²⁺溶液，以同浓度的 EDTA 滴定之，加入滴定剂 24.95 ~ 25.05 mL 时，pCd′改变了 3.6 个单位，滴定时的 pH 是多少？ ($K_{CdY} = 2.88 \times 10^{16}$)

 解 本题实质与例 4.11 相同，通过滴定突跃或者林邦公式均可得到 $K'_{CdY} = 9.95 \times 10^{10}$，精确求解的结果是 $K'_{CdY} = 9.94 \times 10^{10}$。进而求得 $\alpha_{Y(H)} = 2.89 \times 10^5$(或者 2.90×10^5)，查附表 6.8，对应 pH = 5.6。

基础概念；金属指示剂理论变色点   难度：★★★☆☆

例 4.13 铬蓝黑 R 是一种金属指示剂，同时也是一个二元弱酸，$K_{a1} = 5.01 \times 10^{-8}$，$K_{a2} = 3.16 \times 10^{-14}$。铬蓝黑 R 与 Mg²⁺的稳定常数为 $K_{MgIn} = 3.98 \times 10^7$。计算 pH = 10.00 时铬蓝黑 R 的变色点 pMg$_t$。

 解 在理论变色点 Mg$_t$，溶液呈现配合物 MgIn 和指示剂这两类物质的混合色，相应的定量关系为：

$$[MgIn] = [In^{2-}] + [HIn^-] + [H_2In]$$

考虑铬蓝黑 R 的酸碱性，列出 In²⁻的分布分数(以便使用 MgIn 的稳定常数)：

$$\frac{[In^{2-}]}{[In^{2-}] + [HIn^-] + [H_2In]} = \delta_{In^{2-}}$$

通过以上两式，得到：

$$[MgIn] = \frac{[In^{2-}]}{\delta_{In^{2-}}} \tag{1}$$

再考虑铬蓝黑 R 与 Mg²⁺的稳定常数

$$\frac{[MgIn]}{[Mg^{2+}][In^{2-}]} = K_{MgIn} \tag{2}$$

将(1)式代入(2)式，整理后得到：

$$[Mg^{2+}] = \frac{1}{\delta_{In^{2-}} K_{MgIn}}$$

式中[Mg²⁺]即为所求的 Mgₜ，代入相应数值，计算出 $Mg_t|_{pH=10.00} = 7.97×10^{-5}$，$pMg_t|_{pH=10.00} = 4.10$。

4.4　配位滴定曲线

配位滴定曲线是滴定体系 pM′ (pM′ = −lg[M′])随滴定剂加入体积 V 的变化曲线。滴定曲线也可以是 V-pM 曲线，相当于 V-pM′曲线向上平移 $lg\alpha_M$ 个单位。

与函数[M′] = $f(V)$相比，反函数$V = g([M'])$的解析式更容易推导，而且便于编程。所以，通过反函数高效获得大量(V, pM′)数据点，进而绘制高精度滴定曲线。绘制步骤是"指定 pM′→计算[M′]→通过反函数计算 V→获得(V, pM′)数据点"。

对于复杂滴定体系，反函数$V = g([M'])$的解析式有时也难以推导。这种情况下，可以使用形如[M′] = $p(t)$，$V = q(t)$这样的隐函数(变量 t 难以消去)，然后通过中间变量 t 的一系列数值产生相应的[M′]和 V 值，例 4.15 介绍了这种方法。

通过反函数绘制滴定曲线时，作为横坐标的变量 V 的取值无法预先设定。所以，pM′范围尽量大一些，然后在绘制程序中保留所需的 V 值即可，具体操作参见例题 4.14。

通过隐函数绘制滴定曲线时，需要注意中间变量的取值：①取值范围尽量大一些，使相应的 V 值的范围足够大(不需要的 V 值在程序中可以滤去)；②取值要使(V, pM′)数据点疏密得当，具体操作参见例题 4.15。

例题通过 Matlab 计算(V, pM′)数据点并绘制滴定曲线。程序中，linspace(a, b, n)为在[a, b]范围内生成的n个均匀间隔的数据点，其他语句容易理解。

__绘制简单体系的配位滴定曲线__　　　　　　　　　　　　难度：★★☆☆☆

例 4.14　现有 20.0 mL 0.010 mol·L⁻¹ Ca²⁺溶液，控制 pH = 10.00，以同浓度的 EDTA 溶液滴定。绘制滴定曲线。($K_{CaY} = 4.90×10^{10}$；$\alpha_{Y(H)}|_{pH=10.00} = 2.82$)

解　用 V 表示 0.010 mol·L⁻¹ EDTA 溶液的加入体积，此时滴定体系的总体积等于(V+20.0)，各物质的分析浓度为：$c_{Ca} = \frac{0.20}{V+20.0}$，$c_{EDTA} = \frac{0.010V}{V+20.0}$。

绘制滴定曲线，需要建立[Ca′]与 V 之间的函数关系。为此，列出关于 Ca 和 EDTA 的 MBE：

$$[CaY] + [Ca'] = c_{Ca} = \frac{0.20}{V + 20.0}$$

$$[CaY] + [Y'] = c_{EDTA} = \frac{0.010V}{V + 20.0}$$

将K'_{CaY}的表达式分别代入以上两式，得到：

$$K'_{CaY}[Ca'][Y'] + [Ca'] = \frac{0.20}{V + 20.0}$$

$$K'_{CaY}[Ca'][Y'] + [Y'] = \frac{0.010V}{V + 20.0}$$

通过上两式消去[Y′]，得到：

$$\frac{K'_{CaY}[Ca']}{K'_{CaY}[Ca'] + 1} = \frac{0.20 - [Ca'](V + 20.0)}{0.010V}$$

令 $a = \frac{K'_{CaY}[Ca']}{K'_{CaY}[Ca']+1}$，那么从上式容易推导出 V 的计算式：

$$V = \frac{0.20 - 20.0[Ca']}{0.010a + [Ca']}$$

基于上述反函数，很容易通过程序实现滴定曲线的绘制。下面是一个简单 Matlab 程序，其中保留了 0~40 之间的 V 值，最后两条语句用来获得滴定突跃。滴定曲线见图 4.1。

```
K = 4.90e10 / 2.82;
pCa = linspace(0.1, 14, 100000);
Ca = 10 .^ -pCa;
a = K*Ca ./ (K*Ca + 1);
V = (0.20 - 20.0*Ca) ./ (0.010*a + Ca);
Filter = find((V >= 0) & (V <= 40));
plot(V(Filter), pCa(Filter));
[NotNeeded, Position] = min(abs(V - 19.98)); pCaJump_Lower = pCa(Position);
[NotNeeded, Position] = min(abs(V - 20.02)); pCaJump_Upper = pCa(Position);
```

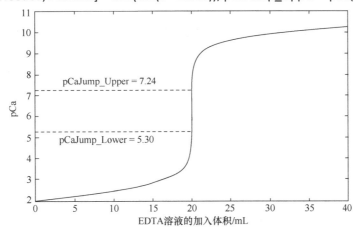

图 4.1　0.010 mol·L⁻¹ EDTA 溶液对 20.0 mL 同浓度 Ca^{2+} 溶液的滴定曲线

图中标注了滴定突跃

绘制复杂体系的配位滴定曲线　　　　　　　　　　　　　　　　　　难度：★★★★☆

例 4.15　现有 20.0 mL Ca^{2+}、Mg^{2+} 混合溶液，分析浓度均为 0.010 mol·L⁻¹，控制 pH = 10.00，以同浓度的 EDTA 溶液滴定。绘制 V-pCa 和 V-pMg 曲线，并分析 EBT 作为指示剂时的变色情况。（$K_{CaY} = 4.90 \times 10^{10}$，$K_{MgY} = 5.01 \times 10^8$；$\alpha_{Y(H)}|_{pH=10.00} = 2.82$）

解　用 V 表示 0.010 mol·L⁻¹ EDTA 溶液的加入体积，此时滴定体系的总体积等于 $(V + 20.0)$，各物质的分析浓度为：$c_{Ca} = \frac{0.20}{V+20.0}$，$c_{Mg} = \frac{0.20}{V+20.0}$，$c_{EDTA} = \frac{0.010V}{V+20.0}$。

先绘制 V-pCa 曲线。为了建立 [Ca] 与 V 之间的函数关系，列出关于 Ca、Mg 和 EDTA 的 MBE：

$$[CaY] + [Ca] = c_{Ca} = \frac{0.20}{V+20.0} \quad \Rightarrow \quad [CaY] = \frac{K_1''[Y'']}{K_1''[Y'']+1}\frac{0.20}{V+20.0}$$

$$[MgY] + [Mg] = c_{Mg} = \frac{0.20}{V+20.0} \quad \Rightarrow \quad [MgY] = \frac{K_2''[Y'']}{K_2''[Y'']+1}\frac{0.20}{V+20.0}$$

$$[CaY] + [MgY] + [Y''] = c_{EDTA} = \frac{0.010V}{V+20.0}$$

式中，$[Y'']_{ep} = [Y]_{ep}\alpha_{Y(H)}$，$K_1'' = \frac{K_{CaY}}{\alpha_{Y(H)}}$，$K_2'' = \frac{K_{MgY}}{\alpha_{Y(H)}}$(加双撇号是为了区别于真实表观浓度和真实条件稳定常数；以$[Y'']_{ep}$替代$[Y]_{ep}$是为了减小数值运算误差，因为$[Y'']_{ep} \gg [Y]_{ep}$)。

本题比较复杂(分析对象是两个金属离子)，难以直接建立$[Ca]$与V之间的函数关系。可行的思路是以$[Y'']$为中间变量，间接建立函数关系。分析以上诸式，可以先建立 V 与$[Y'']_{ep}$之间的函数关系；不必直接使用 Ca 和 Mg 物料平衡式(上文以灰色背景标记)，而是通过各自的分布分数发挥作用。这样，EDTA 的物料平衡式可以变为：

$$\left(\frac{K_1''[Y'']}{K_1''[Y'']+1} + \frac{K_2''[Y'']}{K_2''[Y'']+1}\right)\frac{0.20}{V+20.0} + [Y''] = \frac{0.010V}{V+20.0} \tag{1}$$

V 与$[Y'']$之间的函数关系已经建立。再考虑建立$[Y'']$与$[Ca]$之间的函数关系，这比较简单，借助$[Ca]$的分布分数即可

$$[Ca] = \frac{1}{K_1''[Y'']+1}\frac{0.20}{V+20.0} \tag{2}$$

将(2)式代入(1)式以消去$[Y'']$，即可得到包含 V 和$[Ca]$的等式。然而，这是一个隐函数，无论是 "先指定$[Ca]$再求 V"，还是 "先指定 V 再求$[Ca]$"，都涉及高次方程的求解。为了提高效率，将$[Y'']$作为中间变量，通过(1)、(2)两式获得(V, pCa)数据点；步骤是 "指定$[Y'']$→通过(1)式计算出 V(不需要解高次方程)→将 V 和$[Y'']$代入(2)式计算出$[Ca]$(也不需要解高次方程)→获得(V, pM′)数据点"。

上述分析过程完全适用于 V-pMg 曲线的绘制，只需要将(2)式中的$[Ca]$替换为$[Mg]$、K_1''替换为K_2''即可。

下面是 Matlab 参考程序，其中保留了 $0 \sim 40$ 之间的 V 值。为了使(V, pM)数据点疏密得当，作为中间变量的 EDTA 浓度分段取值。滴定曲线见图 4.2。

```
K1 = 4.90e10 / 2.82; K2 = 5.01e8 / 2.82;
EDTA = [linspace(0, 1e-10, 10000) linspace(1e-10, 1e-8, 10000) ...
    linspace(1e-8, 1e-6, 10000) linspace(1e-6, 1e-3, 10000) ...
    linspace(1e-3, 3e-2, 10000)];
a = K1*EDTA ./ (K1*EDTA + 1) + K2*EDTA ./ (K2*EDTA + 1);
V = (0.20*a + 20.0*EDTA) ./ (0.010 - EDTA);
pCa = -log10(0.20 ./ (K1*EDTA + 1) ./ (V + 20.0));
pMg = -log10(0.20 ./ (K2*EDTA + 1) ./ (V + 20.0));
Filter = find((V >= 0) & (V <= 60));
plot(V(Filter), pCa(Filter));
plot(V(Filter), pMg(Filter));
```

图 4.2 中 V-pCa 曲线高于 V-pMg 曲线，这是因为 $K_{CaY} > K_{MgY}$，致使滴定过程中[Ca²⁺] < [Mg²⁺]。两条曲线在 20 mL 附近都没有突跃，说明不能分别滴定 Ca²⁺ 或者 Mg²⁺。两条曲线在 40 mL 附近均出现明显突跃，通过查找 V = 39.96 mL 和 V = 40.04 mL 对应的 pCa 和 pMg，得到滴定突跃均为 1.41，滴定突跃大于 0.4 单位，所以能够准确滴定二者的总量。

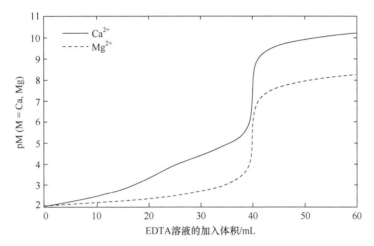

图 4.2   0.010 mol·L⁻¹ EDTA 溶液对 20.0 mL Ca²⁺、Mg²⁺混合溶液的滴定曲线
混合溶液中 Ca²⁺、Mg²⁺的分析浓度均为 0.010 mol·L⁻¹

通过图 4.2 中的滴定曲线研究 EBT 作为指示剂时的变色情况，并添加变色点相关信息，结果见图 4.3。

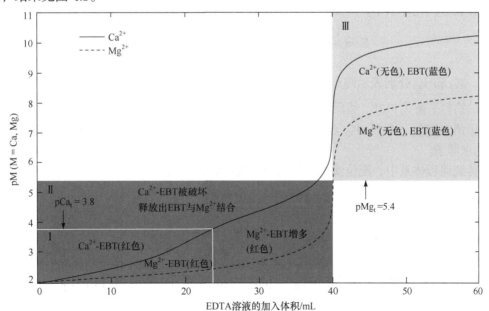

图 4.3   0.010 mol·L⁻¹ EDTA 溶液对 20.0 mL Ca²⁺、Mg²⁺混合溶液的滴定曲线
Ca²⁺、Mg²⁺的分析浓度均为 0.010 mol·L⁻¹；pCa$_t$ 和 pMg$_t$ 分别表示 EBT 指示剂在 pH = 10.00 的变色点

滴定前，被测物溶液因为配离子 Ca^{2+}-EBT 和 Mg^{2+}-EBT 的生成而呈现红色。

查附表 6.9 得知 pH = 10.00 时，Ca^{2+}-EBT 变色点 $pCa_t = 3.8$，在 V-pCa 曲线上对应的体积为 23.74 mL。这两个数值确定了图 4.3 中区域 I 的上边界和右边界。在区域 I，$[Ca^{2+}]$ 高于临界值 $10^{-3.8}$，说明大部分 Ca^{2+}-EBT 配离子仍然存在。

查附表 6.9 得知 pH = 10.00 时，Mg^{2+}-EBT 变色点 $pMg_t = 5.4$，在 V-pMg 曲线上对应的体积为 40.00 mL。这两个数值确定了图 4.3 中区域 II 的上边界和右边界。在区域 II，$[Mg^{2+}]$ 高于临界值 $10^{-5.4}$，说明大部分 Mg^{2+}-EBT 配离子仍然存在。

在区域 I，大部分 Ca^{2+}-EBT 和 Mg^{2+}-EBT 配离子都存在，对红色都有贡献。

在区域 II，$[Ca^{2+}]$ 低于临界值 $10^{-3.8}$，说明 Ca^{2+}-EBT 配离子被显著破坏，游离出 EBT。在该区域，$[Mg^{2+}]$ 仍然高于临界值 $10^{-5.4}$，能够与游离出的 EBT 形成配离子。可以认为 Ca^{2+}-EBT 转化成 Mg^{2+}-EBT，因此红色成分的总量近似不变，但是由于稀释作用，溶液红色稍浅。

当滴定剂加入体积超过 40.00 mL，$[Ca^{2+}]$ 和 $[Mg^{2+}]$ 均低于相应的临界值，Ca^{2+}-EBT 和 Mg^{2+}-EBT 配离子被显著破坏，不再贡献红色。溶液呈现出游离 EBT 的蓝色。$V = 40.00$ 和 $pMg_t = 5.4$ 分别决定了图 4.3 中区域 III 的左边界和下边界。

通过上述分析可知：尽管滴定的是 Ca^{2+}、Mg^{2+} 总量，尽管两种离子都与 EBT 显色，终点却是由 Mg^{2+} 决定的。

4.5　配位滴定终点误差

在去公式化体系中，终点误差的计算基于如下体积定义式：

$$E_t = \frac{V_{ep} - V_{sp}}{V_{sp}} \times 100\% = (R - 1) \times 100\%$$

式中，V_{ep} 和 V_{sp} 分别表示终点和化学计量点时加入滴定剂的体积，$R = \frac{V_{ep}}{V_{sp}}$。首先列出终点时的物料平衡式 MBE，然后将 MBE 整理为包含 $[M']_{ep}$ 与 R 的关系式(整理过程中的关键点：①消去 $[Y']_{ep}$，②以 V_{sp} 表示出被测物溶液的体积)，最后代入 $[M']_{ep}$(由指示剂确定，已知)求解 R。

传统课程体系中，配位滴定的终点误差通过林邦公式来计算：

$$E_t = \frac{10^{\Delta pM'} - 10^{-\Delta pM'}}{\sqrt{c_{M,sp} K'_{MY}}} \times 100\%$$

式中，$c_{M,sp}$ 表示金属离子 M 在化学计量点时的分析浓度；K'_{MY} 为化学计量点时的条件稳定常数。$\Delta pM' = pM'_{ep} - pM'_{sp}$；$pM'_{ep} = pM_t - \lg\alpha_M$，而 pM_t 查表可得；$pM'_{sp} = (\lg K'_{MY} - \lg c_{M,sp})/2$。

林邦公式是一个近似公式，其结果只有在 K'_{MY} 足够大时才比较准确(参见例题 4.18 和 4.20 中近似结果与精确结果的对比)；换言之，终点误差越大，林邦公式的结果越不准确。另外，林邦公式要求金属离子 M 与 EDTA 生成 1:1 的螯合物。

林邦公式仅需计算器；对于混合离子这样的复杂体系，通过近似处理，也能够给出结果，尽管有时不太准确。运算简单是林邦公式的一个现实优势，尤其是与依靠软件的精确求解相比——考试中无法使用软件。所以，学生需要掌握林邦公式，以及相应的近似处理手段，这也是本章不少例题给出传统解法的原因——以备考试。当然，学生更应该掌握精确求解思路。

基础概念　　　　　　　　　　　　　　　　　　　　　　　难度：★★☆☆☆

例 4.16　在 pH $= 10.00$ 的氨性缓冲溶液中，以 EBT 为指示剂，用 0.020 mol·L^{-1} EDTA 溶液滴定同浓度的 Mg^{2+}。计算终点误差。如果滴定的是 Ca^{2+}，终点误差又是多少？（$K_{MgY} = 5.01 \times 10^8$，$pMg_t|_{EBT,pH=10.00} = 5.4$；$K_{CaY} = 4.90 \times 10^{10}$，$pCa_t|_{EBT,pH=10.00} = 3.8$；$\alpha_{Y(H)}|_{pH=10.00} = 2.82$）

解　分别用 V_{ep} 和 V_{sp} 表示滴定终点和化学计量点时加入 EDTA 溶液的体积，并令 $R = \frac{V_{ep}}{V_{sp}}$。根据反应物浓度和滴定反应的计量关系，易知被测物溶液的体积等于 V_{sp}。

终点时溶液的总体积等于 $(V_{ep} + V_{sp})$，各物质的分析浓度为：$c_{Mg,ep} = \frac{0.020V_{sp}}{V_{ep}+V_{sp}} = \frac{0.020}{R+1}$，$c_{EDTA,ep} = \frac{0.020V_{ep}}{V_{ep}+V_{sp}} = \frac{0.020R}{R+1}$。

欲计算终点误差，需要建立(已知的)$[Mg']_{ep}$ 与 R 之间的函数关系。为此，列出终点时关于 Mg 和 EDTA 的 MBE：

$$[MgY]_{ep} + [Mg']_{ep} = c_{Mg,ep} = \frac{0.020}{R+1}$$

$$[MgY]_{ep} + [Y']_{ep} = c_{EDTA,ep} = \frac{0.020R}{R+1}$$

将 K'_{MgY} 的表达式分别代入以上两式，得到：

$$K'_{MgY}[Mg']_{ep}[Y']_{ep} + [Mg']_{ep} = \frac{0.020}{R+1}$$

$$K'_{MgY}[Mg']_{ep}[Y']_{ep} + [Y']_{ep} = \frac{0.020R}{R+1}$$

通过上两式消去 $[Y']_{ep}$，得到：

$$\frac{K'_{MgY}[Mg']_{ep}}{K'_{MgY}[Mg']_{ep} + 1} = \frac{0.020 - [Mg']_{ep}(R+1)}{0.020R}$$

令 $a = \frac{K'_{MgY}[Mg']_{ep}}{K'_{MgY}[Mg']_{ep}+1}$，从上式推导出 R 的计算式：

$$R = \frac{0.020 - [Mg']_{ep}}{0.020a + [Mg']_{ep}}$$

根据题意，$K'_{MgY} = \frac{5.01 \times 10^8}{2.82}$，$[Mg']_{ep} = 10^{-5.4}$，代入上式后计算出 $R = 1.0010$，最终得到 $E_t = (R-1) \times 100\% = 0.10\%$。

当滴定对象是 Ca²⁺时，上述分析过程仍然有效，只需将 Mg 改为 Ca 即可；相关参数为$K'_{CaY} = \frac{4.90\times10^{10}}{2.82}$，$[Ca']_{ep} = 10^{-3.8}$，代入 R 的计算式后得到 $R = 0.9843$，最终得到 $E_t = (R-1)\times100\% = -1.6\%$。

基础概念　　　　　　　　　　　　　　　　　　　　　　　　　　难度：★★☆☆☆

例 4.17　用 0.020 mol·L⁻¹ EDTA 溶液滴定同浓度的 Zn²⁺。考虑两种测定方式：①以氨性缓冲溶液控制 pH = 10.00，以 EBT 为指示剂，$[NH_3]_{ep} = 0.10$ mol·L⁻¹；②以六亚甲基四胺缓冲溶液控制 pH = 5.50，以 XO 为指示剂。分别计算终点误差。($K_{ZnY} = 3.16\times10^{16}$；$\alpha_{Y(H)}|_{pH=10.00} = 2.82$，$pZn_t|_{EBT,pH=10.00} = 12.2$，$\alpha_{Zn(OH)}|_{pH=10.00} = 251.19$；$\alpha_{Y(H)}|_{pH=5.50} = 3.24\times10^5$，$pZn_t|_{XO,pH=5.50} = 5.7$；Zn²⁺-NH₃ 配离子：$\beta_1 = 2.34\times10^2$，$\beta_2 = 6.46\times10^4$，$\beta_3 = 2.04\times10^7$，$\beta_4 = 2.88\times10^9$)

解　分别用 V_{ep} 和 V_{sp} 表示滴定终点和化学计量点时加入 EDTA 溶液的体积，并令 $R = \frac{V_{ep}}{V_{sp}}$。根据反应物浓度和滴定反应的计量关系，易知被测物溶液的体积等于 V_{sp}。

终点时溶液的总体积等于 $(V_{ep} + V_{sp})$，各物质的分析浓度为：$c_{Zn,ep} = \frac{0.020V_{sp}}{V_{ep}+V_{sp}} = \frac{0.020}{R+1}$，$c_{EDTA,ep} = \frac{0.020V_{ep}}{V_{ep}+V_{sp}} = \frac{0.020R}{R+1}$。

欲计算终点误差，需要建立(已知的)$[Zn']_{ep}$ 与 R 之间的函数关系。为此，列出终点时关于 Zn 和 EDTA 的 MBE：

$$[ZnY]_{ep} + [Zn']_{ep} = c_{Zn,ep} = \frac{0.020}{R+1}$$

$$[ZnY]_{ep} + [Y']_{ep} = c_{EDTA,ep} = \frac{0.020R}{R+1}$$

将K'_{ZnY}的表达式分别代入以上两式，得到：

$$K'_{ZnY}[Zn']_{ep}[Y']_{ep} + [Zn']_{ep} = \frac{0.020}{R+1}$$

$$K'_{ZnY}[Zn']_{ep}[Y']_{ep} + [Y']_{ep} = \frac{0.020R}{R+1}$$

通过上两式消去$[Y']_{ep}$，得到：

$$\frac{K'_{ZnY}[Zn']_{ep}}{K'_{ZnY}[Zn']_{ep}+1} = \frac{0.020 - [Zn']_{ep}(R+1)}{0.020R}$$

令$a = \frac{K'_{ZnY}[Zn']_{ep}}{K'_{ZnY}[Zn']_{ep}+1}$，从上式推导出 R 的计算式：

$$R = \frac{0.020 - [Zn']_{ep}}{0.020a + [Zn']_{ep}}$$

①使用氨性缓冲溶液(pH = 10.00)、EBT 指示剂时，上式中各参数的计算公式为：$K'_{ZnY} = \frac{K_{ZnY}}{\alpha_{Zn}\alpha_Y}$，$\alpha_{Zn} = \alpha_{Zn(OH)} + \alpha_{Zn(NH_3)} - 1$，$\alpha_Y = \alpha_{Y(H)} = 2.82$，$[Zn']_{ep} = 10^{-12.2}\alpha_{Zn}$。代入相应数值后，计算出 $R = 1.00012$，最终得到 $E_t = (R-1)\times100\% = 0.012\%$。

②使用六亚甲基四胺缓冲溶液(pH = 5.50)、XO 指示剂时，上式中各参数的计算公式为：$K'_{ZnY} = \frac{K_{ZnY}}{\alpha_{Zn}\alpha_Y}$，$\alpha_{Zn} = 1$，$\alpha_Y = \alpha_{Y(H)} = 3.24 \times 10^5$，$[Zn']_{ep} = 10^{-5.7}$。代入相应数值后，计算出 $R = 0.99981$，最终得到 $E_t = (R-1) \times 100\% = -0.019\%$。

<u>混合离子滴定；干扰离子与指示剂不显色；林邦公式结果准确</u>　　　　难度：★★★★☆

例4.18　现有 Zn^{2+}、Ca^{2+} 混合溶液，二者的分析浓度均为 0.020 mol·L⁻¹。以同浓度的 EDTA 溶液滴定其中的 Zn^{2+}，控制 pH = 6.00，PAN 为指示剂。计算终点误差。如果控制 pH = 5.00，结果又如何？($K_{ZnY} = 3.16 \times 10^{16}$；$K_{CaY} = 4.90 \times 10^{10}$；$\alpha_{Y(H)}|_{pH=6.00} = 4.47 \times 10^4$，$pZn_t|_{PAN,pH=6.00} = 6.0$；$\alpha_{Y(H)}|_{pH=5.00} = 2.82 \times 10^6$，$pZn_t|_{PAN,pH=5.00} = 4.0$)

解法一　PAN 与 Ca^{2+} 不显色，所以该滴定体系的终点仅由 Zn^{2+}-PAN 配离子确定。

分别用 V_{ep} 和 V_{sp} 表示滴定终点和化学计量点时加入 EDTA 溶液的体积，并令 $R = \frac{V_{ep}}{V_{sp}}$。根据反应物浓度和滴定反应的计量关系，易知被测物溶液的体积等于 V_{sp}。

终点时溶液的总体积等于 $(V_{ep} + V_{sp})$，各物质的分析浓度为：$c_{Zn,ep} = \frac{0.020 V_{sp}}{V_{ep}+V_{sp}} = \frac{0.020}{R+1}$，$c_{Ca,ep} = \frac{0.020 V_{sp}}{V_{ep}+V_{sp}} = \frac{0.020}{R+1}$，$c_{EDTA,ep} = \frac{0.020 V_{ep}}{V_{ep}+V_{sp}} = \frac{0.020R}{R+1}$。

欲计算终点误差，需要建立(已知的)$[Zn]_{ep}$ 与 R 之间的函数关系。为此，列出终点时关于 Zn、Ca 和 EDTA 的 MBE：

$$[ZnY]_{ep} + [Zn]_{ep} = c_{Zn,ep} = \frac{0.020}{R+1} \quad \Rightarrow \quad [ZnY]_{ep} = \frac{K''_1[Y'']_{ep}}{K''_1[Y'']_{ep}+1}\frac{0.020}{R+1}$$

$$[CaY]_{ep} + [Ca]_{ep} = c_{Ca,ep} = \frac{0.020}{R+1} \quad \Rightarrow \quad [CaY]_{ep} = \frac{K''_2[Y'']_{ep}}{K''_2[Y'']_{ep}+1}\frac{0.020}{R+1}$$

$$[ZnY]_{ep} + [CaY]_{ep} + [Y'']_{ep} = c_{EDTA,ep} = \frac{0.020R}{R+1}$$

式中，$[Y'']_{ep} = [Y]_{ep}\alpha_{Y(H)}$，$K''_1 = \frac{K_{ZnY}}{\alpha_{Y(H)}}$，$K''_2 = \frac{K_{CaY}}{\alpha_{Y(H)}}$(加双撇号是为了区别于真实表观浓度和真实条件稳定常数；以 $[Y'']_{ep}$ 替代 $[Y]_{ep}$ 是为了减小数值运算误差，因为 $[Y'']_{ep} \gg [Y]_{ep}$)。

本题比较复杂(存在干扰金属离子)，难以直接建立 $[Zn]_{ep}$ 与 R 之间的函数关系。可行的思路是以 $[Y'']_{ep}$ 为中间变量，间接建立函数关系。分析以上诸式，可以先建立 R 与 $[Y'']_{ep}$ 之间的函数关系；不必直接使用 Zn 和 Ca 物料平衡式(上文以灰色背景标记)，而是通过各自的分布分数发挥作用。这样，EDTA 的物料平衡式可以变为：

$$\left(\frac{K''_1[Y'']_{ep}}{K''_1[Y'']_{ep}+1} + \frac{K''_2[Y'']_{ep}}{K''_2[Y'']_{ep}+1}\right)\frac{0.020}{R+1} + [Y'']_{ep} = \frac{0.020R}{R+1} \tag{1}$$

R 与 $[Y'']_{ep}$ 之间的函数关系已经建立。再考虑建立 $[Y'']_{ep}$ 与 $[Zn]_{ep}$ 之间的函数关系，这比较简单，借助 Zn 的分布分数即可

$$[Zn]_{ep} = \frac{1}{K''_1[Y'']_{ep}+1}\frac{0.020}{R+1} \tag{2}$$

至此，解题所需要的函数关系已经全部获得。将(2)式代入(1)式以消去 $[Y'']_{ep}$，得到关于 R 的一元方程。使用软件求解时，不必费力写出这个方程，以 $[Y'']_{ep}$ 为中间变量，即可快速完成输入。参考 Matlab 代码如下，其中第二条语句就是通过(2)式得出的 $[Y'']_{ep}$

表达式：

> k1 = 3.16e16 / 4.47e4; k2 = 4.9e10 / 4.47e4; Zn = 10^-6.0;
> EDTA = (0.020 ./ (x + 1) / Zn - 1) / k1;
> y = (k1*EDTA ./ (k1*EDTA + 1) + k2*EDTA ./ (k2*EDTA + 1)) * 0.020 ./ (x + 1) + EDTA - 0.020 * x ./ (x + 1);

通过软件求得 $R = 1.0151$，最终得到 $E_t = (R-1)\times100\% = 1.51\%$。

如果控制 pH = 5.00，上述分析过程仍然有效，只需修改 $\alpha_{Y(H)}$ 和 pZn_t 两个参数的数值，最终解得 $E_t = -0.98\%$。

解法二　对于解法一中的(1)、(2)两个方程，通过第二章 2.1.2 介绍的不动点迭代法，使用简单计算器即可快速求解。下面介绍 pH = 6.00 时的方程求解。

设定初值 $R_0 = 1$，将之代入(2)式后计算出 $[Y'']_{ep}$，再将此 $[Y'']_{ep}$ 值代入(1)式后计算出 R，此为 R_1，完成一次迭代。重复这一迭代过程直到 $|R_{i+1} - R_i| < 10^{-4}$。迭代过程中只需要求解一元方程，所以用简单计算器即可完成计算。3 次迭代后 R 收敛到 1.0151，与软件求解的结果相同。

值得指出的是，上述解题过程中没有使用传统的表观浓度 $[Zn']$、$[Y']$ 以及条件稳定常数 K'，原因是终点时干扰离子 Ca^{2+} 浓度未知，无法得到 EDTA 总副反应系数，也就无法得到 K'。解题中使用的 $[Y'']$ 和 K''，只是为了减小数值运算误差，并不具有"表观浓度"或者"条件稳定常数"的含义。使用林邦公式的传统解法必须使用表观浓度和条件稳定常数(否则无法求解)，而获得条件稳定常数所需的 $[Ca]_{sp}$，则通过近似得到(这也是传统方法的必要手段)。下面是介绍基于林邦公式的传统解法。

首先计算 K'_{ZnY}。$K'_{ZnY} = \dfrac{K_{ZnY}}{\alpha_{Zn}\alpha_Y} \Leftarrow \alpha_{Zn} = 1,\ \alpha_Y = \alpha_{Y(H)} + \alpha_{Y(Ca)} - 1 \Leftarrow \alpha_{Y(Ca)} = 1 + K_{CaY}[Ca]_{sp}$。可见，关键在于 $[Ca]_{sp}$。由于 $K_{ZnY} \gg K_{CaY}$，所以认为：加入的 EDTA 全部与 Zn^{2+} 反应，不与 Ca^{2+} 反应，故 $[Ca]_{sp} \approx c_{Ca,sp} = 0.010\ mol\cdot L^{-1}$。至此，已经可以求得 K'_{ZnY}。

然后，通过公式 $[Zn']_{sp} = \sqrt{c_{Zn,sp}/K'_{ZnY}}$ 计算出 pZn'_{sp}，进而求得 $\Delta pZn' = pZn'_{ep} - pZn'_{sp}$。将相关参数代入林邦公式即可求得 $E_t = 1.54\%$。如果控制 pH = 5.00，近似计算的结果是 $E_t = -0.98\%$。

终点误差受条件稳定常数和指示剂的共同影响。本例中 pH = 5.00 和 pH = 6.00 的两种滴定情形，前者的条件稳定常数虽然小，但是由于指示剂更合适，所以终点误差更低。此外，从结果可以看出，E_t 越小(或者说 $\Delta pM'$ 越小)，林邦公式的结果与精确结果越接近。

混合离子滴定；干扰离子与指示剂显色；林邦公式结果准确　　　　　　难度：★★★★☆

例 4.19　现有 Zn^{2+}、Cd^{2+} 混合溶液，二者的分析浓度均为 0.020 $mol\cdot L^{-1}$。以同浓度的 EDTA 溶液滴定其中的 Zn^{2+}，控制 pH = 5.00，二甲酚橙为指示剂。加入 KI 以掩蔽 Cd^{2+}，$[I^-]_{ep} = 1\ mol\cdot L^{-1}$。计算终点误差。($K_{ZnY} = 3.16\times10^{16}$；$K_{CdY} = 2.88\times10^{16}$；$\alpha_{Y(H)}|_{pH=5.00} = 2.82\times10^6$，$pZn_t|_{XO,pH=5.00} = 4.8$，$pCd_t|_{XO,pH=5.00} = 4.5$；$Cd^{2+}$-$I^-$ 配离子：$\beta_1 = 1.26\times10^2$，$\beta_2 = 2.69\times10^3$，$\beta_3 = 3.09\times10^4$，$\beta_4 = 2.57\times10^5$)

解法一 Cd²⁺是干扰离子，在浓度和稳定常数方面与待测离子 Zn²⁺相当，所以必须掩蔽。掩蔽的另外一个原因是 Cd²⁺能够与 XO 显色，干扰终点观测。所以，首先判断掩蔽能否阻止 Cd²⁺与 XO 显色，这需要计算终点时 Cd²⁺的浓度。为此，列出关于 Cd 的 MBE：

$$[CdY]_{ep} + [Cd]_{ep} + [CdI]_{ep} + \cdots + [CdI_4]_{ep} = c_{Cd,ep}$$

整理后得到：

$$[Cd]_{ep} = \frac{c_{Cd,ep}}{K_{CdY}[Y]_{ep}+1+\beta_1[I]_{ep}+\cdots+\beta_4[I]_{ep}^4}$$

上式中只有$[Y]_{ep}$是未知量，但是这里不是非求不可

$$\frac{c_{Cd,ep}}{K_{CdY}[Y]_{ep}+1+\beta_1[I]_{ep}+\cdots+\beta_4[I]_{ep}^4} < \frac{c_{Cd,ep}}{1+\beta_1[I]_{ep}+\cdots+\beta_4[I]_{ep}^4} \approx \frac{c_{Cd,sp}}{1+\beta_1[I]_{ep}+\cdots+\beta_4[I]_{ep}^4} = 3.4\times10^{-8}$$

可见，掩蔽后$[Cd]_{ep}$的最大值小于$10^{-pCd_t} = 10^{-4.5}$，所以被掩蔽后 Cd²⁺不与 XO 显色。

分别用 V_{ep} 和 V_{sp} 表示滴定终点和化学计量点时加入 EDTA 溶液的体积，并令$R = \frac{V_{ep}}{V_{sp}}$。根据反应物浓度和滴定反应的计量关系，易知被测物溶液的体积等于 V_{sp}。

终点时溶液的总体积等于$(V_{ep} + V_{sp})$，各物质的分析浓度为：$c_{Zn,ep} = \frac{0.020V_{sp}}{V_{ep}+V_{sp}} = \frac{0.020}{R+1}$，$c_{Cd,ep} = \frac{0.020V_{sp}}{V_{ep}+V_{sp}} = \frac{0.020}{R+1}$，$c_{EDTA,ep} = \frac{0.020V_{ep}}{V_{ep}+V_{sp}} = \frac{0.020R}{R+1}$。

欲计算终点误差，需要建立(已知的)$[Zn]_{ep}$与 R 之间的函数关系。本题与例 4.18 题类似，可以采用同样的解题策略：即分别建立 R 与$[Y'']_{ep}$、$[Y'']_{ep}$与$[Zn]_{ep}$之间的函数关系，进而获得(以$[Y'']_{ep}$为中间变量的)$[Zn]_{ep}$与 R 之间的函数关系。

建立 R 与$[Y'']_{ep}$的函数关系时，将 ZnY 分布分数代入 EDTA 的物料平衡式，以消去其中的$[ZnY]_{ep}$，得到：

$$\frac{K_1''[Y'']_{ep}}{K_1''[Y'']_{ep}+1}\frac{0.020}{R+1} + [CdY]_{ep} + [Y'']_{ep} = \frac{0.020R}{R+1} \tag{1}$$

式中，$[Y'']_{ep} = [Y]_{ep}\alpha_{Y(H)}$，$K_1'' = \frac{K_{ZnY}}{\alpha_{Y(H)}}$(加双撇号是为了区别于真实表观浓度和真实条件稳定常数；以$[Y'']_{ep}$替代$[Y]_{ep}$是为了减小数值运算误差，因为$[Y'']_{ep} \gg [Y]_{ep}$)。但是，不能通过分布分数处理上式中的$[CdY]_{ep}$，因为 Cd²⁺还与I⁻发生反应。为此，列出关于 Cd 的 MBE：

$$[CdY]_{ep} + [Cd]_{ep} + [CdI]_{ep} + \cdots + [CdI_4]_{ep} = c_{Cd,ep} = \frac{0.020}{R+1}$$

整理上式，得到：

$$[Cd]_{ep}\left(K_2''[Y'']_{ep} + 1 + \beta_1[I]_{ep} + \cdots + \beta_4[I]_{ep}^4\right) = \frac{0.020}{R+1}$$

式中，$K_2'' = \frac{K_{CdY}}{\alpha_{Y(H)}}$。将上式代入 CdY 的稳定常数，并令$\alpha = 1 + \beta_1[I]_{ep} + \cdots + \beta_4[I]_{ep}^4$，就可以将$[CdY]_{ep}$表示为关于$[Y'']_{ep}$的代数式：

$$[CdY]_{ep} = \frac{K_2''[Y'']_{ep}}{K_2''[Y'']_{ep} + \alpha}\frac{0.020}{R+1}$$

将上式代入(1)式，消去$[CdY]_{ep}$，得到：

$$\left(\frac{K_1''[Y'']_{ep}}{K_1''[Y'']_{ep}+1}+\frac{K_2''[Y'']_{ep}}{K_2''[Y'']_{ep}+\alpha}\right)\frac{0.020}{R+1}+[Y'']_{ep}=\frac{0.020R}{R+1} \tag{2}$$

R 与$[Y'']_{ep}$之间的函数关系已经建立。再考虑建立$[Y'']_{ep}$与$[Zn]_{ep}$之间的函数关系，这比较简单，借助 Zn 的分布分数即可

$$[Zn]_{ep}=\frac{1}{K_1''[Y'']_{ep}+1}\frac{0.020}{R+1} \tag{3}$$

至此，解题所需要的函数关系已经全部获得。将(3)式代入(2)式以消去$[Y'']_{ep}$，得到关于 R 的一元方程。使用软件求解时，不必费力写出这个方程，以$[Y'']_{ep}$为中间变量，即可快速完成输入。参考 Matlab 代码如下，其中第三条语句就是通过(3)式得出的$[Y'']_{ep}$表达式：

```
k1 = 3.16e16 / 2.82e6; k2 = 2.88e16 / 2.82e6; Znep = 10^-4.8;
alpha = 1 + 1.26e2 + 2.69e3 + 3.09e4 + 2.57e5;
EDTA = (0.020 ./ (x + 1) / Znep - 1) / k1;
y = (k1*EDTA ./ (k1*EDTA + 1) + k2*EDTA ./ (k2*EDTA + alpha)) * 0.020 ./ (x + 1) +
EDTA - 0.020 * x ./ (x + 1);
```

通过软件求得 $R = 1.00039$，最终得到 $E_t = (R-1)\times100\% = 0.039\%$。

上述解题过程中没有使用传统的表观浓度或者条件稳定常数，具体解释参见例 4.18 的解后说明。

解法二 对于解法一中的(2)、(3)两个方程，通过第二章 2.1.2 介绍的不动点迭代法，使用简单计算器即可快速求解。

设定初值 $R_0 = 1$，将之代入(3)式后计算出$[Y'']_{ep}$，再将此$[Y'']_{ep}$值代入(2)式后计算出 R，此为 R_1，完成一次迭代。重复这一迭代过程直到$|R_{i+1} - R_i| < 10^{-6}$。迭代过程中只需要求解一元方程，所以用简单计算器即可完成计算。2 次迭代后 R 收敛到 1.00039，与软件求解的结果相同。

存在多个平衡；方程推导稍难；林邦公式结果不准确　　　　　　　　难度：★★★★☆

例 4.20 现有浓度为 2.0×10^{-4} mol·L^{-1} 的 Pb^{2+}溶液，以同浓度的 EDTA 溶液滴定之。以 HAc-NaAc 缓冲溶液控制酸度，滴定前 $c_{HAc} = 0.2$ mol·L^{-1}，$c_{NaAc} = 0.4$ mol·L^{-1}。二甲酚橙为指示剂。计算终点误差。（$K_{PbY} = 1.10\times10^{18}$；$\alpha_{Y(H)}|_{pH=5.00}=2.82\times10^6$，$pPb_t|_{XO,pH=5.00}=7.0$；Pb^{2+}-Ac$^-$配合物：$\beta_1 = 79.4$，$\beta_2 = 1995.3$；HAc：$K_a = 1.8\times10^{-5}$）

解 容易计算出：在此缓冲溶液控制下，$[H^+] = 9.0\times10^{-6}$ mol·L^{-1}；在下面的计算中，$[H^+]$取此定值。

分别用 V_{ep} 和 V_{sp} 表示滴定终点和化学计量点时加入 EDTA 溶液的体积，并令 $R = \frac{V_{ep}}{V_{sp}}$。根据反应物浓度和滴定反应的计量关系，易知被测物溶液的体积等于 V_{sp}。

终点时溶液的总体积等于 $(V_{ep} + V_{sp})$，各物质的分析浓度为：$c_{Pb,ep}=\frac{2.0\times10^{-4}V_{sp}}{V_{ep}+V_{sp}}=\frac{2.0\times10^{-4}}{R+1}$，$c_{HAc+NaAc,ep}=\frac{0.6V_{sp}}{V_{ep}+V_{sp}}=\frac{0.6}{R+1}$，$c_{EDTA,ep}=\frac{2.0\times10^{-4}V_{ep}}{V_{ep}+V_{sp}}=\frac{2.0\times10^{-4}R}{R+1}$。

欲计算终点误差，需要建立(已知的)$[Pb]_{ep}$ 与 R 之间的函数关系。为此，列出终点时关于 Pb、EDTA 和乙酸的 MBE：

$$[PbY]_{ep} + [Pb]_{ep} + [Pb(Ac)]_{ep} + [Pb(Ac)_2]_{ep} = c_{Pb,ep} = \frac{2.0 \times 10^{-4}}{R+1}$$

$$[PbY]_{ep} + [Y]_{ep}\alpha_{Y(H)} = c_{EDTA,ep} = \frac{2.0 \times 10^{-4}R}{R+1}$$

$$[Ac]_{ep} + [HAc]_{ep} + [Pb(Ac)]_{ep} + 2[Pb(Ac)_2]_{ep} = c_{HAc+NaAc,ep} = \frac{0.6}{R+1}$$

分别整理以上三式，得到如下方程，其中未知量均以粗体表示，以凸显方程组中未知量的结构，便于进一步推导：

$$K''[Pb]_{ep}\mathbf{[Y'']_{ep}} + [Pb]_{ep} + \beta_1[Pb]_{ep}\mathbf{[Ac]_{ep}} + \beta_2[Pb]_{ep}\mathbf{[Ac]}^2_{ep} = \frac{2.0 \times 10^{-4}}{\mathbf{R}+1} \qquad (1)$$

$$K''[Pb]_{ep}\mathbf{[Y'']_{ep}} + \mathbf{[Y'']_{ep}} = \frac{2.0 \times 10^{-4}\mathbf{R}}{\mathbf{R}+1} \qquad (2)$$

$$\frac{\mathbf{[Ac]_{ep}}}{\delta} + \beta_1[Pb]_{ep}\mathbf{[Ac]_{ep}} + 2\beta_2[Pb]_{ep}\mathbf{[Ac]}^2_{ep} = \frac{0.6}{\mathbf{R}+1} \qquad (3)$$

其中，$\delta = \frac{K_a}{[H^+]+K_a}$，$[Y''] = [Y]\alpha_{Y(H)}$，$K'' = \frac{K_{PbY}}{\alpha_{Y(H)}}$(加双撇号是为了区别于真实表观浓度和真实条件稳定常数；以$[Y'']_{ep}$替代$[Y]_{ep}$是为了减小数值运算误差，因为$[Y'']_{ep} \gg [Y]_{ep}$)。

以上 3 个独立方程包含 3 个未知量：$[Y'']_{ep}$、$[Ac]_{ep}$ 和 R，所以可解。尽管想消去$[Y'']_{ep}$和$[Ac]_{ep}$以获得关于求解目标 R 的方程，但是从未知量结构看，这种处理太复杂。容易实现的是消去$[Y'']_{ep}$和 R，得到关于$[Ac]_{ep}$的方程，求解出$[Ac]_{ep}$后再计算 R。具体过程如下。

将(2)式代入(1)式以消去$[Y'']$，并令$a = [Pb]_{ep} + \beta_1[Pb]_{ep}[Ac]_{ep} + \beta_2[Pb]_{ep}[Ac]^2_{ep}$，$b = \frac{K''[Pb]_{ep}}{K''[Pb]_{ep}+1}$，那么容易推导出 R 的计算式：

$$R = \frac{2.0 \times 10^{-4} - a}{2.0 \times 10^{-4}b + a}$$

将上式代入(3)式以消去 R，即可获得关于$[Ac]_{ep}$的一元方程。方程形式比较复杂，不过使用软件求解时，不必费力写出这个方程，以 R 为中间变量，即可快速完成输入。参考 Matlab 代码如下：

```
k = 1.1e18/2.82e6; b1 = 79.4; b2 = 1995.3;
Pbep = 1e-7;
delta = 1.8e-5/(1.8e-5 + 9e-6);
a = Pbep + b1*Pbep*x + b2*Pbep*x.^2;
b = k*Pbep / (k*Pbep + 1);
R = (2.0e-4 − a) ./ (2.0e-4*b + a);
y = x / delta + b1*Pbep*x + 2*b2*Pbep*x.^2 − 0.6 ./ (R+ 1);
```

通过软件求得 x(即$[Ac]_{ep}$)，然后将$[Ac]_{ep}$与$[Pb]_{ep}$代入(3)式，采用双精度计算，计算出 $R = 0.8992$，最终得到 $E_t = (R-1)\times100\% = -10.1\%$。

本题也可以通过近似处理，使用林邦公式求解。

首先计算K'_{PbY}。$K'_{PbY} = K_{PbY}/(\alpha_{Pb}\alpha_Y) \Leftarrow \alpha_Y = \alpha_{Y(H)}$，$\alpha_{Pb} = \alpha_{Pb(Ac)} = 1 + \beta_1[Ac]_{sp} + \beta_2[Ac]_{sp}^2$。可见，关键在于$[Ac]_{sp}$。相比于螯合物 PbY，$Pb^{2+}$-$Ac^-$配合物的稳定常数很小，所以近似认为：终点时$Pb^{2+}$全部与 EDTA 反应，没有与$Ac^-$反应，故$[Ac^-]_{sp} \approx c_{NaAc,sp} = 0.2$。至此，已经可以求得$K'_{PbY}$。

然后，通过公式$[Pb']_{sp} = \sqrt{c_{Pb,sp}/K'_{PbY}}$计算出$pPb'_{sp}$。$pPb'_{ep} = pPb_t - \lg\alpha_{Pb}$，然后得到$\Delta pPb' = pPb'_{ep} - pPb'_{sp}$。将相关参数代入林邦公式计算出$E_t = -9.67\%$。

林邦公式的结果与精确结果不一致，因为林邦公式是一个近似公式，其精度随着E_t的增大而降低。

无论是精确求解还是林邦公式，结论都表明该滴定体系的终点误差较大，这是因为：①条件稳定常数不够大，②被测物Pb^{2+}浓度太低。先研究第一个原因。该滴定体系的条件稳定常数不够大是因为 EDTA 和Pb^{2+}都存在副反应，而Pb^{2+}的副反应是 HAc-NaAc 缓冲溶液导致的。使用六亚甲基四胺缓冲溶液，可以避免Pb^{2+}的副反应，相应的终点误差为-0.1%。

对于第二个原因，通过计算发现，如果被测物Pb^{2+}的浓度提高到 0.020，那么即使使用 HAc-NaAc 缓冲溶液，终点误差也在允许范围之内(精确求解结果为$E_t = -0.09\%$)。值得一提的是，这种情况下，林邦公式的结果也是-0.09%，因为林邦公式虽然是一个近似公式，但其精度随着E_t的减小而增加。

滴定两种离子总量，终点由一种离子决定；林邦公式无用　　　　　　　难度：★★★★☆

例 4.21　现有Ca^{2+}、Mg^{2+}混合溶液，二者的分析浓度均为 0.010 $mol\cdot L^{-1}$。以同浓度的 EDTA 溶液滴定二者的总量，控制 pH = 10.00，EBT 为指示剂。计算终点误差。忽略$Mg(OH)_2$沉淀的生成。($K_{CaY} = 4.90\times10^{10}$，$pCa_t|_{EBT,pH=10.00} = 3.8$；$K_{MgY} = 5.01\times10^8$，$pMg_t|_{EBT,pH=10.00} = 5.4$；$\alpha_{Y(H)}|_{pH=10.00} = 2.82$)

解法一　K_{MgY}与K_{CaY}相当接近，所以Ca^{2+}和Mg^{2+}可以被 EDTA 同时滴定，精确分析参见本书配套教材《分析化学》(邵利民，科学出版社，2016)第 4 章第 5 节。

Ca^{2+}和Mg^{2+}都能够与 EBT 生成红色配离子，在滴定前对溶液红色都有贡献。由于$pCa_t|_{EBT,pH=10.00} < pMg_t|_{EBT,pH=10.00}$(即$Ca_{t,EBT,pH=10.00} > Mg_{t,EBT,pH=10.00}$)，所以滴定到一定程度时$Ca^{2+}$-EBT 先于$Mg^{2+}$-EBT 被 EDTA 破坏，对红色不再有贡献；继续滴定至Mg^{2+}-EBT 被 EDTA 破坏，红色消失，滴定终止。关于溶液颜色变化的具体分析，参见本章第 4 节图 4.3 及相关解释。

上述分析表明，虽然滴定Ca^{2+}、Mg^{2+}总量，终点却由Mg^{2+}确定。下面计算终点误差。

分别用V_{ep}和V_{sp}表示滴定终点和化学计量点时加入 EDTA 溶液的体积，并令$R = \dfrac{V_{ep}}{V_{sp}}$。根据反应物浓度和滴定反应的计量关系，易知被测物溶液的体积等于$0.5V_{sp}$。

终点时溶液的总体积等于$(V_{ep} + 0.5V_{sp})$，各物质的分析浓度为：$c_{Ca,ep} = \dfrac{0.010\times0.5V_{sp}}{V_{ep}+0.5V_{sp}} =$

$\frac{0.0050}{R+0.5}$，$c_{Mg,ep} = \frac{0.010 \times 0.5 V_{sp}}{V_{ep}+0.5V_{sp}} = \frac{0.0050}{R+0.5}$，$c_{EDTA,ep} = \frac{0.010 V_{ep}}{V_{ep}+0.5V_{sp}} = \frac{0.010R}{R+0.5}$。

欲计算终点误差，需要建立(已知的)$[Mg]_{ep}$与 R 之间的函数关系(前面已经分析过，Ca^{2+}对终点颜色变化没有作用)，为此列出终点时关于 Ca、Mg 和 EDTA 的 MBE：

$$[CaY]_{ep} + [Ca]_{ep} = c_{Ca,ep} = \frac{0.0050}{R+0.5} \Rightarrow [CaY]_{ep} = \frac{K_1''[Y'']_{ep}}{K_1''[Y'']_{ep}+1}\frac{0.0050}{R+0.5}$$

$$[MgY]_{ep} + [Mg]_{ep} = c_{Mg,ep} = \frac{0.0050}{R+0.5} \Rightarrow [MgY]_{ep} = \frac{K_2''[Y'']_{ep}}{K_2''[Y'']_{ep}+1}\frac{0.0050}{R+0.5}$$

$$[CaY]_{ep} + [MgY]_{ep} + [Y'']_{ep} = c_{EDTA,ep} = \frac{0.010R}{R+0.5}$$

式中，$[Y'']_{ep} = [Y]_{ep}\alpha_{Y(H)}$，$K_1'' = \frac{K_{CaY}}{\alpha_{Y(H)}}$，$K_2'' = \frac{K_{MgY}}{\alpha_{Y(H)}}$(加双撇号是为了区别于真实表观浓度和真实条件稳定常数；以$[Y'']_{ep}$替代$[Y]_{ep}$是为了减小数值运算误差，因为$[Y'']_{ep} \gg [Y]_{ep}$)。

本题比较复杂(分析对象是两个金属离子)，难以直接建立$[Mg]_{ep}$与 R 之间的函数关系。可行的思路是以$[Y'']_{ep}$为中间变量，间接建立函数关系。分析以上诸式，可以先建立 R 与$[Y'']_{ep}$之间的函数关系；不必直接使用 Ca 和 Mg 物料平衡式(上文以灰色背景标记)，而是通过各自的分布分数发挥作用。这样，EDTA 的物料平衡式可以变为：

$$\left(\frac{K_1''[Y'']_{ep}}{K_1''[Y'']_{ep}+1} + \frac{K_2''[Y'']_{ep}}{K_2''[Y'']_{ep}+1}\right)\frac{0.0050}{R+0.5} + [Y'']_{ep} = \frac{0.010R}{R+0.5} \tag{1}$$

R 与$[Y'']_{ep}$之间的函数关系已经建立。再考虑建立$[Y'']_{ep}$与$[Mg]_{ep}$之间的函数关系，这比较简单，借助 Mg 的分布分数即可

$$[Mg]_{ep} = \frac{1}{K_2''[Y'']_{ep}+1}\frac{0.0050}{R+0.5} \tag{2}$$

至此，解题所需要的函数关系已经全部获得。将(2)式代入(1)式以消去$[Y'']_{ep}$，得到关于 R 的一元方程。使用软件求解时，不必费力写出这个方程，以$[Y'']_{ep}$为中间变量，即可快速完成输入。参考 Matlab 代码如下，其中第二条语句就是通过(2)式得出的$[Y'']_{ep}$表达式：

```
k1 = 4.90e10 / 2.82; k2 = 5.01e8 / 2.82; Mgep = 10^-5.4;
EDTA = (0.0050 / Mgep ./ (x + 0.5) - 1) / k2;
y = (k1*EDTA ./ (k1*EDTA + 1) + k2*EDTA ./ (k2*EDTA + 1)) * 0.0050 ./ (x + 0.5) +
EDTA - 0.010 * x ./ (x + 0.5);
```

通过软件求得 $R = 1.00010$。终点误差 $E_t = (R-1)\times100\% = 0.010\%$。

解法二 对于解法一中的(1)、(2)两个方程，通过第二章 2.1.2 介绍的不动点迭代法，使用简单计算器即可快速求解。

设定初值 $R_0 = 1$，将之代入(2)式后计算出$[Y'']_{ep}$，再将此$[Y'']_{ep}$值代入(1)式后计算出 R，此为 R_1，完成一次迭代。重复这一迭代过程直到$|R_{i+1} - R_i| < 10^{-6}$。迭代过程中只需要求解一元方程，所以用简单计算器即可完成计算。2 次迭代后 R 收敛到 1.00010，与软件求解的结果相同。

基础概念；间接金属指示剂　　　　　　　　　　　　　　难度：★★★★☆

例 4.22　以 0.020 mol·L⁻¹ EDTA 溶液滴定同浓度的 Ca^{2+} 溶液，控制 pH = 10.00。EBT 不是合适的指示剂，因为与 Ca^{2+} 显色不够灵敏，导致终点误差太大。但是，滴定前向 Ca^{2+} 溶液加入少量 MgY，则能够显著改善这一问题。如何控制 MgY 的量？忽略 $Mg(OH)_2$ 沉淀的生成。($K_{CaY} = 4.90\times10^{10}$, $pCa_t|_{EBT,pH=10.00} = 3.8$; $K_{MgY} = 5.01\times10^8$, $pMg_t|_{EBT,pH=10.00} = 5.4$; $\alpha_{Y(H)}|_{pH=10.00} = 2.82$)

解　例 4.16 结果表明：EBT 作指示剂时，EDTA 滴定 Ca^{2+} 的终点误差高达–1.6%。使用 MgY-EBT 这种间接指示剂，可以减小终点误差。

向 Ca^{2+} 溶液加入少量 MgY 后，MgY 与 Ca^{2+} 反应生成 CaY 和 Mg^{2+}($K_{MgY} < K_{CaY}$)。虽然部分 Ca^{2+} 在滴定前已经生成 CaY，但是它置换出等量的 Mg^{2+}，所以滴定前 Ca^{2+} 和 Mg^{2+} 的总量等于原溶液中 Ca^{2+} 的量。显然，如果 Ca^{2+} 和 Mg^{2+} 能够被 EDTA 同时滴定，那么外加 MgY 并不引入系统误差。

事实上，Ca^{2+} 和 Mg^{2+} 确实可以被 EDTA 同时滴定，从二者稳定常数的接近程度可以看出这一点，详细分析参见本书配套教材《分析化学》(邵利民，科学出版社，2016)第 4 章第 5 节。

Ca^{2+} 和 Mg^{2+} 都能够与 EBT 生成红色配离子，在滴定前对溶液红色都有贡献。由于 $pCa_t|_{EBT,pH=10.00} < pMg_t|_{EBT,pH=10.00}$，即 $Ca_{t,EBT,pH=10.00} > Mg_{t,EBT,pH=10.00}$，所以随着滴定的进行，$Ca^{2+}$-EBT 先于 Mg^{2+}-EBT 被 EDTA 破坏，对红色不再有贡献；继续滴定至 Mg^{2+}-EBT 被 EDTA 破坏，红色消失，滴定终止。关于颜色变化的具体分析，参见本章第 4 节图 4.3 及相关解释。

综上所述，在 Ca^{2+}-EDTA 滴定体系中加入 MgY 的作用是：以 Mg^{2+}-EBT 代替 Ca^{2+}-EBT 指示终点，而不影响 Ca^{2+} 的测定。Mg^{2+} 与 EBT 的显色更加灵敏，更重要的是显著降低了终点误差(低至 0.010%，终点误差的计算见例 4.21)。

使用间接金属指示剂时，MgY 的加入量应该使(滴定 Ca^{2+} 的)终点误差控制在允许范围之内，用 x 表示滴定前加入的 MgY 的分析浓度。分别用 V_{ep} 和 V_{sp} 表示滴定终点和化学计量点时加入 EDTA 溶液的体积，并令 $R = \frac{V_{ep}}{V_{sp}}$。根据反应物浓度和滴定反应的计量关系，易知被测物溶液的体积等于 V_{sp}。

终点时溶液的总体积等于($V_{ep} + V_{sp}$)，各物质的分析浓度为：$c_{Ca,ep} = \frac{0.020V_{sp}}{V_{ep}+V_{sp}} = \frac{0.020}{R+1}$，$c_{MgY,ep} = \frac{xV_{sp}}{V_{ep}+V_{sp}} = \frac{x}{R+1}$，$c_{EDTA,ep} = \frac{0.020V_{ep}}{V_{ep}+V_{sp}} = \frac{0.020R}{R+1}$。

欲计算终点误差，需要建立(已知的)$[Mg]_{ep}$ 与 R 之间的函数关系(前面已经分析过，Ca^{2+} 对终点颜色变化没有作用)，为此列出终点时关于 Ca、Mg 和 EDTA 的 MBE：

$$[CaY]_{ep} + [Ca]_{ep} = c_{Ca,ep} = \frac{0.020}{R+1} \quad\Rightarrow\quad [CaY]_{ep} = \frac{K_1''[Y'']_{ep}}{K_1''[Y'']_{ep}+1}\frac{0.020}{R+1}$$

$$[MgY]_{ep} + [Mg]_{ep} = c_{MgY,ep} = \frac{x}{R+1} \quad\Rightarrow\quad [MgY]_{ep} = \frac{K_2''[Y'']_{ep}}{K_2''[Y'']_{ep}+1}\frac{x}{R+1}$$

$$[CaY]_{ep} + [MgY]_{ep} + [Y'']_{ep} = c_{EDTA,ep} = \frac{0.020R}{R+1}$$

式中，$[Y'']_{ep} = [Y]_{ep}\alpha_{Y(H)}$，$K_1'' = \frac{K_{CaY}}{\alpha_{Y(H)}}$，$K_2'' = \frac{K_{MgY}}{\alpha_{Y(H)}}$(加双撇号是为了区别于真实表观浓度和真实条件稳定常数；以$[Y'']_{ep}$替代$[Y]_{ep}$是为了减小数值运算误差，因为$[Y'']_{ep} \gg [Y]_{ep}$)。

本题比较复杂(分析对象是两个金属离子)，难以直接建立$[Mg]_{ep}$与 R 之间的函数关系。可行的思路是以$[Y'']_{ep}$为中间变量，间接建立函数关系。分析以上诸式，可以先建立 R 与$[Y'']_{ep}$之间的函数关系；不必直接使用 Ca 和 Mg 物料平衡式(上文以灰色背景标记)，而是通过各自的分布分数发挥作用。这样，EDTA 的物料平衡式可以变为：

$$\frac{K_1''[Y'']_{ep}}{K_1''[Y'']_{ep} + 1}\frac{0.020}{R + 1} + \frac{K_2''[Y'']_{ep}}{K_2''[Y'']_{ep} + 1}\frac{x}{R + 1} + [Y'']_{ep} = \frac{0.020R}{R + 1} \quad (1)$$

R 与$[Y'']_{ep}$之间的函数关系已经建立。再考虑建立$[Y'']_{ep}$与$[Mg]_{ep}$之间的函数关系，这比较简单，借助 Mg 的分布分数即可

$$[Mg]_{ep} = \frac{1}{K_2''[Y'']_{ep} + 1}\frac{x}{R + 1} \quad (2)$$

至此，解题所需要的函数关系已经全部获得。将(2)式代入(1)式以消去$[Y'']_{ep}$，得到关于x的一元方程。使用软件求解时，不必费力写出这个方程，以$[Y'']_{ep}$为中间变量，即可快速完成输入。参考 Matlab 代码如下，其中第二条语句中%之后的内容是注释，第三条语句就是通过(2)式得出的$[Y'']_{ep}$表达式，为了使代码简洁，使用了辅助变量 aux1 和 aux2

```
k1 = 4.90e10 / 2.82; k2 = 5.01e8 / 2.82; Mgep = 10^-5.4;
R = 0.999; % R = 1.001;
EDTA = (x / (R + 1) / Mgep - 1) / k2;
aux1 = k1*EDTA ./ (k1*EDTA + 1) * 0.020 / (R + 1);
aux2 = k2*EDTA ./ (k2*EDTA + 1) * x ./ (R + 1);
y = aux1 + aux2 + EDTA - 0.020 * R / (R + 1);
```

当R分别取 0.999 和 1.001 时，通过软件求得x = 3.9×10^{-5} mol·L^{-1}和x = 5.9×10^{-5} mol·L^{-1}。

上述结果表明：如果 0.020 mol·L^{-1} Ca^{2+}溶液中存在少量 MgY(浓度范围是 3.9×10^{-5} ～ 5.9×10^{-5} mol·L^{-1})，即使采用 EBT 指示剂，终点误差也可以控制在±0.1%以内。如果不采用 MgY-EBT 这种间接指示剂，终点误差高达−1.6%。

CuY-PAN 也是一种常见的间接金属指示剂，可用于 Co^{2+}、Ni^{2+}等与 PAN 显色不灵敏的离子的 EDTA 滴定分析，终点由紫红色(Cu-PAN)到黄色(PAN)。

混合离子选择性滴定，配位掩蔽　　　　　　　　　难度：★★★★☆

例 4.23 现有 Zn^{2+}、Al^{3+}混合溶液，二者的量均为 1.0 mmol，加入 27 mmol NH$_4$F 以掩蔽 Al^{3+}。控制 pH = 5.50，以 0.010 mol·L^{-1} EDTA 溶液滴定 Zn^{2+}，XO 为指示剂，终点时溶液总体积 200.0 mL。计算终点误差。忽略F$^-$水解。($K_{ZnY} = 3.16\times10^{16}$；$K_{AlY} = 2.00\times10^{16}$；$\alpha_{Y(H)}|_{pH=5.50} = 3.24\times10^5$；$pZn_t|_{XO,pH=5.50} = 5.7$；Al^{3+}-F$^-$配离子：$\beta_1 = 1.35\times10^6$，$\beta_2 = 1.41\times10^{11}$，$\beta_3 = 1.00\times10^{15}$，$\beta_4 = 5.62\times10^{17}$，$\beta_5 = 2.34\times10^{19}$，$\beta_6 = 6.92\times10^{19}$)

解 本题不同于常见的终点误差计算，所以计算过程与常规解法略有差异，但是本质相同。

用 V_{ep} 表示滴定终点时加入 EDTA 溶液的体积。终点时溶液的总体积为 200.0 mL，各物质的分析浓度为：$c_{Zn,ep} = 0.0050\ mol·L^{-1}$，$c_{Al,ep} = 0.0050\ mol·L^{-1}$，$c_{F,ep} = 0.135\ mol·L^{-1}$，$c_{EDTA,ep} = \dfrac{0.010V_{ep}}{200.0}$。

列出终点时关于 Zn、Al、F 和 EDTA 的 MBE：

$$[ZnY]_{ep} + [Zn]_{ep} = c_{Zn,ep} = 0.0050 \tag{1}$$

$$[AlY]_{ep} + [Al]_{ep} + [AlF]_{ep} + [AlF_2]_{ep} + \cdots + [AlF_6]_{ep} = c_{Al,ep} = 0.0050 \tag{2}$$

$$[F]_{ep} + [AlF]_{ep} + 2[AlF_2]_{ep} + \cdots + 6[AlF_6]_{ep} = c_{F,ep} = 0.135 \tag{3}$$

$$[ZnY]_{ep} + [AlY]_{ep} + [Y'']_{ep} = c_{EDTA,ep} = \frac{0.010V_{ep}}{200.0} \tag{4}$$

(4)式中，$[Y'']_{ep} = [Y]_{ep}\alpha_{Y(H)}$。注意未知量 V_{ep} 只出现在等式(4)，前三个等式包含 3 个未知量：$[Y'']_{ep}$、$[Al]_{ep}$ 和 $[F]_{ep}$（$[Zn]_{ep}$ 已知），所以可解，而且求解难度不大。通过(1)式即可求出 $[Y'']_{ep}$：

$$[Y'']_{ep} = \frac{0.0050 - [Zn]_{ep}}{K_1''[Zn]_{ep}} \tag{5}$$

式中，$K_1'' = \dfrac{K_{ZnY}}{\alpha_{Y(H)}}$。通过(2)、(3)两式消去 $[Al]_{ep}$，得到：

$$\frac{K_2''[Y'']_{ep}+1+\beta_1[F]_{ep}+\beta_2[F]_{ep}^2+\cdots+\beta_6[F]_{ep}^6}{\beta_1[F]_{ep}+2\beta_2[F]_{ep}^2+\cdots+6\beta_6[F]_{ep}^6} = \frac{0.0050}{0.135-[F]_{ep}} \tag{6}$$

式中，$K_2'' = \dfrac{K_{AlY}}{\alpha_{Y(H)}}$。将(5)式代入(6)式以消去 $[Y'']_{ep}$，得到关于 $[F]_{ep}$ 的一元方程。使用软件求解时，不必费力写出这个方程，以 $[Y'']_{ep}$ 为中间变量，即可快速完成输入。参考 Matlab 代码如下，其中第四条语句就是通过(5)式得出的 $[Y'']_{ep}$ 表达式。为了使代码简洁，使用了辅助变量 aux1 和 aux2

```
b1 = 1.35e6; b2 = 1.41e11; b3 = 1.00e15;
b4 = 5.62e17; b5 = 2.34e19; b6 = 6.92e19;
k1 = 3.16e16 / 3.24e5; k2 = 2.00e16 / 3.24e5; Znep = 10^-5.7;
EDTA = (0.0050 - Znep) / k1 / Znep;
aux1 = k2*EDTA + 1 + b1*x + b2*x.^2 + b3*x.^3 + b4*x.^4 + b5*x.^5 + b6*x.^6;
aux2 = b1*x + 2*b2*x.^2 + 3*b3*x.^3 + 4*b4*x.^4 + 5*b5*x.^5 + 6*b6*x.^6;
y = aux1 ./ aux2 - 0.0050 ./ (0.135 - x);
```

通过软件求得 x（即 $[F]_{ep}$）= 0.1097 mol·L^{-1}。将之与 $[Y'']_{ep} = 2.568×10^{-8}$ mol·L^{-1}[通过(5)式计算出]代入(2)式或者(3)式后计算出 $[Al]_{ep} = 8.69×10^{-18}$ mol·L^{-1}。将 $[Zn]_{ep}$、$[Al]_{ep}$ 和 $[Y'']_{ep}$ 代入(4)式，计算出 $V_{ep} = 99.95$ mL。V_{sp} 应为 100 mL（恰好加入 EDTA 1 mmol，与 Zn^{2+} 完全反应），所以终点误差 $E_t = \dfrac{V_{ep}-V_{sp}}{V_{sp}} × 100\% = -0.05\%$。

下面是介绍基于林邦公式的传统解法。

首先计算 K_{ZnY}'。$K_{ZnY}' = K_{ZnY}/(\alpha_{Zn}\alpha_Y) \Leftarrow \alpha_{Zn} = 1$，$\alpha_Y = \alpha_{Y(H)} + \alpha_{Y(Al)} - 1 \Leftarrow \alpha_{Y(Al)} = 1 + K_{AlY}[Al]_{ep}$。可见，关键在于 $[Al]_{ep}$。可以从其物料平衡式 MBE 入手：$[AlY]_{ep} + [Al]_{ep} + [AlF]_{ep} + [AlF_2]_{ep} + \cdots + [AlF_6]_{ep} = c_{Al,ep} = 0.0050$。掩蔽剂 F$^-$ 的浓度较高，致

使绝大部分 Al^{3+} 形成 Al^{3+}-F^- 配合物，所以 AlY 的量非常小，可以忽略。

基于以上分析，MBE 变为 $[Al]_{ep} + [AlF]_{ep} + [AlF_2]_{ep} + \cdots + [AlF_6]_{ep} = 0.0050$，所以，$[Al]_{ep} = 0.0050/(1 + \beta_1[F]_{ep} + \beta_2[F]_{ep}^2 + \cdots + \beta_6[F]_{ep}^6)$。现在唯一的障碍是 $[F^-]_{ep}$。F^- 的浓度较高，因此可以认为 Al^{3+}-F^- 配合物的主要形式为 AlF_6^{3-}。那么 $[F^-]_{ep} \approx c_{F^-} - 6[AlF_6^{3-}] \approx c_{F^-} - 6c_{Al^{3+}} = 0.135 - 6 \times 0.0050 = 0.105$。至此，已经可以求得 K_{ZnY}'。

然后，通过公式 $[Zn']_{sp} = \sqrt{c_{Zn,sp}/K_{ZnY}'}$ 计算出 pZn'_{sp}，进而求得 $\Delta pZn' = pZn'_{ep} - pZn'_{sp}$。将相关参数代入林邦公式即可求得 $E_t = -0.04\%$。

在某些习题集中，这道题中的"终点时溶液总体积 200.0 mL"被表述为"终点时溶液总体积 100.0 mL"。这种情况下，通过林邦公式虽然也能算出结果，但是远于事理。被测物 Zn^{2+} 的量是 1 mmol，以 0.010 mol·L^{-1} EDTA 溶液滴定，滴定剂加入体积约为 100 mL(Al^{3+} 几乎被完全掩蔽)，所以终点时溶液总体积不可能是 100 mL。

4.6 配位滴定准确滴定判别

配位滴定中，目测颜色变化存在不确定性。通常认为，这种不确定性导致 pM'_{ep} 偏离 pM'_{sp} 0.2 个单位；判断相应的终点误差是否超出允许范围(一般是 ±0.1%)，就是准确滴定判别。

准确滴定判别的第一种实施方法可以称为"终点误差法"。该方法的步骤如下：

> 1. 计算 $[M]_{sp}$；
> 2. 计算 $[M]_{ep} = [M]_{sp}10^{0.2}$(或者 $[M]_{ep} = [M]_{sp}10^{-0.2}$)；
> 3. 计算 $[M]_{ep}$ 对应的终点误差，并判断是否在允许范围之内。

这种方法的优点是容易理解，但是计算量较大。本书配套教材《分析化学》(邵利民，科学出版社，2016)中的例题求解多采用这种方法。

准确滴定判别的第二种实施方法可以称为"滴定突跃法"。该方法的步骤如下：

> 1. 以 V 和 V_{sp} 分别表示某一滴定时刻和化学计量点时加入滴定剂的体积，令 $R = \dfrac{V_{ep}}{V_{sp}}$；
> 2. 将 MBE 整理为包含 $[M]$ 和 R 的等式。整理过程中的关键点是以 V_{sp} 表示出被测物溶液的体积；
> 3. 将 $R = 0.999$ 和 $R = 1.001$ 分别代入上述等式，求解相应方程获得 $[M]_{R=0.999}$ 和 $[M]_{R=1.001}$，然后计算滴定突跃 $|pM_{R=0.999} - pM_{R=1.001}|$；
> 4. 判断滴定突跃是否大于 0.4。

第三步中 $R = 0.999$ 和 $R = 1.001$ 这两个数值源自允许误差 ±0.1%；如果允许误差是 ±0.3%，那么这两个数值就是 0.997 和 1.003。第四步中的 0.4 这一数值源自目测不确定性所导致的 $\Delta pM = 0.2$；如果这种不确定性导致了 0.3 pM 单位的偏离，那么该数值就是 0.6。

准确滴定判别的第三种实施方法可以称为"滴定曲线法"。该方法的步骤是：

> 1. 以 V 表示某一滴定时刻加入滴定剂的体积；
>
> 2. 将 MBE 整理为形如 $V = g([M])$ 的等式，整理过程中的关键点是以 V_{sp} 表示出被测物溶液的体积；
>
> 3. 基于 $V = g([M])$，以"指定 pM→计算[M]→计算 V"的方式获得(V, pM)数据点，进而绘制横坐标 V、纵坐标 pM 的滴定曲线；
>
> 4. 在曲线上查找 $0.999 V_{sp}$ 和 $1.001 V_{sp}$ 分别对应的 pM，然后计算其差值，即为滴定突跃。最后判断滴定突跃是否大于 0.4。

第四步中的"查找"是形象说法，实际上是在曲线绘制程序中通过查找命令完成。

"滴定曲线法"通过反函数 $V = g([M])$ 提高绘制效率。关于通过反函数绘制滴定曲线的详细介绍，参见本章 4.4 节。

"终点误差法""滴定突跃法"和"滴定曲线法"的原理相同，但是后两种方法的效率更高。另外，这三种方法的步骤中均计算[M]，而不是[M′]，因为通过[M]和[M′]计算出的滴定突跃相同，即 $\Delta pM = \Delta pM'$。

上述三种方法属于精确求解，传统课程体系采用判别式。下面介绍一些常见的判别式：

> 1. 单一金属离子 M 准确滴定判别式：$\lg(K'_{MY}c_{M,sp}) \geqslant 6$($c_{M,sp}$ 表示金属离子 M 在化学计量点时的分析浓度)；
>
> 2. 混合离子 M 和 N：如果 $\lg(K_{MY}c_{M,sp}) - \lg(K_{NY}c_{N,sp}) \geqslant 6$ 且 $\lg(K_{MY}c_{M,sp}) \geqslant 6$ 且 $\lg(K_{NY}c_{N,sp}) \geqslant 6$，那么能够分步准确滴定 M 和 N，或者说能够连续准确滴定 M 和 N；
>
> 3. 混合离子 M 和 N：如果 $\lg(K_{MY}c_{M,sp}) - \lg(K_{NY}c_{N,sp}) \geqslant 6$ 且 $\lg(K_{MY}c_{M,sp}) \geqslant 6$ 且 $\lg(K_{NY}c_{N,sp}) < 6$，那么能够准确滴定 M，不能准确滴定 N，但是 N 不干扰；
>
> 4. 混合离子 M 和 N：如果 $\lg(K_{MY}c_{M,sp}) - \lg(K_{NY}c_{N,sp}) < 6$ 且 $\lg(K_{MY}c_{M,sp}) \geqslant 6$ 且 $\lg(K_{NY}c_{N,sp}) \geqslant 6$，那么能够准确滴定 M 和 N 的总量，不能分别滴定。

上述判别式通过林邦公式得到，适用条件 $K_{MY} \gg K_{NY}$。另外需要注意判别式中的数值，它们是在目测不确定性 $\Delta pM' = 0.2$ 和允许误差±0.1%这样的条件下得到的。如果 $\Delta pM'$ 或者允许误差不同，那么判别式中的数值会发生变化，具体数值通过林邦公式得出。

基础概念；单一离子准确滴定判别　　　　　　　　　　　　　　　　难度：★★☆☆☆

例 4.24　欲以浓度为 0.020 mol·L^{-1} EDTA 溶液滴定同浓度的 Mg^{2+}溶液,控制 pH = 5.00。能否准确滴定？如果控制 pH = 10.00，结果又如何？($K_{MgY} = 5.01 \times 10^8$；$\alpha_{Y(H)}|_{pH=5.00} = 2.82 \times 10^6$；$\alpha_{Y(H)}|_{pH=10.00} = 2.82$)

解　分别用 V 和 V_{sp} 表示某一滴定时刻和化学计量点时加入 EDTA 溶液的体积，并令 $R = \dfrac{V_{ep}}{V_{sp}}$。根据反应物浓度和滴定反应的计量关系，易知被测物溶液的体积等于 V_{sp}。

加入 V mL 滴定剂时，溶液的总体积等于($V + V_{sp}$)，各物质的分析浓度为：$c_{Mg} =$

$$\frac{0.020V_{sp}}{V+V_{sp}} = \frac{0.020}{R+1}, \quad c_{EDTA} = \frac{0.020V}{V+V_{sp}} = \frac{0.020R}{R+1}.$$

现在的目标是获得包含[Mg']与 R 的等式，为此列出关于 Mg 和 EDTA 的 MBE：

$$[MgY] + [Mg'] = c_{Mg} = \frac{0.020}{R+1}$$

$$[MgY] + [Y'] = c_{EDTA} = \frac{0.020R}{R+1}$$

将 K'_{MgY} 的表达式分别代入以上两式，得到：

$$K'[Mg'][Y'] + [Mg'] = \frac{0.020}{R+1}$$

$$K'[Mg'][Y'] + [Y'] = \frac{0.020R}{R+1}$$

通过以上两式消去[Y']，得到：

$$\frac{K'[Mg']}{K'[Mg']+1} = \frac{0.020 - [Mg'](R+1)}{0.020R} \tag{1}$$

将 $R = 0.999$ 和 $R = 1.001$ 分别代入(1)式，通过软件解得 $[Mg']_{R=0.999} = 5.2 \times 10^{-3}$ mol·L^{-1} 和 $[Mg']_{R=1.001} = 5.2 \times 10^{-3}$ mol·L^{-1}。滴定突跃几乎为零，所以不能准确滴定。不能准确滴定的原因是 pH = 5.00 时酸效应系数过大，导致条件稳定常数太小。

如果在 pH = 10.00 下滴定，上述分析过程仍然有效，只需要修改酸效应系数的值。通过软件解得 $[Mg']_{R=0.999} = 1.4 \times 10^{-5}$ mol·L^{-1} 和 $[Mg']_{R=1.001} = 4.0 \times 10^{-6}$ mol·L^{-1}。然后计算出滴定突跃 $|pMg'_{R=0.999} - pMg'_{R=1.001}| = 0.54$，滴定突跃大于 0.4，因此可以准确滴定。

基础概念；混合离子的选择性滴定　　　　　　　　　　　　　　　难度：★★★☆☆

例 4.25　现有 Ca^{2+}、Mg^{2+} 混合溶液，分析浓度均为 0.010 mol·L^{-1}，欲以同浓度的 EDTA 滴定其中的 Ca^{2+}。忽略 EDTA 酸效应和 Mg(OH)$_2$ 的生成，能否准确滴定？（$K_{CaY} = 4.90 \times 10^{10}$；$K_{MgY} = 5.01 \times 10^{8}$）

解　分别用 V 和 V_{sp} 表示某一滴定时刻和化学计量点时加入 EDTA 溶液的体积，并令 $R = \frac{V_{ep}}{V_{sp}}$。根据反应物浓度和滴定反应的计量关系，易知被测物溶液的体积等于 V_{sp}。

加入 V mL 滴定剂时，溶液的总体积等于 $(V + V_{sp})$，各物质的分析浓度为：$c_{Ca} = \frac{0.010V_{sp}}{V+V_{sp}} = \frac{0.010}{R+1}$，$c_{Mg} = \frac{0.010V_{sp}}{V+V_{sp}} = \frac{0.010}{R+1}$，$c_{EDTA} = \frac{0.010V}{V+V_{sp}} = \frac{0.010R}{R+1}$。

现在的目标是获得包含[Ca]与 R 的等式，为此列出关于 Ca、Mg 和 EDTA 的 MBE：

$$[CaY] + [Ca] = c_{Ca} = \frac{0.010}{R+1} \quad \Rightarrow \quad [CaY] = \frac{K_1[Y]}{K_1[Y]+1}\frac{0.010}{R+1}$$

$$[MgY] + [Mg] = c_{Mg} = \frac{0.010}{R+1} \quad \Rightarrow \quad [MgY] = \frac{K_2[Y]}{K_2[Y]+1}\frac{0.010}{R+1}$$

$$[CaY] + [MgY] + [Y] = c_{EDTA} = \frac{0.010R}{R+1}$$

注意，由于忽略 EDTA 酸效应，所以上式中没有出现 $\alpha_{Y(H)}$。

本题比较复杂，难以直接建立[Ca]与 R 之间的函数关系。可行的思路是以[Y]为中间变量，间接建立函数关系。分析以上诸式，可以先建立 R 与[Y]之间的函数关系；不必直接使用 Ca 和 Mg 物料平衡式(上文以灰色背景标记)，而是通过各自的分布分数发挥作用。这样，EDTA 的物料平衡式可以变为：

$$\frac{K_1[Y]}{K_1[Y]+1}\frac{0.010}{R+1}+\frac{K_2[Y]}{K_2[Y]+1}\frac{0.010}{R+1}+[Y]=\frac{0.010R}{R+1} \tag{1}$$

R 与[Y]之间的函数关系已经建立。再考虑建立[Y]与[Ca]之间的函数关系，这比较简单，借助 Ca 的分布分数即可：

$$[Ca]=\frac{1}{K_1[Y]+1}\frac{0.010}{R+1} \tag{2}$$

至此，解题所需要的函数关系已经全部获得。将(2)式代入(1)式以消去[Y]，得到包含[Ca]与 R 的等式，然后求解 $R=0.999$ 和 $R=1.001$ 对应的[Ca]，从而获得滴定突跃。使用软件求解时，不必费力写出这个方程，以[Y]为中间变量，即可快速完成输入。参考 Matlab 代码如下，其中第二条语句中%之后的内容是注释，第三条语句就是通过(2)式得出的[Y]表达式，为了使代码简洁，使用了辅助变量 aux1 和 aux2

```
k1 = 4.90e10; k2 = 5.01e8;
R = 0.999; % R = 1.001;
EDTA = (0.010 / (R + 1) ./ x - 1) / k1;
aux1 = k1*EDTA ./ (k1*EDTA + 1) * 0.010 / (R + 1);
aux2 = k2*EDTA ./ (k2*EDTA + 1) * 0.010 / (R + 1);
y = aux1 + aux2 + EDTA - 0.010 * R / (R + 0.5);
```

通过软件求得$[Ca]_{R=0.999}=9.3\times10^{-5}$ mol·L^{-1} 和 $[Ca]_{R=1.001}=9.2\times10^{-5}$ mol·L^{-1}。然后计算出滴定突跃$|pCa_{R=0.999}-pCa_{R=1.001}|=0.005$，滴定突跃小于 0.4，因此不能准确滴定 Ca^{2+}。

本题也可以通过近似处理，使用林邦公式求解。

首先计算K'_{CaY}。$K'_{CaY}=K_{CaY}/(\alpha_{Ca}\alpha_Y)$ $\Leftarrow$ $\alpha_{Ca}=1$，$\alpha_Y=\alpha_{Y(Mg)}$(忽略 EDTA 酸效应)$\Leftarrow$ $\alpha_{Y(Mg)}=1+K_{MgY}[Mg]_{sp}$。认为：$[Mg]_{sp}\approx c_{Mg,sp}=0.0050$(这种处理的依据是认为 Mg^{2+} 与 EDTA 没有发生反应——显然不对，而且误差很大。但是为了使用林邦公式，只能如此)。至此，已经可以求得K'_{CaY}。然后，将相关参数代入林邦公式即可求得 $E_t=9.65\%$。$E_t>0.1\%$，因此不能准确滴定 Ca^{2+}。

也可以使用前面介绍的准确滴定判别式。发现$lg(K_{CaY}c_{Ca,sp})-lg(K_{MgY}c_{Mg,sp})<6$，$lg(K_{CaY}c_{Ca,sp})>6$，$lg(K_{MgY}c_{Mg,sp})>6$，所以不能准确滴定 Ca^{2+}，但是可以滴定二者的总量。

混合离子的选择性滴定；统一求解模式　　　　　　　　　　　难度：★★★☆☆

例 4.26 现有 Zn^{2+}、Mg^{2+}混合溶液，分析浓度分别为 0.020 mol·L^{-1} 和 0.20 mol·L^{-1}。控制 pH = 5.00，以 0.020 mol·L^{-1} EDTA 溶液滴定其中的 Zn^{2+}。①能否准确滴定？②计算$[Zn]_{sp}$和$[MgY]_{sp}$。③使用二甲酚橙指示剂，计算终点误差。($K_{ZnY}=3.16\times10^{16}$；$K_{MgY}=5.01\times10^8$；$\alpha_{Y(H)}|_{pH=5.00}=2.82\times10^6$；$pZn_t|_{XO,pH=5.00}=4.8$)

解 三个问题看似不同，实际上都需要滴定剂加入体积与平衡体系[Zn²⁺]之间的函数关系。

①分别用 V 和 V_{sp} 表示某一滴定时刻和化学计量点时加入 EDTA 溶液的体积，并令 $R = \frac{V_{ep}}{V_{sp}}$。根据反应物浓度和滴定反应的计量关系，易知被测物溶液的体积等于 V_{sp}。

加入 V mL 滴定剂时，溶液的总体积等于 $(V + V_{sp})$，各物质的分析浓度为：$c_{Zn} = \frac{0.020 V_{sp}}{V+V_{sp}} = \frac{0.020}{R+1}$，$c_{Mg} = \frac{0.20 V_{sp}}{V+V_{sp}} = \frac{0.20}{R+1}$，$c_{EDTA} = \frac{0.020 V}{V+V_{sp}} = \frac{0.020 R}{R+1}$。

现在的目标是获得包含[Zn]与 R 的等式，为此列出关于 Zn、Mg 和 EDTA 的 MBE：

$$[ZnY] + [Zn] = c_{Zn} = \frac{0.020}{R+1} \quad \Rightarrow \quad [ZnY] = \frac{K_1''[Y'']}{K_1''[Y'']+1} \frac{0.020}{R+1}$$

$$[MgY] + [Mg] = c_{Mg} = \frac{0.20}{R+1} \quad \Rightarrow \quad [MgY] = \frac{K_2''[Y'']}{K_2''[Y'']+1} \frac{0.20}{R+1}$$

$$[ZnY] + [MgY] + [Y''] = c_{EDTA} = \frac{0.020 R}{R+1}$$

式中，$[Y''] = [Y]\alpha_{Y(H)}$，$K_1'' = \frac{K_{ZnY}}{\alpha_{Y(H)}}$，$K_2'' = \frac{K_{MgY}}{\alpha_{Y(H)}}$(加双撇号是为了区别于真实表观浓度和真实条件稳定常数；以[Y'']替代[Y]是为了减小数值运算误差，因为[Y''] ≫ [Y])。

本题比较复杂，难以直接建立[Zn]与 R 之间的函数关系。可行的思路是以[Y'']为中间变量，间接建立函数关系。分析以上诸式，可以先建立 R 与[Y'']之间的函数关系；不必直接使用 Zn 和 Mg 物料平衡式(上文以灰色背景标记)，而是通过各自的分布分数发挥作用。这样，EDTA 的物料平衡式变为：

$$\frac{K_1''[Y'']}{K_1''[Y''] + 1} \frac{0.020}{R+1} + \frac{K_2''[Y'']}{K_2''[Y''] + 1} \frac{0.20}{R+1} + [Y''] = \frac{0.020 R}{R+1} \tag{1}$$

R 与[Y'']之间的函数关系已经建立。再考虑建立[Y'']与[Zn]之间的函数关系，这比较简单，借助 Zn 的分布分数即可

$$[Zn] = \frac{1}{K_1''[Y''] + 1} \frac{0.020}{R+1} \tag{2}$$

至此，解题所需要的函数关系已经全部获得。将(2)式代入(1)式以消去[Y'']，得到包含[Zn]与 R 的等式，然后求解 $R = 0.999$ 和 $R = 1.001$ 对应的[Zn]，从而获得滴定突跃。使用软件求解时，不必费力写出这个方程，以[Y'']为中间变量，即可快速完成输入。参考 Matlab 代码如下，其中第二条语句中%之后的内容是注释，第三条语句就是通过(2)式得出的[Y]表达式，为了使代码简洁，使用了辅助变量 aux1 和 aux2

```
k1 = 3.16e16 / 2.82e6; k2 = 5.01e8 / 2.82e6;
R = 0.999; % R = 1.001;
EDTA = (0.020 / (R + 1) ./ x - 1) / k1;
aux1 = k1*EDTA ./ (k1*EDTA + 1) * 0.020 / (R + 1);
aux2 = k2*EDTA ./ (k2*EDTA + 1) * 0.20 / (R + 1);
y = aux1 + aux2 + EDTA - 0.020 * R / (R + 1);
```

通过软件求得$[Zn]_{R=0.999} = 1.1 \times 10^{-5}$ mol·L⁻¹ 和 $[Zn]_{R=1.001} = 1.5 \times 10^{-6}$ mol·L⁻¹。然后计算出

滴定突跃$|pZn_{R=0.999} - pZn_{R=1.001}| = 0.87$，滴定突跃大于 0.4，因此可以准确滴定 Zn^{2+}。

②$[Zn]_{sp}$ 可以使用①中的代码进行求解，只需要将变量 R 的值改为 1 即可。通过软件解得 $[Zn]_{sp} = 4.1\times10^{-6}$ mol·L^{-1}。$[MgY]_{sp}$ 可以通过其分布分数求出 $[MgY]_{sp} = \frac{K_2''[Y'']_{sp}}{K_2''[Y'']_{sp}+1}0.10$，计算所需的 $[Y'']_{sp}$ 通过将 $[Zn]_{sp}$ 代入(2)式后求得。最终得到 $[MgY]_{sp} = 3.9\times10^{-6}$ mol·L^{-1}。

③终点误差也可以使用①中的代码进行求解，因为函数形式不变。①中的代码是已知 R 然后求解 $[Zn]$，终点误差则是已知 $[Zn]$ 然后求解 R。所以，在第一行代码后添加 Zn = 10^-4.8;，删除第二行代码，余下代码中的变量 x 改为 Zn、变量 R 改为 x。最后通过软件求得 $R = 0.9985$。终点误差 $E_t = (R-1)\times100\% = -0.15\%$。

本题也可以通过近似处理，使用林邦公式求解。

①首先计算 K'_{ZnY}。$K'_{ZnY} = K_{ZnY}/(\alpha_{Zn}\alpha_Y) \Leftarrow \alpha_{Zn} = 1$，$\alpha_Y = \alpha_{Y(H)} + \alpha_{Y(Mg)} - 1 \Leftarrow \alpha_{Y(Mg)} = 1 + K_{MgY}[Mg]_{sp}$。可见，关键在于 $[Mg]_{sp}$。由于 $K_{ZnY} \gg K_{MgY}$，所以认为：加入的 EDTA 全部与 Zn^{2+} 反应，不与 Mg^{2+} 反应，故 $[Mg]_{sp} \approx 0.10$ mol·L^{-1}。至此，已经可以求得 K'_{ZnY}。将 $\Delta pZn' = 0.2$ 和 K'_{ZnY} 代入林邦公式后计算出 $E_t = -0.04\%$，在允许误差范围±0.1%内，所以可以准确滴定 Zn^{2+}。

②根据化学计量点时溶液中的配位平衡关系：$ZnY + Mg^{2+} \Longrightarrow MgY + Zn^{2+}$，可知 $[Zn^{2+}]_{sp} = [MgY]_{sp} = \sqrt{K'_{MgY}/K'_{ZnY}c_{Zn,sp}c_{Mg,sp}} = 4.0\times10^{-6}$ mol·L^{-1}。有一点需要注意：该解法认为平衡体系中 Zn^{2+} 全部来自 Mg^{2+} 的置换，所以 $[Zn^{2+}]_{sp} = [MgY]_{sp}$。然而实际情况是：ZnY 离解出 Zn^{2+}，所以 $[Zn^{2+}]_{sp} > [MgY]_{sp}$，符合前面精确结果所示的大小关系。

③根据上述结果可知 $pZn_{sp} = 5.4$，所以 $\Delta pZn = pZn_{ep} - pZn_{sp} = -0.6$。将 ΔpZn(等于 $\Delta pZn'$)和 K'_{ZnY} 代入林邦公式后计算出 $E_t = -0.15\%$。

混合离子的选择性滴定；目标离子无副反应　　　　　　　　　难度：★★★☆☆

例 4.27　现有 Pb^{2+}、Ca^{2+} 混合溶液，分析浓度均为 0.020 mol·L^{-1}，欲以同浓度的 EDTA 滴定其中的 Pb^{2+}。能否通过控制酸度的方式实现选择性滴定？（$K_{PbY} = 1.10\times10^{18}$；$K_{CaY} = 4.90\times10^{10}$）

解　分别用 V 和 V_{sp} 表示某一滴定时刻和化学计量点时加入 EDTA 溶液的体积，并令 $R = \frac{V_{ep}}{V_{sp}}$。根据反应物浓度和滴定反应的计量关系，易知被测物溶液的体积等于 V_{sp}。

加入 V mL 滴定剂时，溶液的总体积等于 $(V + V_{sp})$，各物质的分析浓度为：$c_{Pb} = \frac{0.020V_{sp}}{V+V_{sp}} = \frac{0.020}{R+1}$，$c_{Ca} = \frac{0.020V_{sp}}{V+V_{sp}} = \frac{0.020}{R+1}$，$c_{EDTA} = \frac{0.020V}{V+V_{sp}} = \frac{0.020R}{R+1}$。

现在的目标是获得包含 $[Pb]$ 与 R 的等式，为此列出关于 Pb、Ca 和 EDTA 的 MBE：

$$[PbY] + [Pb] = c_{Pb} = \frac{0.020}{R+1} \quad \Rightarrow \quad [PbY] = \frac{K_1''[Y'']}{K_1''[Y'']+1}\frac{0.020}{R+1}$$

$$[CaY] + [Ca] = c_{Ca} = \frac{0.020}{R+1} \quad \Rightarrow \quad [CaY] = \frac{K_2''[Y'']}{K_2''[Y'']+1}\frac{0.020}{R+1}$$

$$[PbY] + [CaY] + [Y''] = c_{EDTA} = \frac{0.020R}{R+1}$$

式中，$[Y''] = [Y]\alpha_{Y(H)}$，$K_1'' = \dfrac{K_{PbY}}{\alpha_{Y(H)}}$，$K_2'' = \dfrac{K_{CaY}}{\alpha_{Y(H)}}$(加双撇号是为了区别于真实表观浓度和真实条件稳定常数；以$[Y'']$替代$[Y]$是为了减小数值运算误差，因为$[Y''] \gg [Y]$)。

　　本题比较复杂，难以直接建立$[Pb]$与 R 之间的函数关系。可行的思路是以$[Y'']$为中间变量，间接建立函数关系。分析以上诸式，可以先建立 R 与$[Y'']$之间的函数关系；不必直接使用 Pb 和 Ca 物料平衡式(上文以灰色背景标记)，而是通过各自的分布分数发挥作用。这样，EDTA 的物料平衡式变为：

$$\frac{K_1''[Y'']}{K_1''[Y''] + 1}\frac{0.020}{R + 1} + \frac{K_2''[Y'']}{K_2''[Y''] + 1}\frac{0.020}{R + 1} + [Y''] = \frac{0.020R}{R + 1} \tag{1}$$

R 与$[Y'']$之间的函数关系已经建立。再考虑建立$[Y'']$与$[Pb]$之间的函数关系，这比较简单，借助 Pb 的分布分数即可

$$[Pb] = \frac{1}{K_1''[Y''] + 1}\frac{0.020}{R + 1} \tag{2}$$

　　如果是常规的准确滴定判别，现在已经可以求解：将(2)式代入(1)式以消去$[Y'']$，得到包含$[Pb]$与 R 的等式，然后求解 $R = 0.999$ 和 $R = 1.001$ 对应的$[Pb]$，从而获得滴定突跃，如例 4.25 和例 4.26。但是，对本题而言，当前还有一个未知量$\alpha_{Y(H)}$，而$\alpha_{Y(H)}$正是求解对象，即是否存在一个$\alpha_{Y(H)}$使得相应的滴定突跃大于 0.4。将采用试验的方式：计算不同 pH 下的滴定突跃，结果见表 4.1。关于$[Pb]$的方程的参考 Matlab 代码如下，其中第一条、第三条语句中%之后的内容是注释，第四条语句就是通过(2)式得出的$[Y'']$表达式，为了使代码简洁，使用了辅助变量 aux1 和 aux2。

```
alpha = 8.32e9; % the acid-effect coefficient at pH = 3.3;
k1 = 1.10e18 / alpha; k2 = 4.90e10 / alpha;
R = 0.999; % R = 1.001;
EDTA = (0.020 / (R + 1) ./ x - 1) / k1;
aux1 = k1*EDTA ./ (k1*EDTA + 1) * 0.020 / (R + 1);
aux2 = k2*EDTA ./ (k2*EDTA + 1) * 0.020 / (R + 1);
y = aux1 + aux2 + EDTA - 0.020 * R / (R + 1);
```

表 4.1　Pb^{2+}、Ca^{2+}混合溶液(分析浓度均为 0.020 mol·L^{-1})在不同 pH 下的滴定突跃

pH	$\alpha_{Y(H)}$	$pPb_{R=0.999}$	$pPb_{R=1.001}$	滴定突跃
2.0	3.24×10^{13}	3.28	3.28	0
3.0	3.98×10^{10}	4.60	4.82	0.22
3.1	2.34×10^{10}	4.68	4.96	0.28
3.2	1.38×10^{10}	4.77	5.13	0.36
3.3	8.32×10^{9}	4.82	5.28	0.46
4.0	2.75×10^{8}	4.96	6.19	1.23
5.0	2.82×10^{6}	5.00	6.37	1.37
6.0	4.47×10^{4}	5.00	6.37	1.37

从表 4.1 可以看出，当滴定体系的 pH 大于 3.3 时，滴定突跃大于 0.4，说明在 Ca^{2+} 的存在下可以准确滴定 Pb^{2+}。

本题通过林邦公式也可以求解。当 $\Delta pPb' = 0.2$ 时，欲使终点误差小于 0.1%，根据林邦公式计算出，须满足条件 $K'_{PbY} > 9.1 \times 10^7$。后续计算比较简单，关键点只是一个近似处理：$\alpha_{Y(Ca)} = K_{CaY}[Ca]_{sp} + 1 \approx K_{CaY} \cdot c_{Ca,sp} + 1 = 4.90 \times 10^8$，最终可得：$\alpha_{Y(H)} < 1.16 \times 10^{10}$，即 pH > 3.3。该结果与精确结果一致，原因是近似处理比较合理。$K_{PbY} \gg K_{CaY}$，所以 sp 时 EDTA 几乎全部与 Pb^{2+} 反应，没有与 Ca^{2+} 反应，故可以认为 $[Ca]_{sp} \approx c_{Ca,sp}$。

有些教材提供简化算法：$\alpha_{Y(H)} = \alpha_{Y(Ca)} \approx K_{CaY}[Ca]_{sp} + 1 = 4.9 \times 10^8$。这是一个典型的过度简化而严重损害精度的例子，其实林邦公式并不复杂。

混合离子的选择性滴定；目标离子有副反应　　　　　　难度：★★★★☆

例 4.28 现有 Zn^{2+}、Ag^+ 混合溶液，分析浓度均为 0.010 mol·L^{-1}，以同浓度的 EDTA 溶液滴定其中的 Zn^{2+}。通过 NH_3-NH_4Cl 的缓冲溶液控制 pH = 10.00，而且 $[NH_3]_{ep} = 0.10$ mol·L^{-1}。能否准确滴定 Zn^{2+}？（$K_{ZnY} = 3.16 \times 10^{16}$；$K_{AgY} = 2.09 \times 10^7$；$\alpha_{Y(H)}|_{pH=10.00} = 2.82$；$\alpha_{Zn(OH)}|_{pH=10.00} = 251.19$；$Zn^{2+}$-$NH_3$ 配离子：$\beta_1 = 2.34 \times 10^2$，$\beta_2 = 6.46 \times 10^4$，$\beta_3 = 2.04 \times 10^7$，$\beta_4 = 2.88 \times 10^9$；$Ag^+$-$NH_3$ 配离子：$\beta_1 = 1.74 \times 10^3$，$\beta_2 = 1.12 \times 10^7$）

解 分别用 V 和 V_{sp} 表示某一滴定时刻和化学计量点时加入 EDTA 溶液的体积，并令 $R = \frac{V_{ep}}{V_{sp}}$。根据反应物浓度和滴定反应的计量关系，易知被测物溶液的体积等于 V_{sp}。

加入 V mL 滴定剂时，溶液的总体积等于 $(V + V_{sp})$，各物质的分析浓度为：$c_{Zn} = \frac{0.010 V_{sp}}{V + V_{sp}} = \frac{0.010}{R+1}$，$c_{Ag} = \frac{0.010 V_{sp}}{V + V_{sp}} = \frac{0.010}{R+1}$，$c_{EDTA} = \frac{0.010 V}{V + V_{sp}} = \frac{0.010 R}{R+1}$。

现在的目标是获得包含 $[Zn]$ 与 R 的等式，为此列出关于 Zn、Ag 和 EDTA 的 MBE：

$$[ZnY] + [Zn]\alpha_{Zn} = c_{Zn} = \frac{0.010}{R+1} \quad \Rightarrow \quad [ZnY] = \frac{K_1''[Y'']}{K_1''[Y''] + \alpha_{Zn}} \frac{0.010}{R+1}$$

$$[AgY] + [Ag]\alpha_{Ag} = c_{Ag} = \frac{0.010}{R+1} \quad \Rightarrow \quad [AgY] = \frac{K_2''[Y'']}{K_2''[Y''] + \alpha_{Ag}} \frac{0.010}{R+1}$$

$$[ZnY] + [AgY] + [Y''] = c_{EDTA} = \frac{0.010 R}{R+1}$$

其中，$[Y''] = [Y]\alpha_{Y(H)}$，$K_1'' = \frac{K_{ZnY}}{\alpha_{Y(H)}}$，$K_2'' = \frac{K_{AgY}}{\alpha_{Y(H)}}$（加双撇号是为了区别于真实表观浓度；以 $[Y'']_{ep}$ 替代 $[Y]_{ep}$ 是为了减小数值运算误差，因为 $[Y'']_{ep} \gg [Y]_{ep}$）；$\alpha_{Zn} = \alpha_{Zn(NH_3)} + \alpha_{Zn(OH)} - 1 = \beta_1[NH_3] + \beta_2[NH_3]^2 + \beta_3[NH_3]^3 + \beta_4[NH_3]^4 + \alpha_{Zn(OH)}$，$\alpha_{Ag} = 1 + \beta_1[NH_3] + \beta_2[NH_3]^2$。注意：式中的 α_{Zn} 和 α_{Ag} 只是为了使表达式简洁，并不具有副反应系数的含义（精确求解中无法计算 Zn 的副反应系数，因为 $[Ag^+]$ 未知）。

本题比较复杂，难以直接建立 $[Zn]$ 与 R 之间的函数关系。可行的思路是以 $[Y'']$ 为中间变量，间接建立函数关系。分析以上诸式，可以先建立 R 与 $[Y'']$ 之间的函数关系；不必直接使用 Zn 和 Ag 物料平衡式（上文以灰色背景标记），而是通过它们分别获得以 $[Y'']$ 表示的 $[ZnY]$ 和 $[AgY]$ 表达式（不完全是分布分数，但是与分布分数的推导过程一致）。这样，EDTA 的物料平衡式变为：

$$\frac{K_1''[Y'']}{K_1''[Y'']+\alpha_{Zn}}\frac{0.010}{R+1} + \frac{K_2''[Y'']}{K_2''[Y'']+\alpha_{Ag}}\frac{0.010}{R+1} + [Y''] = \frac{0.010R}{R+1} \tag{1}$$

R 与 $[Y'']$ 之间的函数关系已经建立。再考虑建立 $[Y'']$ 与 $[Zn]$ 之间的函数关系,这比较简单,通过 Zn 物料平衡式可以导出,结果如下:

$$[Zn] = \frac{1}{K_1''[Y'']+\alpha_{Zn}}\frac{0.010}{R+1} \tag{2}$$

需要注意的是:(2)式与常规分布分数不完全相同,但是推导过程一致。

至此,解题所需要的函数关系已经全部获得。将(2)式代入(1)式以消去 $[Y'']$,得到包含 $[Zn]$ 与 R 的等式,然后求解 $R = 0.999$ 和 $R = 1.001$ 对应的 $[Zn]$,从而获得滴定突跃。使用软件求解时,不必费力写出这个方程,以 $[Y'']$ 为中间变量,即可快速完成输入。参考 Matlab 代码如下,其中第四条语句中%之后的内容是注释,第五条语句就是通过(2)式得出的 $[Y]$ 表达式,为了使代码简洁,使用了辅助变量 aux1 和 aux2

```
k1 = 3.16e16 / 2.82; k2 = 2.09e7 / 2.82;
alphazn = 23.4 + 646 + 2.04e4 + 2.88e5 + 251.19;
alphaag = 1+ 174 + 1.12e5;
R = 0.999; % R = 1.001;
EDTA = (0.010 / (R + 1) ./ x - alphazn) / k1;
aux1 = k1*EDTA ./ (k1*EDTA + alphazn) * 0.010 / (R + 1);
aux2 = k2*EDTA ./ (k2*EDTA + alphaag) * 0.010 / (R + 1);
y = aux1 + aux2 + EDTA - 0.010 * R / (R + 1);
```

通过软件求得 $[Zn]_{R=0.999} = 1.6\times10^{-11}$ mol·L^{-1} 和 $[Zn]_{R=1.001} = 1.2\times10^{-13}$ mol·L^{-1}。然后计算出滴定突跃 $|pZn_{R=0.999} - pZn_{R=1.001}| = 2.12$,滴定突跃大于 0.4,因此可以准确滴定。

本题通过林邦公式也可以求解,求解关键在于 K_{ZnY}'。$K_{ZnY}' = K_{ZnY}/(\alpha_{Zn}\alpha_Y) \Leftarrow \alpha_{Zn} = \alpha_{Zn(NH_3)} + \alpha_{Zn(OH)} - 1$,$\alpha_Y = \alpha_{Y(H)} + \alpha_{Y(Ag)} - 1 \Leftarrow \alpha_{Y(Ag)} = 1 + K_{AgY}[Ag]_{sp}$。现在唯一的障碍是 $[Ag]_{sp}$。在 Ag 的物料平衡式中 $[Ag]_{sp} + [AgY]_{sp} + [Ag(NH_3)]_{sp} + [Ag(NH_3)_2]_{sp} = c_{Ag,sp}$,忽略 $[AgY]_{sp}$ 后得到 $[Ag]_{sp}(1 + \beta_1[NH_3]_{sp} + \beta_2[NH_3]_{sp}^2) \approx c_{Ag,sp}$,然后即可计算出 $[Ag]_{sp}$。将所需参数代入林邦公式后计算出 $E_t = 0.0082\%$。$E_t < 0.1\%$,因此可以准确滴定。

混合离子的选择性滴定;目标离子有副反应　　　　　　　　　难度:★★★★☆

例 4.29　现有 Zn^{2+}、Ca^{2+}、Al^{3+} 混合溶液,分析浓度均为 0.020 mol·L^{-1}。以同浓度的 EDTA 溶液滴定其中的 Zn^{2+},控制 pH = 5.50,加入 NH$_4$F 使得 $[F^-]_{ep} = 0.10$ mol·L^{-1}。能否准确滴定?($K_{ZnY} = 3.16\times10^{16}$;$K_{CaY} = 4.90\times10^{10}$;$K_{AlY} = 2.00\times10^{16}$;$\alpha_{Y(H)}|_{pH=5.50} = 3.24\times10^5$;Al^{3+}-F$^-$ 配离子:$\beta_1 = 1.35\times10^6$,$\beta_2 = 1.41\times10^{11}$,$\beta_3 = 1.00\times10^{15}$,$\beta_4 = 5.62\times10^{17}$,$\beta_5 = 2.34\times10^{19}$,$\beta_6 = 6.92\times10^{19}$;CaF$_2$:$K_{sp} = 3.90\times10^{-11}$)

解　该滴定体系包含三种金属离子,非常复杂,然而核心部分仍然是滴定突跃的计算。分别用 V 和 V_{sp} 表示某一滴定时刻和化学计量点时加入 EDTA 溶液的体积,并令 $R = \frac{V_{ep}}{V_{sp}}$。根据反应物浓度和滴定反应的计量关系,易知被测物溶液的体积等于 V_{sp}。

加入 V mL 滴定剂时，溶液的总体积等于$(V + V_{sp})$，各物质的分析浓度为：$c_{Zn} = \frac{0.020V_{sp}}{V+V_{sp}} = \frac{0.020}{R+1}$，$c_{Ca} = \frac{0.020V_{sp}}{V+V_{sp}} = \frac{0.020}{R+1}$，$c_{Al} = \frac{0.020V_{sp}}{V+V_{sp}} = \frac{0.020}{R+1}$，$c_{EDTA} = \frac{0.020V}{V+V_{sp}} = \frac{0.020R}{R+1}$。

现在的目标是获得包含$[Zn]$与R的等式，为此列出关于 Zn、Ca、Al 和 EDTA 的 MBE：

$$[ZnY] + [Zn] = c_{Zn} = \frac{0.020}{R+1} \quad \Rightarrow \quad [ZnY] = \frac{K_1''[Y'']}{K_1''[Y'']+1}\frac{0.020}{R+1}$$

$$\cancel{[CaY] + [Ca] + [CaF_{2(s)}] = c_{Ca} = \frac{0.020}{R+1}} \quad \Leftarrow \quad \text{不可用，} CaF_2 \text{的量未知}$$

$$[AlY] + [Al] + [AlF] + \cdots + [AlF_6] = c_{Al} = \frac{0.020}{R+1}$$

$$[ZnY] + [CaY] + [AlY] + [Y''] = c_{EDTA} = \frac{0.020R}{R+1}$$

其中，$[CaF_{2(s)}]$表示沉淀 CaF_2 的假想浓度，只是为了建立等量关系；$[Y''] = [Y]\alpha_{Y(H)}$；$K_1'' = \frac{K_{ZnY}}{\alpha_{Y(H)}}$(加双撇号是为了区别于真实表观浓度和真实条件稳定常数；以$[Y'']_{ep}$替代$[Y]_{ep}$是为了减小数值运算误差，因为$[Y'']_{ep} \gg [Y]_{ep}$)。

本题比较复杂，难以直接建立$[Zn]$与 R 之间的函数关系。可行的思路是以$[Y'']$为中间变量，间接建立函数关系。分析以上诸式，可以先建立 R 与$[Y'']$之间的函数关系；不必直接使用 Zn 物料平衡式(上文以灰色背景标记)，通过其分布分数发挥作用；Ca 的物料平衡式无法使用，因为 CaF_2 沉淀的量未知，但是，题目已经给出$[F^-]$，通过 K_{sp} 即可以求得$[Ca^{2+}]$，进而与$[Y'']$一起表示出$[CaY]$。这样，EDTA 的物料平衡式变为：

$$\frac{K_1''[Y'']}{K_1''[Y'']+1}\frac{0.020}{R+1} + K_2''[Y'']\frac{K_{sp}}{[F^-]^2} + [AlY] + [Y''] = \frac{0.020R}{R+1} \tag{1}$$

式中，$K_2'' = \frac{K_{CaY}}{\alpha_{Y(H)}}$。

现在需要将(1)式中$[AlY]$表示为$[Y'']$的代数式，为此列出关于 Al 的物料平衡式，整理后得到：

$$[Al](K_3''[Y''] + 1 + \beta_1[F] + \cdots + \beta_6[F]^6) = \frac{0.020}{R+1}$$

式中，$K_3'' = \frac{K_{AlY}}{\alpha_{Y(H)}}$。上式结合 AlY 稳定常数，并令$\alpha = 1 + \beta_1[F] + \cdots + \beta_6[F]^6$，就可以将$[AlY]$表示为关于$[Y'']$的代数式：

$$[AlY] = K_3''[Y''][Al] = \frac{K_3''[Y'']}{K_3''[Y'']+\alpha}\frac{0.020}{R+1}$$

将上式代入(1)式以消去$[AlY]$，得到：

$$\underbrace{\frac{K_1''[Y'']}{K_1''[Y'']+1}\frac{0.020}{R+1}}_{[ZnY]} + \underbrace{K_2''[Y'']\frac{K_{sp}}{[F^-]^2}}_{[CaY]} + \underbrace{\frac{K_3''[Y'']}{K_3''[Y'']+\alpha}\frac{0.020}{R+1}}_{[AlY]} + [Y''] = \frac{0.020R}{R+1} \tag{2}$$

R 与$[Y'']$之间的函数关系已经建立。再考虑建立$[Y'']$与$[Zn]$之间的函数关系，这比较

简单，借助 Zn 的分布分数即可

$$[Zn] = \frac{1}{K_1''[Y''] + 1} \frac{0.020}{R + 1} \tag{3}$$

至此，解题所需要的函数关系已经全部获得。将(3)式代入(2)式以消去[Y'']，得到包含[Zn]与 R 的等式，然后求解 $R = 0.999$ 和 $R = 1.001$ 对应的[Zn]，从而获得滴定突跃。使用软件求解时，不必费力写出这个方程，以[Y'']为中间变量，即可快速完成输入。参考 Matlab 代码如下，其中第三条语句中%之后的内容是注释，第四条语句就是通过(3)式得出的[Y'']表达式，为了使代码简洁，使用了辅助变量 aux1 和 aux2

```
k1 = 3.16e16 / 3.24e5; k2 = 4.90e10 / 3.24e5; k3 = 2.00e16 / 3.24e5;
alpha = 1 + 1.35e5 + 1.41e9 + 1.00e12 + 5.62e13 + 2.34e14 + 6.92e13;
R = 0.999; % R = 1.001;
EDTA = (0.020 / (R + 1) ./ x - 1) / k1;
aux1 = k1*EDTA ./ (k1*EDTA + 1) * 0.020 / (R + 1);
aux2 = k3*EDTA ./ (k3*EDTA + alpha) * 0.020 / (R + 1);
y = aux1 + aux2 + k2*EDTA*3.9e-9 + EDTA - 0.020 * R / (R + 1);
```

通过软件求得$[Zn]_{R=0.999} = 1.0 \times 10^{-5}$ mol·L^{-1} 和 $[Zn]_{R=1.001} = 1.0 \times 10^{-8}$ mol·L^{-1}。然后计算出滴定突跃$|pZn_{R=0.999} - pZn_{R=1.001}| = 3.00$，滴定突跃大于 0.4，因此可以准确滴定。

本题也可以通过近似处理，使用林邦公式求解。

林邦公式的关键在于K'_{ZnY}。$K'_{ZnY} = K_{ZnY}/(\alpha_{Zn}\alpha_Y) \Leftarrow \alpha_{Zn} = 1$，$\alpha_Y = \alpha_{Y(H)} + \alpha_{Y(Ca)} + \alpha_{Y(Al)} - 2 \Leftarrow \alpha_{Y(Ca)} = 1 + K_{CaY}[Ca]_{ep}$，$\alpha_{Y(Al)} = 1 + K_{AlY}[Al]_{ep} \Leftarrow [Ca]_{ep} = K_{sp}/[F^-]_{ep}^2$。所以现在唯一的障碍是$[Al]_{ep}$。在 Al 的物料平衡式中，$[Al]_{ep} + [AlY]_{ep} + [AgF]_{ep} + \cdots + [AlF_6]_{sp} = c_{Al,ep}$，忽略$[AlY]_{ep}$，再认为$c_{Al,ep} \approx c_{Al,sp} = 0.010$，那么，可以得到$[Al]_{ep}(1 + \beta_1[F]_{ep} + \cdots + \beta_6[F]_{ep}^6) = 0.010$。至此，已经可以求得$K'_{ZnY}$。将所需参数代入林邦公式后计算出 $E_t = 0.0031\%$。$E_t < 0.1\%$，因此可以准确滴定。

上述计算过程比较简单，尽管引入了一些近似处理，结果却与精确结果一致。其中的原因不在于近似手段有多合理，而是这个滴定体系适用于此类近似处理——干扰离子 Ca^{2+} 与 EDTA 的稳定常数相对较小，绝大部分又被高浓度 F^- 所沉淀；干扰离子 Al^{3+} 与 EDTA 的稳定常数虽然较大，然而与掩蔽剂 F^- 的稳定常数更大，F^- 浓度很高。结果是：Ca^{2+}、Al^{3+} 与 EDTA 的反应完全可以忽略——这便是近似处理的基础。

4.7 配位滴定的最低酸度和最高酸度

EDTA 配位滴定中，必须加入缓冲溶液，以控制不断释放出的 H+对反应完成程度的影响。此外，酸度过高或者过低都不利于滴定，所以存在"适宜酸度范围"这一概念。

降低滴定体系[H+]，EDTA 的酸效应系数减小，因此金属离子和 EDTA 的配位反应更加完全。但是，[H+]不能低至金属离子生成氢氧化物沉淀，这个临界值就是最低酸度。最低酸度通过金属氢氧化物沉淀的溶度积常数得到。

提高滴定体系的[H⁺]，可以避免金属离子生成氢氧化物沉淀，但同时增大了 EDTA 酸效应。[H⁺]高于某个临界值时，相应的终点误差会超出误差允许范围(通常是±0.1%)，这个临界值就是最高酸度。最高酸度通过终点误差得到，而且林邦公式具有较高的计算效率，推荐使用。

下面通过两个例题说明如何计算配位滴定的适宜酸度范围。

适宜酸度范围；单一离子　　　　　　　　　　　　　　　　　　　　难度：★★☆☆☆

例 4.30　以 $0.020\ \text{mol·L}^{-1}$ 的 EDTA 溶液滴定同浓度的 Ca^{2+} 溶液，确定该滴定方案的适宜酸度范围。$(K_{CaY} = 4.90\times10^{10}$；$K_{sp} = 6.5\times10^{-6})$

解　通过林邦公式确定滴定体系的最高酸度：

$$E_t = \frac{10^{0.2} - 10^{-0.2}}{\sqrt{c_{Ca,sp}K'_{CaY}}} \times 100\%$$

式中，$K'_{CaY} = \frac{K_{CaY}}{\alpha_{Y(H)}}$。酸度最高不能使终点误差超出允许范围±0.1%。将相关数据代入上式，得到 $\alpha_{Y(H)} < 538.5$，查附表 6.8，对应 pH = 7.6。

酸度最低不得沉淀 Ca^{2+}。根据溶度积常数得到：

$$[OH^-] = \sqrt{\frac{K_{sp}}{[Ca^{2+}]}} = 1.8 \times 10^{-2}$$

对应 pH = 12.3。所以该滴定体系的适宜酸度范围是 7.6~12.3。

适宜酸度范围；混合离子　　　　　　　　　　　　　　　　　　　　难度：★★☆☆☆

例 4.31　现有 Zn^{2+}、Ca^{2+} 混合溶液，二者的分析浓度均为 $0.020\ \text{mol·L}^{-1}$。以同浓度的 EDTA 溶液滴定其中的 Ca^{2+}，使用 CN^- 掩蔽 Zn^{2+}，$[CN^-]_{ep} = 0.10\ \text{mol·L}^{-1}$。确定该滴定方案的适宜酸度范围。$(K_{CaY} = 4.90\times10^{10}$；$K_{ZnY} = 3.16\times10^{16}$；$K_{sp} = 6.5\times10^{-6}$；$Zn^{2+}\text{-}CN^-$ 配离子：$\beta_4 = 5.01\times10^{16})$

解　通过林邦公式确定滴定体系的最高酸度：

$$E_t = \frac{10^{0.2} - 10^{-0.2}}{\sqrt{c_{Ca,sp}K'_{CaY}}} \times 100\%$$

式中，$K'_{CaY} = \frac{K_{CaY}}{\alpha_Y}$。酸度最高不能使终点误差超出允许范围±0.1%。$\alpha_Y = \alpha_{Y(H)} + \alpha_{Y(Zn)} - 1$。$\alpha_{Y(Zn)} = 1 + K_{ZnY}[Zn^{2+}]_{ep}$。忽略 Zn^{2+} 与 EDTA 的反应，那么 $[Zn^{2+}]_{ep} + [ZnCN_4^{2-}]_{ep} = c_{Zn,ep} \approx c_{Zn,sp} = 0.010$。代入相关数据后得到：$\alpha_{Y(H)} < 538.4$，查附表 6.8，对应 pH = 7.6。

酸度最低不得沉淀 Ca^{2+}。根据溶度积常数得到：

$$[OH^-] = \sqrt{\frac{K_{sp}}{[Ca^{2+}]}} = 1.8 \times 10^{-2}$$

对应 pH = 12.3。所以该滴定体系的适宜酸度范围是 7.6~12.3。

第五章 氧化还原平衡和氧化还原滴定

5.1 解析策略

5.1.1 基础概念

▶▶标准电势

电对 Ox/Red 的半反应表示为 $Ox + ne \rightleftharpoons Red$。如果半反应中的物质均处于标准状态，此时的电势称为标准电势，以$E_{Ox/Red}^{\ominus}$表示。$E_{Ox/Red}^{\ominus}$数值越大，Ox 的氧化性越强；数值越小，Red 的还原性越强。

对于电对 Ox_1/Red_1 和 Ox_2/Red_2，如果$E_{Ox_1/Red_1}^{\ominus} > E_{Ox_2/Red_2}^{\ominus}$，那么氧化还原反应发生在 Ox_1 和 Red_2 之间；否则，反应发生在 Ox_2 和 Red_1 之间。

▶▶能斯特方程

能斯特方程描述了标准电势与氧化态和还原态活度之间的定量关系。为了计算方便，通常以浓度代替活度；对于半反应$Ox + ne \rightleftharpoons Red$，电对$E_{Ox/Red}^{\ominus}$的能斯特方程形式如下：

$$E = E_{Ox/Red}^{\ominus} + \frac{0.059}{n} \lg \frac{[Ox]}{[Red]}$$

如果还有其他物质参与半反应，其浓度应该包含在方程的分式中。

▶▶可逆电对与不可逆电对

如果电对的氧化态和还原态能够迅速转化，半反应在外加氧化剂或者还原剂的作用下迅速建立平衡，那么该电对就称为可逆电对，例如 Ce^{4+}/Ce^{3+}、Fe^{3+}/Fe^{2+}。否则就是不可逆电对，例如$Cr_2O_7^{2-}/Cr^{3+}$、MnO_4^-/Mn^{2+}。

对于可逆电对，其电势与组分浓度的关系比较符合能斯特方程；而对于不可逆电对，能斯特方程的误差较大。对于后者，可以采用条件电势来减小误差。对可逆电对而言，条件电势能够进一步提高能斯特方程的准确性。关于条件电势的介绍，参见 5.3 节。

▶▶对称电对与不对称电对

如果半反应中氧化态和还原态的系数相同，且没有其他反应物和生成物，那么该电对是对称电对，例如 Ce^{4+}/Ce^{3+}、Fe^{3+}/Fe^{2+}。反之，是不对称电对，例如$Cr_2O_7^{2-}/Cr^{3+}$。

对于MnO_4^-/Mn^{2+}，半反应中氧化态和还原态的系数虽然相同，但是 H+参与反应，所以也属于不对称电对。

对称电对与不对称电对没有具体物理含义，只是为了便于一些计算方法和公式的说明。

▶▶ **标准电势与平衡常数**

化学反应平衡常数与两电对标准电极电势的关系如下：

$$\lg K = \frac{n(E_1^\ominus - E_2^\ominus)}{0.059}$$

式中，n为两电对半反应中电子转移数的最小公倍数。这是一个普适公式。

▶▶ **化学计量点电势**

在氧化还原滴定中，化学计量点电势与两电对标准电极电势的关系为：

$$E_{sp} = \frac{n_1 E_1^\ominus + n_2 E_2^\ominus}{n_1 + n_2}$$

公式表明，E_{sp}可以看作标准电势的加权平均，权重是半反应中的电子转移数。这是一个有适用范围的公式，详细介绍参见 5.4 节。

5.1.2　总体思路与计算技巧

在去公式化体系中，氧化还原平衡和氧化还原滴定的相关计算遵循第一章图 1.3 所示的理论框架。基本等量关系是能斯特方程，物料平衡式(包括生成物浓度之间的计量关系)作为辅助，然后根据具体问题将能斯特方程整理为包含目标未知量的方程，最后进行求解。

熟练掌握并自如运用如下辅助定量关系，可以提高计算效率。设氧化还原反应的一般形式为$a Ox_1 + b Red_2 \rightleftharpoons c Red_1 + d Ox_2$，以$n$表示物质的量，那么：

> 1. **关于生成物**。无论滴定进行到任何程度(滴定起点、终点，或者化学计量点)，定量关系$n_{Red_1}:n_{Ox_2} = c:d$均成立。
> 2. **关于反应物**。化学计量点时，定量关系$n_{Ox_1}:n_{Red_2} = a:b$成立。
> 3. **估算终点时生成物的量**。以不足的反应物进行估算。如 Red_2 不足，那么终点时，$n_{Red_1,ep} \approx \frac{c}{b} n_{Red_2,initial}$，$n_{Ox_2,ep} \approx \frac{d}{b} n_{Red_2,initial}$，其中$n_{Red_2,initial}$表示滴定前的 Red_2 的量。当反应进行得足够完全时，上述近似比较准确。
> 4. **估算终点时反应物的量**。对于过量的反应物，以不足的反应物估算其反应消耗，进而得到其剩余。如 Ox_1 过量，那么终点时以(不足的)Red_2 估算 Ox_1 的反应消耗，为$\frac{a}{b} n_{Red_2,initial}$，因此$n_{Ox_1,ep} \approx n_{Ox_1,initial} - \frac{a}{b} n_{Red_2,initial}$。对于不足的反应物，终点时的量极小，所以不能估算，而是通过能斯特方程计算得到。本例中 Red_2 不足，那么就需要通过其能斯特方程来计算$[Red_2]_{ep}$，其中，$[Ox_2]_{ep}$ 可以估算得到(见第 3 条)；E_{ep} 则通过另一电对 Ox_1/Red_1 的能斯特方程计算得到，计算所需的$[Red_1]_{ep}$和$[Ox_1]_{ep}$都可以估算出。

上述计算要点的图解见图 5.1。

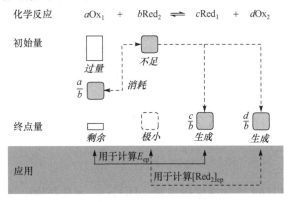

图 5.1 氧化还原平衡的计算要点
矩形代表物质的量

如果浓度是求解目标，应该尽量直接求解，而不是(为了方便推导)先求解电势 E，然后代入能斯特方程计算浓度。这样做是为了减小数值运算误差的影响，详见 5.1.3 中的误差分析。

求解过程中，为了便于推导，有时需要将能斯特方程转化为指数形式，参见例 5.6、例 5.7 以及 5.5 节关于滴定曲线的绘制。

5.1.3 误差分析

使用能斯特方程进行计算时，求解目标无论是电势还是浓度，都有直接和间接两种解法。以求解电势为例，除了直接求解外，还可以先求解浓度，然后代入能斯特方程计算出电势。

理论上，直接求解和间接求解的结果相同，然而实际存在的数值运算误差，对两种方法的影响不同。下面通过误差传递进行分析，为了简单起见，仅考虑对称电对 $Ox + ne \rightleftharpoons Red$，其能斯特方程为：

$$E = E^{\ominus} + \frac{0.059}{n} \lg \frac{[Ox]}{[Red]}$$

求 E 关于 $[Ox]$ 的偏微分，得到：

$$dE = \frac{0.059}{n\ln 10} \frac{d[Ox]}{[Ox]}$$

上式等号两侧同时除以 E，得到：

$$\frac{dE}{E} = \frac{0.059}{n\ln 10} \frac{1}{E} \frac{d[Ox]}{[Ox]}$$

通常情况下 $\left| \frac{0.059}{n\ln 10} \frac{1}{E} \right| < 1$，所以 $\left| \frac{dE}{E} \right| < \left| \frac{d[Ox]}{[Ox]} \right|$。这一结果表明：使用能斯特方程计算时，相对误差不算大的电势会导致浓度值出现较大误差；而不太准确的浓度值则可以得出相对准确的电势值。这种现象在电子转移数较多、电势较大时更加明显。简单地说，对数运

算减小数值误差的影响，指数运算增大数值误差的影响。

如果误差分析基于 E 关于[Red]的偏微分，结论相同。

综上所述，为了减小数值运算误差的影响，尽量避免将电势代入能斯特方程(通过指数运算)以计算浓度，参见例 5.3 和例 5.9。此外，尽量推导出最终结果的表达式，避免计算中间结果；如果不得不计算中间结果，那么应该保留其双精度值，参见例 5.5。

5.2　常 规 计 算

基础概念　　　　　　　　　　　　　　　　　　　　　　　难度：★★☆☆☆

例 5.1　计算电对 AgCl/Ag 的标准电极电势。($E_{Ag^+/Ag}^{\ominus} = 0.7996$；$K_{sp, AgCl} = 1.8 \times 10^{-10}$)

解　考虑Cl⁻溶液中电对 Ag⁺/Ag 的电极电势：

$$E = E_{Ag^+/Ag}^{\ominus} + 0.059\lg[Ag^+] = E_{Ag^+/Ag}^{\ominus} + 0.059\lg\frac{K_{sp}}{[Cl^-]}$$

当[Cl⁻] = 1 mol·L⁻¹时，此时的溶液环境是电对 AgCl/Ag 的标准状态，所以

$$E_{AgCl/Ag}^{\ominus} = E_{Ag^+/Ag}\big|_{[Cl^-]=1} = E_{Ag^+/Ag}^{\ominus} + 0.059\lg K_{sp}$$

代入相关数值后计算出$E_{AgCl/Ag}^{\ominus} = 0.22$ V。

基础概念　　　　　　　　　　　　　　　　　　　　　　　难度：★★☆☆☆

例 5.2　某氧化还原反应的两电对均为对称电对，电子转移数均为 2。欲使反应完成 99.9%以上，两电对的标准电极电势应相差多少？如果其中一个电对的电子转移数为 1，结果又是多少？

解　设电对 Ox₁/Red₁ 和 Ox₂/Red₂ 的半反应如下：

$$Ox_1 + 2e \rightleftharpoons Red_1$$

$$Ox_2 + 2e \rightleftharpoons Red_2$$

再设$E_1^{\ominus} > E_2^{\ominus}$，那么相应的氧化还原反应为：

$$Ox_1 + Red_2 = Red_1 + Ox_2$$

反应完成 99.9%以上时，999[Ox₁] = [Red₁]，999[Red₂] = [Ox₂]，将之代入相应的能斯特方程后得到：

$$E = E_1^{\ominus} + \frac{0.059}{2}\lg\frac{[Ox_1]}{[Red_1]} = E_1^{\ominus} - \frac{0.059}{2}\lg 999$$

$$E = E_2^{\ominus} + \frac{0.059}{2}\lg\frac{[Ox_2]}{[Red_2]} = E_2^{\ominus} + \frac{0.059}{2}\lg 999$$

由此求得，$E_1^{\ominus} - E_2^{\ominus} = 0.177$ V。

如果其中一个电对的电子转移数为 1，不妨设该电对是 Ox₁/Red₁，那么反应完成 99.9%

后，该电对的能斯特方程为：

$$E = E_1^{\ominus} + 0.059\lg\frac{[Ox_1]}{[Red_1]} = E_1^{\ominus} - 0.059\lg999$$

另一个电对的能斯特方程不变，然后求得，$E_1^{\ominus} - E_2^{\ominus} = 0.265$ V。

同理可以求得，如果两个电对的电子转移数均为 1，那么标准电势差为 0.354 V。

上述结果表明，欲使氧化还原反应进行得比较完全，氧化剂电对和还原剂电对的标准电极电势应该有一定的差异；电子转移数越少，这个差异越大。

精确求解示例；数值运算误差　　　　　　　　　　　　　　　　难度：★★★☆☆

例5.3　将一纯铜片置于 0.10 mol·L⁻¹ 的 $AgNO_3$ 溶液中,计算反应达到平衡时溶液的组成。(电对 Ag^+/Ag 和 Cu^{2+}/Cu 的标准电极电势 $E_1^{\ominus}$ 和 $E_2^{\ominus}$ 分别为 0.7996 V 和 0.3419 V)

解法一　首先列出两个能斯特方程：

$$E = E_1^{\ominus} + 0.059\lg[Ag^+] \tag{1}$$

$$E = E_2^{\ominus} + \frac{0.059}{2}\lg[Cu^{2+}] \tag{2}$$

根据化学反应计量关系以及 Ag 的物料平衡式(无法使用 Cu 的物料平衡式)，可以得到一个独立等量关系：

$$\underbrace{[Ag^+]}_{\text{反应剩余的 Ag}^+} + \underbrace{2[Cu^{2+}]}_{\text{反应消耗的 Ag}^+} = 0.10 \tag{3}$$

以上 3 个独立方程包含未知量[Ag⁺]、[Cu²⁺]和 E，所以可解。将(3)式代入(2)式以消去[Cu²⁺]，得到：

$$E = E_2^{\ominus} + \frac{0.059}{2}\lg\frac{0.10 - [Ag^+]}{2} \tag{4}$$

将(1)式代入(4)以消去 E，并令 $k = 10^{\frac{E_1^{\ominus} - E_2^{\ominus}}{0.059}}$，整理后得到关于[Ag⁺]的方程：

$$k = \sqrt{\frac{0.10 - [Ag^+]}{2}}\,\frac{1}{[Ag^+]}$$

通过软件解得[Ag⁺] = 3.9×10⁻⁹ mol·L⁻¹。将[Ag⁺]代入(3)式后计算出[Cu²⁺] = 0.050 mol·L⁻¹。

解法二　解法一是精确求解；对于本题，近似解法可以满足要求。两电对的标准电极电势相差很大，而且 Cu 过量太多，所以达到平衡后[Cu²⁺] ≈ 0.050 mol·L⁻¹，将之代入(2)式计算出 $E = 0.3035$ V。最后将 E 代入(1)式计算出[Ag⁺] = 3.9×10⁻⁹ mol·L⁻¹，与精确求解的结果相同。

计算中如果将 E=0.304(相对误差只有 0.16%)代入(1)式，那么[Ag⁺] = 4.0×10⁻⁹ mol·L⁻¹，相对误差 2.6%。可见，电势计算值的小误差会导致浓度计算值的大误差，原因就是能斯特方程的误差传递(参见 5.1.3)。所以，应该直接计算浓度，而不是(为了方便)先计算电势再计算浓度。

其实，通过(1)和(2)两式消去 E，即可得到 $[Ag^+] = 10^{\frac{E_2^{\ominus}-E_1^{\ominus}}{0.059}}\sqrt{[Cu^{2+}]}$，将 $[Cu^{2+}] = 0.050\ mol\cdot L^{-1}$ 代入后计算出 $[Ag^+] = 3.9\times 10^{-9}\ mol\cdot L^{-1}$。虽然推导略显繁琐，但是不必计算出 E 这一中间量，也就不必考虑误差传递对浓度计算值的影响。

基础概念　　　　　　　　　　　　　　　　　　　　　　　　　难度：★★★☆☆

例 5.4　电对 $Fe(CN)_6^{3-}/Fe(CN)_6^{4-}$ 的标准电极电势为 0.358 V；电对 I_2/I^- 的标准电极电势为 0.5355 V。但是，在强酸性溶液中或者 Zn^{2+} 存在时，$Fe(CN)_6^{3-}$ 能够氧化 I^-。通过以上事实比较 $H_3Fe(CN)_6$ 和 $H_4Fe(CN)_6$ 的酸性强弱、二者锌盐的溶解度大小。

解　如果 $Fe(CN)_6^{3-}$ 在强酸性溶液中能够氧化 I^-，那么下式成立：

$$E = E^{\ominus}_{Fe(CN)_6^{3-}/Fe(CN)_6^{4-}} + 0.059\lg\frac{[Fe(CN)_6^{3-}]}{[Fe(CN)_6^{4-}]} > E^{\ominus}_{I_2/I^-}$$

将相关数据代入上式，整理后得到：

$$\frac{[Fe(CN)_6^{3-}]}{[Fe(CN)_6^{4-}]} > 1.0 \times 10^3$$

上式表明，平衡体系中 $Fe(CN)_6^{3-}$ 的量远大于 $Fe(CN)_6^{4-}$；换言之，在强酸性环境中，$H_3Fe(CN)_6$ 的离解程度远高于 $H_4Fe(CN)_6$，所以前者的酸性高于后者。同理，前者锌盐的溶解度大于后者。

基础概念；数值运算误差　　　　　　　　　　　　　　　　　难度：★★★☆☆

例 5.5　在 $1\ mol\cdot L^{-1}$ $HClO_4$ 介质中，以 $KMnO_4$ 溶液滴定 Fe^{2+} 溶液。计算 $\frac{[Fe^{3+}]_{sp}}{[Fe^{2+}]_{sp}}$。(电对 $KMnO_4/Mn^{2+}$ 和 Fe^{3+}/Fe^{2+} 的条件电势 $E_1^{\ominus\prime}$ 和 $E_2^{\ominus\prime}$ 分别为 1.45 V 和 0.767 V)

解法一　列出 sp 时两电对的能斯特方程：

$$E_{sp} = E_1^{\ominus\prime} + \frac{0.059}{5}\lg\frac{[MnO_4^-]_{sp}}{[Mn^{2+}]_{sp}} \tag{1}$$

$$E_{sp} = E_2^{\ominus\prime} + 0.059\lg\frac{[Fe^{3+}]_{sp}}{[Fe^{2+}]_{sp}} \tag{2}$$

根据化学反应计量关系，得到 $5[MnO_4^-]_{sp} = [Fe^{2+}]_{sp}$，$5[Mn^{2+}]_{sp} = [Fe^{3+}]_{sp}$(参见 5.1.2 中辅助定量关系第 1、2 条)，所以：

$$\frac{[MnO_4^-]_{sp}}{[Mn^{2+}]_{sp}} = \frac{[Fe^{2+}]_{sp}}{[Fe^{3+}]_{sp}}$$

将上式代入(1)，得到：

$$E_{sp} = E_1^{\ominus\prime} - \frac{0.059}{5}\lg\frac{[Fe^{3+}]_{sp}}{[Fe^{2+}]_{sp}} \tag{3}$$

将(2)式代入(3)式以消去 E_{sp}，得到：

$$E_1^{\ominus\prime} - E_2^{\ominus\prime} = \frac{6 \times 0.059}{5}\lg\frac{[Fe^{3+}]_{sp}}{[Fe^{2+}]_{sp}}$$

代入条件电势数值后,计算出$\frac{[Fe^{3+}]_{sp}}{[Fe^{2+}]_{sp}} = 4.43\times10^9$。

解法二　电对 Fe^{3+}/Fe^{2+} 的能斯特方程表明:计算$\frac{[Fe^{3+}]_{sp}}{[Fe^{2+}]_{sp}}$的关键在于 E_{sp}。使用条件电势时,MnO_4^-/Mn^{2+}的能斯特方程不再包含$[H^+]$,而且MnO_4^-和 Mn^{2+} 在半反应中的系数相同,所以MnO_4^-/Mn^{2+}在计算中可以当作对称电对。当反应物均是对称电对时,E_{sp} 可以通过下式方便地计算出:

$$E_{sp} = \frac{5E_1^{\ominus\prime} + E_2^{\ominus\prime}}{6}$$

将之代入电对 Fe^{3+}/Fe^{2+}的能斯特方程,整理后得到:

$$\frac{5E_1^{\ominus\prime} - 5E_2^{\ominus\prime}}{6} = 0.059\lg\frac{[Fe^{3+}]_{sp}}{[Fe^{2+}]_{sp}}$$

代入条件电势数值后,计算出$\frac{[Fe^{3+}]_{sp}}{[Fe^{2+}]_{sp}} = 4.43\times10^9$。

解法三　首先通过下式计算 E_{sp}:

$$E_{sp} = \frac{5E_1^{\ominus\prime} + E_2^{\ominus\prime}}{6}$$

得到 $E_{sp} = 1.34$。然后,将 $E_{sp} = 1.34$ 代入电对 Fe^{3+}/Fe^{2+}的能斯特方程,计算出$\frac{[Fe^{3+}]_{sp}}{[Fe^{2+}]_{sp}} = 5.15\times10^9$。

该解法的思路与解法二完全相同,唯一不同的是先计算出 E_{sp} 的值,然后通过此中间结果计算出最终结果。中间结果 $E_{sp} = 1.34$ 保留了 3 位有效数字,相应的误差在计算过程中(通过能斯特方程)被传递、放大,导致最终结果的误差高达 16.3%。

通过$E_{sp} = \frac{5E_1^{\ominus\prime} + E_2^{\ominus\prime}}{6}$计算出的 E_{sp} 的双精度值为 1.336166666666667(可知近似值 1.34 的误差不到 0.3%,并不算大)。将此双精度值代入电对 Fe^{3+}/Fe^{2+}的能斯特方程,计算出$\frac{[Fe^{3+}]_{sp}}{[Fe^{2+}]_{sp}} = 4.43\times10^9$,与精确结果相同。

本题几种解法的对比说明了一条解题原则:尽量推导出最终结果的表达式,避免计算中间结果;如果不得不计算中间结果,那么应该保留其双精度值。这是一条普遍原则,目的是减小数值运算误差的影响,在氧化还原计算中尤其重要(参见 5.1.3 的误差分析)。

基础概念;精确求解示例　　　　　　　　　　　　　　　　　难度: ★★★☆☆

例 5.6　将 0.10 $mol\cdot L^{-1}$ 的 Fe^{3+}溶液(1 $mol\cdot L^{-1}$ HCl 介质)与同浓度的 Sn^{2+}溶液(1 $mol\cdot L^{-1}$ HCl 介质)等体积混合,计算平衡体系的电势。(电对 Fe^{3+}/Fe^{2+}和 Sn^{4+}/Sn^{2+}的条件电势$E_1^{\ominus\prime}$和$E_2^{\ominus\prime}$分别为 0.68 V 和 0.14 V)

解　先列出两电对的能斯特方程:

$$E = E_1^{\ominus\prime} + 0.059\lg\frac{[Fe^{3+}]}{[Fe^{2+}]}$$

$$E = E_2^{\ominus\prime} + \frac{0.059}{2}\lg\frac{[Sn^{4+}]}{[Sn^{2+}]}$$

再列出关于 Fe 和 Sn 的物料平衡式 MBE：

$$[Fe^{3+}] + [Fe^{2+}] = 0.050$$

$$[Sn^{4+}] + [Sn^{2+}] = 0.050$$

应该通过 MBE 消去能斯特方程中反应物的浓度，保留生成物浓度，因为生成物浓度之间存在确定计量关系 $2[Sn^{4+}] = [Fe^{2+}]$。通过 MBE 分别消去能斯特方程中的 $[Fe^{3+}]$ 和 $[Sn^{4+}]$，得到：

$$E = E_1^{\ominus\prime} + 0.059\lg\frac{0.050 - [Fe^{2+}]}{[Fe^{2+}]}$$

$$E = E_2^{\ominus\prime} + \frac{0.059}{2}\lg\frac{[Sn^{4+}]}{0.050 - [Sn^{4+}]}$$

为了利用等式 $2[Sn^{4+}] = [Fe^{2+}]$，将以上两式转化为指数形式：

$$10^{\frac{E - E_1^{\ominus\prime}}{0.059}} = \frac{0.050}{[Fe^{2+}]} - 1$$

$$10^{2\frac{E_2^{\ominus\prime} - E}{0.059}} = \frac{0.050}{[Sn^{4+}]} - 1$$

令 $x = 10^{\frac{E}{0.059}}$，$a = 10^{\frac{E_1^{\ominus\prime}}{0.059}}$，$b = 10^{\frac{E_2^{\ominus\prime}}{0.059}}$，通过以上两式消去 $[Sn^{4+}]$ 和 $[Fe^{2+}]$，整理后得到：

$$\frac{a}{x + a}\left(\frac{b^2}{x^2} + 1\right) = 2$$

通过软件解得 $x = 2.36 \times 10^2$，将之代入 $x = 10^{\frac{E}{0.059}}$ 后计算出 $E = 0.14$ V。如果代入 $x = 2.4 \times 10^2$，E 的计算值为 0.14 V；即使代入 $x = 2.5 \times 10^2$ (误差接近 7%)，E 的计算值仍为 0.14 V。这个数字实验说明电势计算值受数值运算误差的影响较小，与 5.1.3 中理论分析的结论一致。

　　下面给出一种近似解法。Sn^{2+} 过量，故近似认为 Fe^{3+} 被完全消耗。反应完成后，生成 Sn^{4+} 的浓度约为 0.0250 mol·L⁻¹，剩余 Sn^{2+} 的浓度约为 0.0250 mol·L⁻¹，将之代入电对 Sn^{4+}/Sn^{2+} 的能斯特方程后计算出 $E = 0.14$ V。

　　近似解法比较简单，也比较准确，原因是两电对的条件电势相差很大，反应较完全；Sn^{2+} 明显过量，反应完成后仍为常量组分，其浓度估算值的相对误差因此很小。此外，根据 5.1.3 中的误差分析，电势计算值的相对误差更小。如果这些条件不满足，那么近似结果可能出现较大误差。我们做个数字实验：将电对 Sn^{4+}/Sn^{2+} 的条件电势提高到 0.58 V(Fe^{3+} 与 Sn^{2+} 的反应程度会明显降低)，再将 Sn^{2+} 在混合前的分析浓度减小到 0.055 mol·L⁻¹(Sn^{2+} 不再明显过量，其浓度估算值的相对误差变得显著)，那么精确结果是 0.60 V，近似结果是 0.61 V，存在 1.7% 的误差。

精确求解思路　　　　　　　　　　　　　　　　　　　难度：★★★★☆

例 5.7　　以 0.010 mol·L⁻¹ 的 $TiCl_3$ 溶液滴定同浓度的 Fe^{3+} 溶液，KSCN 为指示剂。当 $[Fe^{3+}] =$

10^{-5} mol·L^{-1} 时，配离子 $FeSCN^{2+}$ 的红色消失，终止滴定。计算 E_{ep}。(电对 Fe^{3+}/Fe^{2+} 和 TiO_2/Ti^{3+} 的标准电势 $E_1^{\ominus}$ 和 $E_2^{\ominus}$ 分别为 0.77 V 和 0.10 V)

　　使用近似处理，本题的求解可以非常简单。认为 $[Fe^{2+}]_{ep} \approx [Fe^{2+}]_{sp} = 0.010 \ / \ 2 = 0.0050$ (mol·L^{-1})，将之与已知条件 $[Fe^{3+}]_{ep} = 10^{-5}$ mol·L^{-1} 代入能斯特方程后计算出 $E_{ep} = 0.61$ V。

　　下面介绍精确求解思路。

　　解　终点时，两电对的能斯特方程如下：

$$E_{ep} = E_1^{\ominus} + 0.059 \lg \frac{[Fe^{3+}]_{ep}}{[Fe^{2+}]_{ep}}$$

$$E_{ep} = E_2^{\ominus} + 0.059 \lg \frac{[Ti^{4+}]_{ep}}{[Ti^{3+}]_{ep}}$$

　　仅有能斯特方程还不够，需要使用物料平衡式 MBE。但是，题目没有给出溶液体积信息，为此分别用 V_{ep} 和 V_{sp} 表示滴定终点和化学计量点时加入 $TiCl_3$ 溶液的体积，并令 $R = \frac{V_{ep}}{V_{sp}}$。根据反应物浓度和滴定反应的计量关系，易知被测物溶液的体积等于 V_{sp}。

　　终点时溶液的总体积等于 ($V_{ep} + V_{sp}$)，各物质的分析浓度为：$c_{Fe,ep} = \frac{0.010 V_{sp}}{V_{ep}+V_{sp}} = \frac{0.010}{R+1}$，$c_{Ti,ep} = \frac{0.010 V_{ep}}{V_{ep}+V_{sp}} = \frac{0.010R}{R+1}$。

　　根据上述分析，终点时关于 Fe 和 Ti 的 MBE 可写为：

$$[Fe^{3+}]_{ep} + [Fe^{2+}]_{ep} = c_{Fe,ep} = \frac{0.010}{R+1}$$

$$[Ti^{4+}]_{ep} + [Ti^{3+}]_{ep} = c_{Ti,ep} = \frac{0.010R}{R+1}$$

应该通过 MBE 消去能斯特方程中反应物的浓度，保留生成物浓度，因为生成物浓度之间存在确定计量关系 $[Ti^{4+}]_{ep} = [Fe^{2+}]_{ep}$。通过 MBE 分别消去两个能斯特方程中的 $[Fe^{3+}]$ 和 $[Ti^{3+}]$，得到：

$$E_{ep} = E_1^{\ominus} + 0.059 \lg \frac{0.010/(R+1) - [Fe^{2+}]_{ep}}{[Fe^{2+}]_{ep}}$$

$$E_{ep} = E_2^{\ominus} + 0.059 \lg \frac{[Ti^{4+}]_{ep}}{0.010R/(R+1) - [Ti^{4+}]_{ep}}$$

为了利用等式 $[Ti^{4+}]_{ep} = [Fe^{2+}]_{ep}$，将以上两式转化为指数形式：

$$10^{\frac{E_{ep}-E_1^{\ominus}}{0.059}} = \frac{0.010}{(R+1)[Fe^{2+}]_{ep}} - 1$$

$$10^{\frac{E_2^{\ominus}-E_{ep}}{0.059}} = \frac{0.010R}{(R+1)[Ti^{4+}]_{ep}} - 1$$

令 $x = 10^{\frac{E_{ep}}{0.059}}$，$a = 10^{\frac{E_1^{\ominus}}{0.059}}$，$b = 10^{\frac{E_2^{\ominus}}{0.059}}$，通过以上两式消去$[Ti^{4+}]_{ep}$和$[Fe^{2+}]_{ep}$，整理后得到：

$$\frac{a}{x+a}\frac{x+b}{x} = R$$

上式包含两个未知量x和R，所以还需要一个独立等式。可以使用已知条件$[Fe^{3+}]_{ep} = 10^{-5}$，通过 Fe^{3+}/Fe^{2+} 的能斯特方程以及相应的 MBE，可以推导出：

$$R = \frac{1000x}{x+a} - 1$$

通过以上两式消去 R，得到关于x的方程：

$$\frac{a}{x+a}\frac{x+b}{x} = \frac{1000x}{x+a} - 1$$

通过软件解得$x = 2.25 \times 10^{10}$，然后代入$x = 10^{\frac{E_{ep}}{0.059}}$计算出 $E_{ep} = 0.61\text{ V}$。

近似结果与准确结果一致，原因是两电对的条件电势相差很大，Fe^{2+}明显过量，成为常量组分，其浓度估算值的相对误差很小。

数值运算误差；近似求解与精确求解对比　　　　　　　　　　　难度：★★★★☆

例 5.8　将 20.0 mL 0.10 mol·L^{-1} 的 Fe^{3+}溶液(1 mol·L^{-1} HCl 介质)与 20.0 mL 0.30 mol·L^{-1} 的 I$^-$溶液(1 mol·L^{-1} HCl 介质)混合，计算平衡体系中 Fe^{3+}的浓度。(电对 Fe^{3+}/Fe^{2+}和I_3^-/I^- 的条件电势$E_1^{\ominus}{}'$和$E_2^{\ominus}{}'$分别为 0.68 V 和 0.545 V)

解　求解$[Fe^{3+}]$的关键在于平衡体系的电势，为此先列出两电对的能斯特方程：

$$E = E_1^{\ominus}{}' + 0.059\lg\frac{[Fe^{3+}]}{[Fe^{2+}]}$$

$$E = E_2^{\ominus}{}' + \frac{0.059}{2}\lg\frac{[I_3^-]}{[I^-]^3}$$

再列出关于 Fe 和 I 的物料平衡式 MBE：

$$[Fe^{3+}] + [Fe^{2+}] = \frac{0.10 \times 20.0}{40.0} = 0.050$$

$$[I^-] + 3[I_3^-] = \frac{0.30 \times 20.0}{40.0} = 0.15$$

应该通过 MBE 消去能斯特方程中反应物的浓度，保留生成物浓度，因为生成物浓度之间存在确定计量关系$2[I_3^-] = [Fe^{2+}]$。通过 MBE 分别消去能斯特方程中的$[Fe^{3+}]$和$[I^-]$，得到：

$$E = E_1^{\ominus}{}' + 0.059\lg\frac{0.050 - [Fe^{2+}]}{[Fe^{2+}]}$$

$$E = E_2^{\ominus}{}' + \frac{0.059}{2}\lg\frac{[I_3^-]}{(0.15 - 3[I_3^-])^3}$$

为了利用等式$2[I_3^-] = [Fe^{2+}]$，将以上两式转化为指数形式：

$$10^{\frac{E-E_1^{\ominus'}}{0.059}} = \frac{0.050}{[Fe^{2+}]} - 1$$

$$10^{2\frac{E-E_2^{\ominus'}}{0.059}} = \frac{[I_3^-]}{(0.15 - 3[I_3^-])^3}$$

令$x = 10^{\frac{E}{0.059}}$，$a = 10^{\frac{E_1^{\ominus'}}{0.059}}$，$b = 10^{\frac{E_2^{\ominus'}}{0.059}}$，以上两式整理为：

$$\frac{x}{a} = \frac{0.050}{[Fe^{2+}]} - 1 \quad \xrightarrow{2[I_3^-] = [Fe^{2+}]} \quad \frac{x}{a} = \frac{0.025}{[I_3^-]} - 1 \tag{1}$$

$$\frac{x^2}{b^2} = \frac{[I_3^-]}{(0.15 - 3[I_3^-])^3} \tag{2}$$

将(1)式代入(2)式以消去$[I_3^-]$，得到关于x的方程。使用软件求解时，不必费力写出这个方程，以$[I_3^-]$为中间变量，即可快速完成输入。参考 Matlab 代码如下，其中第二条语句就是通过(1)式得出的$[I_3^-]$表达式。

```
a = 10^(0.68 / 0.059); b = 10^(0.545 / 0.059);
triiodide = 0.025 ./ (x / a + 1);
y = x.^2 / b^2 – triiodide ./ (0.15 – 3*triiodide).^3;
```

软件求解时，需要未知量x的大致范围。平衡体系电势应该介于 0.545 和 0.68，不妨估算为 0.6，那么x的值约为$1×10^{10}$。因此，令附录 5 软件 iroots 在$1×10^{10}$附近求解x[1]，得到$x = 1.239×10^{10}$，将之代入$x = 10^{\frac{E}{0.059}}$后计算出 $E = 0.596$ V。

将 $E = 0.596$ V 代入电对 Fe^{3+}/Fe^{2+} 的能斯特方程，再结合 MBE：$[Fe^{3+}] + [Fe^{2+}] = 0.050$，即可计算出$[Fe^{3+}] = 1.8×10^{-3}$ mol·L^{-1}。

下面给出一种近似解法。I^-过量，故近似认为 Fe^{3+} 被完全消耗。反应完成后，生成I_3^-的浓度约为 0.0250 mol·L^{-1}，剩余I^-的浓度约为 0.15 − 0.0250×3 = 0.075 (mol·L^{-1})，将之代入电对I_3^-/I^-的能斯特方程后计算出 $E = 0.597$ V。与精确结果相比，近似结果的误差为 0.17%。

将 $E = 0.597$ 代入电对 Fe^{3+}/Fe^{2+} 的能斯特方程，再结合 MBE：$[Fe^{3+}] + [Fe^{2+}] = 0.050$，然后计算出$[Fe^{3+}] = 1.9×10^{-3}$ mol·L^{-1}。与精确结果相比，近似结果的误差为 5%。

对于近似解法给出的$[Fe^{3+}]$和E，前者的误差显著大于后者，原因是能斯特方程的误差传递。根据 5.1.3 中的误差分析，与电势计算值相比，浓度计算值受数值运算误差的影响更大。

数值运算误差；近似求解与精确求解对比　　　　　　　　　难度：★★★★☆

例 5.9　现有浓度为 0.100 mol·L^{-1} 的 $KBrO_3$ 溶液，$[H^+] = 1.00×10^{-7}$ mol·L^{-1}。向该溶液加入过量 KBr，平衡时$[Br^-] = 1.00$ mol·L^{-1}。假设 $KBrO_3$ 和 KBr 在中性条件下不反应，计

---

1) 相应的命令是 iroots(1e10)。

算平衡体系的电势以及$[Br_2]$。(电对BrO_3^-/Br_2和Br_2/Br^-的标准电极电势$E_1^\ominus$和$E_2^\ominus$分别为 1.482 V 和 1.0873 V)

解法一　列出两个能斯特方程：

$$E = E_1^\ominus + \frac{0.059}{5}\lg\frac{[BrO_3^-][H^+]^6}{\sqrt{[Br_2]}}$$

$$E = E_2^\ominus + \frac{0.059}{2}\lg\frac{[Br_2]}{[Br^-]^2}$$

题中假设 $KBrO_3$ 和 KBr 在中性条件下不反应，所以平衡体系中$[H^+] = 1.00\times10^{-7}$ mol·L^{-1}，$[BrO_3^-] = 0.100$ mol·L^{-1}。当前只有两个未知量：E 和 $[Br_2]$。分析上述方程组，发现消去$[Br_2]$更方便，于是得到：

$$6E = 5E_1^\ominus + E_2^\ominus + 0.059\lg\frac{[BrO_3^-][H^+]^6}{[Br^-]}$$

将$[BrO_3^-]$和$[H^+]$代入上式，计算出 $E = 0.993$ V。

将 $E = 0.993$ 代入第一个能斯特方程后计算出$[Br_2] = 7.61\times10^{-4}$ mol·L^{-1}；将之代入第二个能斯特方程后计算出$[Br_2] = 6.36\times10^{-4}$ mol·L^{-1}。这是怎么回事？推导过程正确，那么唯一可能的原因是 $E = 0.993$ 精度不够。于是使用 E 的双精度数值 0.993383333333333，通过两个能斯特方程得到了相同结果 6.55×10^{-4} mol·L^{-1}。

惊魂甫定，不禁疑惑：电势近似值 0.993 相对于其双精度数值仅有–0.04%的误差，却导致$[Br_2]$计算值的相对误差为 16.2%(使用第一个能斯特方程)或者–2.9%(使用第二个能斯特方程)。这可以通过误差传递来解释。

对第一个能斯特方程，求 E 关于$[Br_2]$的偏微分，得到：

$$dE = -\frac{0.059}{10\ln10}\frac{d[Br_2]}{[Br_2]}$$

通过上式可以发现，E 数值小数点后第 4 位上的误差(最小 0.0001，最大 0.0009)，会导致$[Br_2]$的计算值出现 5.6%或者 51%的误差。

同理可以得出，如果使用第二个能斯特方程由 E 计算$[Br_2]$，E 数值小数点后第 4 位上的误差会导致$[Br_2]$的计算值出现 0.6%或者 5%的误差。

上述结果与 5.1.3 中误差分析的结论一致：即使用能斯特方程进行计算时，电势对浓度的影响显著大于浓度对电势的影响，而且这种影响在电子转移数较大时更加严重。因此，在相关计算中，应该由浓度计算电势，而不是由电势计算浓度。

所以，本题应该通过两个能斯特方程消去 E(推导简单，过程从略)，然后将相应数值代入即可求得$[Br_2] = 6.55\times10^{-4}$ mol·L^{-1}。再将此数值代入任一个能斯特方程，均可得到 $E = 0.993$ V。

当然，如果在计算过程中全部使用双精度，一般情况下可以得到比较准确的结果，不必考虑上述结论。

解法二　题中假设"$KBrO_3$ 和 KBr 在中性条件下几乎不反应"显然是为了方便计算，

并不反映实际情况。那么，精确计算的结果如何？

当前有 4 个未知量：E、$[Br_2]$、$[BrO_3^-]$和$[H^+]$。已经有两个能斯特方程，所以还需要另外两个独立等式。我们尝试从 MBE 寻找独立等式，为此列出化学反应方程式：

$$BrO_3^- + 5Br^- + 6H^+ \rightleftharpoons 3Br_2 + 3H_2O$$

根据 $KBrO_3$ 的分子构成，可以得到如下 MBE：

$$\underbrace{\frac{[Br_2]}{3}}_{\text{反应消耗}} + \underbrace{[BrO_3^-]}_{\text{反应剩余}} = \underbrace{0.10}_{\text{总量}} \qquad (1)$$

根据 H_2O 的分子构成，可以得到如下 MBE：

$$\underbrace{2[Br_2]}_{\text{反应消耗}} + \underbrace{[H^+]}_{\text{反应剩余}} = [OH^-] \qquad (2)$$

两个能斯特方程和(1)、(2)两式共包含 4 个未知量 E、$[Br_2]$、$[BrO_3^-]$和$[H^+]$，所以可解。通过两个能斯特方程消去 E，简单整理后得到：

$$K = \frac{[Br_2]^3}{[BrO_3^-][Br^-]^5[H^+]^6} \qquad (3)$$

式中，$K = 10^{\frac{5\left(E_1^{\ominus} - E_2^{\ominus}\right)}{0.059}}$。

将(1)式代入(3)以消去$[BrO_3^-]$，然后再整理成$[H^+]$的表达式：

$$[H^+] = \sqrt[6]{\frac{[Br_2]^3}{(0.10 - [Br_2]/3)[Br^-]^5 K}} \qquad (4)$$

将(4)代入(2)式以消去$[H^+]$，即可得到关于$[Br_2]$的方程。方程形式比较复杂，不过使用软件求解时，不必费力写出这个方程，以$[H^+]$为中间变量，即可快速完成输入。参考 Matlab 代码如下：

```
k = 10 ^ (5 * (1.482 - 1.0873) / 0.059);
H = sqrt(x) ./ ((0.10 - x / 3) * k) .^ (1/6);
y = 2 * x + H - 1e-14 ./ H;
```

通过软件求得 x(即$[Br_2]$)= 1.18×10^{-6} mol·L^{-1}，将之代入电对 Br_2/Br^- 的能斯特方程计算出 $E = 0.912$ V。另外，将$[Br_2]$代入(1)式求得$[BrO_3^-] \approx 0.100$ mol·L^{-1}，代入(2)式可以求得$[H^+] = 4.23 \times 10^{-9}$ mol·L^{-1}。

与精确求解的结果相比，解法一计算出的电势有 8.9% 的误差，$[Br_2]$有 55408% 的误差。误差如此显著的原因是，解法一中使用的近似$[H^+] = 10^{-7}$ mol·L^{-1}与实际值 4.23×10^{-9} mol·L^{-1}相差甚远。

5.3 条件电势

条件电势是指在一定介质条件下，电对氧化态和还原态的分析浓度均为 1 mol·L⁻¹ 时的电势，以 $E^{\ominus\prime}_{Ox/Red}$ 表示。如果使用条件电势，那么能斯特方程只包含电对氧化态和还原态的浓度，而不含其他反应物或生成物的浓度。

使用条件电势的优点是提高了能斯特方程的准确性，因为准确性的影响因素被通过指定介质的方式固定下来；缺点是降低了通用性，因为必须指定介质。这也说明了条件电势只能通过测量得到。分析化学课程设置了计算条件电势的习题，这类习题有助于练习氧化还原平衡计算，但同时也容易使人产生误解，以为条件电势可以通过标准电势计算得到。

这类习题中通常会出现某种配体，能够与电对氧化态或者还原态形成配合物。这样，计算条件电势实质上是在多组分化学平衡体系中求解某种离子的浓度，可以基于物料平衡式进行求解。

基础概念；存在配位反应　　　　　　　　　　　　　　　　难度：★★☆☆☆

例 5.10　计算电对 Fe^{3+}/Fe^{2+} 在 EDTA 溶液中的条件电势，通过缓冲溶液控制 pH = 3.00，未配位的 EDTA 的浓度为 0.10 mol·L⁻¹。（$E^{\ominus}_{Fe^{3+}/Fe^{2+}} = 0.771$；$Fe^{3+}$-EDTA 稳定常数 $K_1 = 1.26 \times 10^{25}$；$Fe^{2+}$-EDTA 稳定常数 $K_2 = 2.09 \times 10^{14}$；$\alpha_{Y(H)}|_{pH=3.00} = 3.98 \times 10^{10}$）。

解　根据条件电势的定义，得到：

$$E^{\ominus\prime}_{Fe^{3+}/Fe^{2+}} = E^{\ominus}_{Fe^{3+}/Fe^{2+}} + 0.059\lg \frac{[Fe^{3+}]}{[Fe^{2+}]}\Bigg|_{c_{Fe^{3+}}=1, c_{Fe^{2+}}=1}$$

考虑金属离子与 EDTA 的配位反应，可以通过分布分数得到[Fe^{3+}]和[Fe^{2+}]：

$$[Fe^{3+}] = \frac{1}{K_1''[Y''] + 1} c_{Fe^{3+}}, \quad [Fe^{2+}] = \frac{1}{K_2''[Y''] + 1} c_{Fe^{2+}}$$

式中，$[Y''] = [Y]\alpha_{Y(H)}$，$K_1'' = \frac{K_1}{\alpha_{Y(H)}}$，$K_2'' = \frac{K_2}{\alpha_{Y(H)}}$。将以上两式代入能斯特方程后得到：

$$E^{\ominus\prime}_{Fe^{3+}/Fe^{2+}} = E^{\ominus}_{Fe^{3+}/Fe^{2+}} + 0.059\lg \frac{K_2''[Y''] + 1}{K_1''[Y''] + 1}$$

代入[Y''] = 0.10 后计算出 $E^{\ominus\prime}_{Fe^{3+}/Fe^{2+}} = 0.135$ V。

条件电势小于标准电势，说明在这种条件下，Fe^{3+} 的氧化性降低，原因在于 Fe^{3+}-EDTA 的稳定常数远大于 Fe^{2+}-EDTA 的稳定常数，降低了 Fe^{3+} 被还原为 Fe^{2+} 的趋势。

基础概念；存在配位反应　　　　　　　　　　　　　　　　难度：★★☆☆☆

例 5.11　在 pH = 10.00 缓冲溶液中，Zn^{2+}-NH_3 配离子之外的 NH_3 的总浓度为 0.10 mol·L⁻¹。计算电对 Zn^{2+}/Zn 在该溶液中的条件电势（$E^{\ominus}_{Zn^{2+}/Zn} = -0.7618$；Zn-$NH_3$ 配离子：$\beta_1 = 2.34 \times 10^2$，$\beta_2 = 6.46 \times 10^4$，$\beta_3 = 2.04 \times 10^7$，$\beta_4 = 2.88 \times 10^9$；Zn-$OH^-$ 配离子：$\beta_1 = $

2.51×10^4，$\beta_2 = 1.26\times10^{10}$，$\beta_3 = 1.58\times10^{14}$，$\beta_4 = 3.16\times10^{15}$；$NH_4^+$：$K_a = 5.6\times10^{-10}$）。

解 根据条件电势的定义，得到：

$$E_{Zn^{2+}/Zn}^{\ominus\prime} = E_{Zn^{2+}/Zn}^{\ominus} + \frac{0.059}{2}\lg[Zn^{2+}]\Big|_{c_{Zn^{2+}}=1}$$

可见，计算$E^{\ominus\prime}$的关键是：在$c_{Zn^{2+}} = 1$，Zn^{2+}-NH_3配离子和 Zn^{2+}-OH^-配离子存在的情况下，计算$[Zn^{2+}]$。为此，列出关于 Zn 的 MBE：

$$[Zn^{2+}] + [Zn(NH_3)^{2+}] + \cdots + [Zn(NH_3)_4^{2+}] + [Zn(OH)^+] + \cdots + [Zn(OH)_4^{2-}] = 1$$

整理上式，得到：

$$[Zn^{2+}](1 + \beta_1[NH_3] + \cdots + \beta_4[NH_3]^4 + \beta_1[OH^-] + \cdots + \beta_4[OH^-]^4) = 1$$

式中的$[NH_3]$可以通过分布分数得到：

$$[NH_3] = \frac{K_a}{[H^+] + K_a}0.10 \tag{1}$$

至此，计算所需的量均已获得，代入能斯特方程后计算出$E_{Zn^{2+}/Zn}^{\ominus\prime} = -0.92$ V。

本题比较简单，原因在于通过(1)式即可得到$[NH_3]$这一关键量。(1)式之所以成立，原因是题中声明"Zn^{2+}-NH_3配离子之外的NH_3的总浓度为 0.10 mol·L^{-1}"。如果题中没有这一声明，而只是简单地说"NH_3的总浓度为 0.10 mol·L^{-1}"，那么(1)不再成立，需要使用关于NH_3的 MBE，该 MBE 包括NH_3、NH_4^+和Zn^{2+}-NH_3配离子，较为复杂，但是可解。不难发现，本题的这一声明是为了简化计算而有意为之。

精确求解；极小求解目标的处理方法   难度：★★★★☆

例 5.12 计算电对Hg^{2+}/Hg_2^{2+}在CN^-分析浓度为 0.10 mol·L^{-1} 的介质中的条件电势。（$E^{\ominus} = 0.907$；$K_{sp,Hg_2(CN)_2} = 5.0\times10^{-40}$；$Hg^{2+}$-$CN^-$配离子：$\beta_4 = 2.51\times10^{41}$）

解 根据条件电势的定义，得到：

$$E_{Hg^{2+}/Hg_2^{2+}}^{\ominus\prime} = E_{Hg^{2+}/Hg_2^{2+}}^{\ominus} + \frac{0.059}{2}\lg\frac{[Hg^{2+}]^2}{[Hg_2^{2+}]}\Big|_{c_{Hg^{2+}}=1, c_{Hg_2^{2+}}=1}$$

可见，本题关键在于获得$[Hg^{2+}]$和$[Hg_2^{2+}]$。实际上本题相当于：在 Hg^{2+}、Hg_2^{2+}和CN^-的混合溶液中，三者的分析浓度分别是 1.0、1.0 和 0.10 mol·L^{-1}，计算平衡体系中的$[Hg^{2+}]$和$[Hg_2^{2+}]$。为此，列出关于 Hg^{2+}、Hg_2^{2+}和 CN 的 MBE：

$$[Hg^{2+}] + [Hg(CN)_4^{2-}] = 1$$

$$[Hg_2^{2+}] + [Hg_2CN_{2(s)}] = 1$$

$$[CN^-] + 4[Hg(CN)_4^{2-}] + 2[Hg_2CN_{2(s)}] = 0.10$$

其中，$[Hg_2CN_{2(s)}]$表示沉淀 Hg_2CN_2 的假想浓度，只是为了建立等量关系。

整理以上三式，得到：

$$[Hg^{2+}](1 + \beta_4[CN^-]^4) = 1 \tag{1}$$

$$\frac{K_{sp}}{[CN^-]^2} + [Hg_2CN_{2(s)}] = 1 \tag{2}$$

$$[CN^-] + 4\beta_4[Hg^{2+}][CN^-]^4 + 2[Hg_2CN_{2(s)}] = 0.10 \tag{3}$$

分析以上三式中的未知量结构，自然想到要消去$[Hg^{2+}]$和$[Hg_2CN_{2(s)}]$，把$[CN^-]$作为求解对象。将(1)、(2)两式代入(3)式，分别消去$[Hg^{2+}]$和$[Hg_2CN_{2(s)}]$，得到：

$$[CN^-] + \frac{4\beta_4[CN^-]^4}{1 + \beta_4[CN^-]^4} + 2 - \frac{2K_{sp}}{[CN^-]^2} = 0.1 \tag{4}$$

通过附录 5 软件 iroots 求解时，软件提示方程的数值解太小，图像显示$[CN^-]$接近10^{-20}时函数才与x轴相交 [1]。如果求根区间端点小于浮点数的双精度(2.2×10^{-16})，该软件无法求根(参见 2.2.6 中的说明)。

可以通过简单变量代换解决上述问题：将太小的$[CN^-]$替换为一个较大的变量，比如$a = 10^9[CN^-]$，然后将$[CN^-] = 10^{-9}a$代入方程(4)后得到：

$$10^{-9}a + \frac{4\beta_4 10^{-36}a^4}{1 + \beta_4 10^{-36}a^4} + 2 - \frac{2K_{sp}10^{18}}{a^2} = 0.1$$

通过软件 iroots 求得$a=2.29\times10^{-11}$ mol·L⁻¹，然后计算出$[CN^-] = 10^{-9}a=2.29\times10^{-20}$ mol·L⁻¹。将$[CN^-]$代入(1)式计算出$[Hg^{2+}] \approx 1$ mol·L⁻¹，通过K_{sp}计算出$[Hg_2^{2+}] = 0.95$ mol·L⁻¹，最后代入能斯特方程得到$E^{\ominus'}_{Hg^{2+}/Hg_2^{2+}} = 0.908$ V。

另外，首次求解虽然没有成功，但是知道$[CN^-]$的数量级约为10^{-20}，这样，方程(4)中各项的近似值如下：

$$\underbrace{[CN^-]}_{10^{-20}} + \underbrace{\frac{4\beta_4[CN^-]^4}{1 + \beta_4[CN^-]^4}}_{10^{-38}} + 2 - \underbrace{\frac{2K_{sp}}{[CN^-]^2}}_{10} = 0.1$$

忽略前两项，于是得到方程：

$$\frac{2K_{sp}}{[CN^-]^2} = 1.9$$

计算出$[CN^-] = 2.29\times10^{-20}$ mol·L⁻¹，与精确求解的结果相同。

回顾求解过程，可以进一步研究数值运算误差的影响。

将$[CN^-] = 2.29\times10^{-20}$ mol·L⁻¹代入(1)式，计算出$[Hg^{2+}] = 1$ mol·L⁻¹。这一结果说明初始浓度为 0.10 mol·L⁻¹的CN^-几乎没有与Hg^{2+}发生配位反应，而是全部生成Hg_2CN_2沉淀(游离CN^-的浓度仅为10^{-20}！)。

0.10 mol·L⁻¹的CN^-全部进入Hg_2CN_2沉淀，所以进入沉淀的Hg_2^{2+}的浓度相当于$\frac{0.10}{2} = 0.050$ (mol·L⁻¹)。游离的Hg_2^{2+}的浓度可以通过$\frac{K_{sp}}{[CN^-]^2}$计算，代入$[CN^-] = 2.29\times10^{-20}$ mol·L⁻¹

---

1) 体系中Hg^{2+}和Hg_2^{2+}均比CN^-过量，Hg^{2+}-CN^-配离子和Hg_2CN_2沉淀几乎消耗了全部CN^-，所以$[CN^-]$极小。

后得到$[Hg_2^{2+}] = 0.95$ mol·L^{-1}。这样游离的Hg_2^{2+}加上Hg_2CN_2沉淀中的Hg_2^{2+}，总量是$0.95 + 0.050 = 1.00$ (mol·L^{-1})，与Hg_2^{2+}的初始浓度相等。

验算看似成功，其实不然。通过$\frac{K_{sp}}{[CN^-]^2}$计算出的游离的Hg_2^{2+}的浓度实际上是0.95345 mol·L^{-1}，这样Hg_2^{2+}的总量为$0.95345 + 0.050$，大于Hg_2^{2+}的初始浓度1.0。这种情况是数值运算误差所导致，而数值运算误差的根源在于$[CN^-] = 2.29 \times 10^{-20}$ mol·L^{-1}缺少足够精度。$[CN^-]$更精确一些的值是2.294157 mol·L^{-1}，将之代入$\frac{K_{sp}}{[CN^-]^2}$可以得到$[Hg_2^{2+}] = 0.95000$ mol·L^{-1}，与实际情况相符。

对于本题，某些传统教材给出的解法是：将$[CN^-] = 0.10$ mol·L^{-1}分别代入$[Hg_2^{2+}] = \frac{K_{sp}}{[CN^-]^2} = 5 \times 10^{-38}$ mol·L^{-1}，$[Hg^{2+}] = \frac{1}{1 + \beta_4[CN^-]^4} = 3.98 \times 10^{-38}$ mol·L^{-1}，然后代入电对Hg^{2+}/Hg_2^{2+}的能斯特方程得到$E^{\ominus\prime}_{Hg^{2+}/Hg_2^{2+}} = -0.199$ V。该解法将分析浓度0.10 mol·L^{-1}认为是Hg_2CN_2沉淀和$Hg(CN)_4^{2-}$配离子形成后CN^-的平衡浓度。解法虽然简单，答案其实是错误的。精确计算结果表明平衡体系中$[Hg^{2+}] \approx 1$ mol·L^{-1}，$[Hg(CN)_4^{2-}] \approx 0$，说明$CN^-$与$Hg^{2+}$形成配离子的趋势远远低于其与$Hg_2^{2+}$形成沉淀的趋势，这样会增大电对$Hg^{2+}/Hg_2^{2+}$的电势。

5.4　化学计量点电势

在氧化还原滴定中，化学计量点电势E_{sp}是一个重要概念。如果反应物均为对称电对[1]，那么E_{sp}有一个简单方便的计算公式：

$$E_{sp} = \frac{n_1 E_1^{\ominus} + n_2 E_2^{\ominus}}{n_1 + n_2}$$

如果有不对称电对参与反应，那么可以按照以下步骤计算E_{sp}：

1. 列出 sp 时两电对的能斯特方程(当前未知量：E_{sp}、反应物的浓度、生成物的浓度)；
2. 通过两个能斯特方程，借助 5.1.2 中辅助定量关系第 2 条，消去化学计量点时已是微量组分的反应物的浓度(当前未知量：E_{sp}、生成物的浓度)；
3. 认为反应完全，通过反应物的浓度，估算出化学计量点时已是常量组分的生成物的浓度；
4. 计算出E_{sp}。

值得指出的是：对于半反应中氧化态和还原态系数相同的电对，如果使用了条件电势，也可以视为对称电对，因为其他反应物的浓度被包含在条件电势中。以MnO_4^-与Fe^{3+}

---

[1] 如果半反应中氧化态和还原态的系数相同，且没有其他反应物和生成物，那么该电对是对称电对，如Ce^{4+}/Ce^{3+}，Fe^{3+}/Fe^{2+}。反之，是不对称电对，如$Cr_2O_7^{2-}/Cr^{3+}$。对于MnO_4^-/Mn^{2+}，半反应中氧化态和还原态的系数虽然相同，但是H^+参与反应，所以也属于不对称电对。

的反应为例，如果使用标准电势，那么需要通过上述步骤计算 E_{sp}；如果使用条件电势，那么可以使用公式 $E_{sp} = \frac{5E_1^{\ominus\prime}+E_2^{\ominus\prime}}{6}$，详情参见例 5.5 的解法二。

计算 E_{sp}；反应物有一个为不对称电对　　　　　　　　　　　难度：★★☆☆☆

例 5.13　以 $K_2Cr_2O_7$ 滴定 Fe^{2+}，推导 E_{sp} 的表达式。如果滴定剂是 $KMnO_4$，结果又如何？

解　化学计量点时，两电对的能斯特方程为：

$$E_{sp} = E_1^{\ominus} + \frac{0.059}{6} \lg \frac{[Cr_2O_7^{2-}]_{sp}[H^+]_{sp}^{14}}{[Cr^{3+}]_{sp}^2}$$

$$E_{sp} = E_2^{\ominus} + 0.059 \lg \frac{[Fe^{3+}]_{sp}}{[Fe^{2+}]_{sp}}$$

通过以上两式得到：

$$7E_{sp} = 6E_1^{\ominus} + E_2^{\ominus} + 0.059 \lg \frac{[Cr_2O_7^{2-}]_{sp}[H^+]_{sp}^{14}[Fe^{3+}]_{sp}}{[Cr^{3+}]_{sp}^2[Fe^{2+}]_{sp}}$$

化学计量点时，反应物浓度存在计量关系 $6[Cr_2O_7^{2-}]_{sp} = [Fe^{2+}]_{sp}$(参见 5.1.2 中辅助定量关系第 2 条)，生成物浓度存在计量关系 $3[Cr^{3+}]_{sp} = [Fe^{3+}]_{sp}$(参见 5.1.2 中辅助定量关系第 1 条)。将这两个等式代入上式，整理后得到：

$$E_{sp} = \frac{6E_1^{\ominus} + E_2^{\ominus}}{7} + \frac{0.059}{7} \lg \frac{[H^+]_{sp}^{14}}{2[Cr^{3+}]_{sp}}$$

如果滴定剂是 $KMnO_4$，通过类似推导，最终得到：

$$E_{sp} = \frac{5E_1^{\ominus} + E_2^{\ominus}}{6} + \frac{0.059}{6} \lg[H^+]_{sp}^8$$

上述结果表明，如果有不对称电对参与滴定反应，那么 E_{sp} 与该电对半反应组分的浓度有关；如果该不对称电对半反应中氧化态和还原态的系数相同，那么 E_{sp} 表达式中不包含氧化态和还原态的浓度。

计算 E_{sp}；反应物均为不对称电对　　　　　　　　　　　难度：★★★☆☆

例 5.14　以 $0.050\ mol \cdot L^{-1}\ I_2$ 溶液作为滴定剂(含 $1.0\ mol \cdot L^{-1}\ KI$)，滴定浓度为 $0.10\ mol \cdot L^{-1}$ 的 $Na_2S_2O_3$ 溶液。计算 E_{sp}。(电对 I_3^-/I^- 和 $S_4O_6^{2-}/S_2O_3^{2-}$ 的条件电势 $E_1^{\ominus\prime}$ 和 $E_2^{\ominus\prime}$ 分别为 0.545 V 和 0.080 V)

解　化学计量点时，两电对的能斯特方程为：

$$E_{sp} = E_1^{\ominus\prime} + \frac{0.059}{2} \lg \frac{[I_3^-]_{sp}}{[I^-]_{sp}^3}$$

$$E_{sp} = E_2^{\ominus\prime} + \frac{0.059}{2} \lg \frac{[S_4O_6^{2-}]_{sp}}{[S_2O_3^{2-}]_{sp}^2}$$

此时反应物 I_3^- 和 $S_2O_3^{2-}$ 均是微量组分，其浓度估算会有很大误差，所以应该通过化学反应

计量关系 $2[I_3^-]_{sp} = [S_2O_3^{2-}]_{sp}$ 消去能斯特方程中这两个浓度，得到：

$$3E_{sp} = 2E_1^{\ominus\prime} + E_2^{\ominus\prime} + \frac{0.059}{2}\lg\frac{[S_4O_6^{2-}]_{sp}}{4[I^-]_{sp}^6}$$

根据反应物的浓度以及滴定反应计量关系，sp 时滴定剂溶液的加入体积等于被测物溶液的体积。由于反应进行得比较完全，所以，$[S_4O_6^{2-}]_{sp} \approx 0.025$ mol·L^{-1}，$[I^-]_{sp} \approx 0.050 + 0.50 = 0.55$ (mol·L^{-1})(分别来自 I_2 的反应产物和滴定剂中的 KI)。将这些数值代入上式，计算出 $E_{sp} = 0.384$ V。

本题虽然涉及了两个不对称电对，但是 E_{sp} 的计算仍然比较简单，原因是对生成物浓度进行了估算。两电对的条件电势相差很大，反应较完全；生成物作为常量组分，其浓度估算值的相对误差因此很小，另外，根据 5.1.3 中的误差分析，电势计算值的相对误差更小。

本题可以进行精确求解。共有 5 个未知量：$[I_3^-]_{sp}$、$[S_2O_3^{2-}]_{sp}$、$[I^-]_{sp}$、$[S_4O_6^{2-}]_{sp}$ 和 E_{sp}。除了两个能斯特方程外，根据物料平衡式和化学反应计量关系 $I_3^- + 2S_2O_3^{2-} \Longrightarrow 3I^- + S_4O_6^{2-}$，还可以得到以下 4 个等式：

$$[I_3^-]_{sp} + \frac{[I^-]_{sp} - 0.475}{3} = 0.025 \tag{1}$$

$$[S_2O_3^{2-}]_{sp} + 2[S_4O_6^{2-}]_{sp} = 0.050 \tag{2}$$

$$2[I_3^-]_{sp} = [S_2O_3^{2-}]_{sp} \tag{3}$$

$$3[S_4O_6^{2-}]_{sp} = [I^-]_{sp} - 0.475 \tag{4}$$

其中，(1)、(2)两式分别是关于 I_3^- 和 $Na_2S_2O_3$ 的 MBE；(3)、(4)两式则分别是反应物和生成物的计量关系。需要说明的是：(1)、(4)等式中的 $[I^-]_{sp} - 0475$ 是氧化还原反应生成的 I^- 的浓度；反应前 $[I^-] = 0.95$(I_3^- 的生成消耗了 0.050 mol·L^{-1} 的 I^-)，所以 sp 时非反应生成的 I^- 的浓度就是 0.475 mol·L^{-1}。另外，将(3)、(4)两式代入(2)式后即得到(1)式，所以只算 3 个独立等式。

已经得到了 5 个独立等式，能够解出上述 5 个未知量。求解并不困难，可以消去其他未知量，获得关于 $[I^-]$ 的一元方程。限于篇幅，这里不再介绍求解过程。精确求解的结果为 $E_{sp} = 0.384$ V。

5.5 氧化还原滴定曲线

氧化还原滴定曲线是体系电势 E 随滴定剂加入体积 V 的变化曲线。在化学计量点附近，氧化还原反应相关组分的浓度呈现数量级上的变化，这与酸碱、配位和沉淀滴定相同。对数能够清晰显示数量级上的差异，所以酸碱、配位和沉淀滴定曲线的纵坐标是相关离子的负对数值。在氧化还原滴定中，取对数操作已经由能斯特方程完成，所以滴定曲线是 V-E 曲线。

传统课程体系分段绘制氧化还原滴定曲线。化学计量点之前，使用被滴定物电对的能斯特方程获得(V, E)数据点,因其氧化态和还原态均为常量组分,浓度估算误差较小;化学计量点时,使用特定公式计算(V, E)数据点;化学计量点之后,使用滴定剂电对的能斯特方程获得(V, E)数据点,此时其氧化态和还原态均为常量组分,浓度估算误差较小。最后,通过平滑曲线连接这些数据点,得到滴定曲线。传统绘制方法在例 5.15 中有介绍。

去公式化课程体系中,首先推导出反函数$V = g(E)$,然后通过$V = g(E)$获得大量(V, E)数据点,最后绘制高精度滴定曲线。绘制步骤是"指定$E \to$ 通过反函数计算$V \to$获得(V, E)数据点"。这与前两章介绍的酸碱和配位滴定曲线的绘制策略相同。氧化还原滴定的基本等量关系是能斯特方程,推导反函数$V = g(E)$时应该将能斯特方程转化为指数形式,然后通过物料平衡式处理方程中的离子浓度,完成推导;具体操作参见以下例题。

通过反函数绘制滴定曲线时,作为横坐标的变量V的取值无法预先设定。所以,E范围尽量大一些,然后在绘制程序中保留所需的V值即可;具体操作参见以下例题。

例题通过 Matlab 计算(V, E)数据点并绘制滴定曲线。程序中,linspace(a, b, n)为在$[a, b]$范围内生成的n个均匀间隔的数据点,其他语句容易理解。

滴定剂和被测物均为对称电对时的滴定曲线 　　　　　　　难度:★★☆☆☆

例 5.15 在 1 mol·L⁻¹ HCl 介质中,以 0.10 mol·L⁻¹ Ce⁴⁺溶液滴定 20.0 mL 0.050 mol·L⁻¹ Sn²⁺溶液。绘制滴定曲线。(电对 Ce⁴⁺/Ce³⁺和 Sn⁴⁺/Sn²⁺的条件电势$E_1^{\ominus\prime}$和$E_2^{\ominus\prime}$分别为 1.28 V 和 0.14 V)

解 用V表示 0.10 mol·L⁻¹ Ce⁴⁺溶液的加入体积,此时滴定体系的总体积等于$(V + 20.0)$,各物质的分析浓度为:$c_{Sn} = \dfrac{1.0}{V + 20.0}$,$c_{Ce} = \dfrac{0.10V}{V + 20.0}$。

绘制滴定曲线,需要建立体系电势E与V之间的函数关系。为此,列出能斯特方程:

$$E = E_1^{\ominus\prime} + 0.059 \lg \frac{[Ce^{4+}]}{[Ce^{3+}]}$$

$$E = E_2^{\ominus\prime} + \frac{0.059}{2} \lg \frac{[Sn^{4+}]}{[Sn^{2+}]}$$

将能斯特方程转化为指数形式以便于推导。令$a = 10^{\frac{E - E_1^{\ominus\prime}}{0.059}}$,$b = 10^{\frac{2\left(E - E_2^{\ominus\prime}\right)}{0.059}}$,得到:

$$a = \frac{[Ce^{4+}]}{[Ce^{3+}]} \tag{1}$$

$$b = \frac{[Sn^{4+}]}{[Sn^{2+}]} \tag{2}$$

为了处理(1)、(2)两式中的离子浓度,列出 Ce 和 Sn 的物料平衡式 MBE:

$$[Ce^{4+}] + [Ce^{3+}] = \frac{0.10V}{V + 20.0}$$

$$[Sn^{4+}] + [Sn^{2+}] = \frac{1.0}{V + 20.0}$$

应该通过 MBE 消去(1)、(2)两式中反应物的浓度,保留生成物浓度,因为生成物浓度之间存在确定计量关系$2[Sn^{4+}] = [Ce^{3+}]$。将 MBE 分别代入(1)、(2)两式,简单整理后得到:

$$a = \frac{0.10V}{V+20.0}\frac{1}{[Ce^{3+}]} - 1 \Rightarrow [Ce^{3+}] = \frac{0.10V}{V+20.0}\frac{1}{a+1} \tag{3}$$

$$\frac{1}{b} = \frac{1.0}{V+20.0}\frac{1}{[Sn^{4+}]} - 1 \Rightarrow [Sn^{4+}] = \frac{1.0}{V+20.0}\frac{b}{b+1} \tag{4}$$

通过(3)、(4)两式，再结合 $2[Sn^{4+}] = [Ce^{3+}]$，得到：

$$\frac{2.0b}{b+1} = \frac{0.10V}{a+1}$$

从上式容易推导出 V 的表达式：

$$V = \frac{20b(a+1)}{b+1}$$

基于上述反函数，很容易通过程序实现滴定曲线的绘制。下面是一个简单 Matlab 程序，其中保留了 0~40 之间的 V 值，最后两条语句用来获得滴定突跃。滴定曲线见图 5.2。

```
E = linspace(0.01, 2, 100000);
a = 10 .^ ((E - 1.28) / 0.059);
b = 10 .^ (2 * (E - 0.14) / 0.059);
V = 20 * b .* (a + 1) ./ (b + 1);
Filter = find((V >= 0) & (V <= 40));
plot(V(Filter), E(Filter));
[NotNeeded, Position] = min(abs(V - 19.98)); EJump_Lower = E(Position);
[NotNeeded, Position] = min(abs(V - 20.02)); EJump_Upper = E(Position);
```

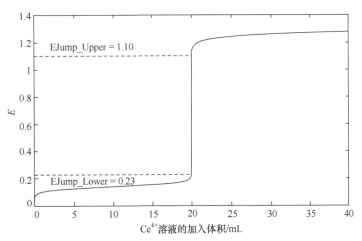

图 5.2　0.10 mol·L⁻¹ Ce⁴⁺溶液对 20.0 mL 0.050 mol·L⁻¹ Sn²⁺溶液的滴定曲线
图中标注了滴定突跃

从 V 的表达式可以看出，只有当 $b = 0$ 时，V 才等于 0，而 $b = 0$ 意味着电势 E 趋向于 $-\infty$。所以，上述绘制方法不能得到 $V = 0$ 时体系的电势。事实上，滴定前体系的电势不可能是 $-\infty$，由于试剂纯度以及空气氧化等因素，溶液中已经存在微量 Sn^{4+}。微量 Sn^{4+} 的浓度未知，但是一定不会低至足以使 Sn^{2+} 还原 H_2O 的程度($2H_2O + 2e \rightleftharpoons H_2 + 2OH^-$，

$E^{\ominus} = -0.8277$ V)。

下面介绍该滴定曲线的传统绘制方法。

在化学计量点之前，被测物过量，其氧化态和还原态均为常量组分，浓度估算的误差较小。加入 V mL Ce^{4+} 溶液后，剩余 Sn^{2+} 的浓度估算为 $\frac{1.0-0.050V}{V+20.0}$（参见 5.1.2 中辅助定量关系第 4 条），生成 Sn^{4+} 的浓度估算为 $\frac{0.050V}{V+20.0}$（参见 5.1.2 中辅助定量关系第 3 条），将之代入电对 Sn^{4+}/Sn^{2+} 的能斯特方程，得到：

$$E = E_2^{\ominus\prime} + \frac{0.059}{2} \lg \frac{0.050V}{1.0-0.050V}$$

式中，$0 < V < 20$。

化学计量点时，由于滴定剂和被测物均为对称电对，所以电势通过以下公式得到：

$$E_{sp} = \frac{E_1^{\ominus\prime} + 2E_2^{\ominus\prime}}{3}$$

在化学计量点之后，滴定剂过量，其氧化态和还原态均为常量组分，浓度估算的误差较小。加入 V mL Ce^{4+} 溶液后，生成 Ce^{3+} 的浓度估算为 $\frac{2.0}{V+20.0}$（参见 5.1.2 中辅助定量关系第 3 条），过量 Ce^{4+} 的浓度估算为 $\frac{0.10(V-20.0)}{V+20.0}$，将之代入电对 Ce^{4+}/Ce^{3+} 的能斯特方程，得到：

$$E = E_1^{\ominus\prime} + 0.059 \lg[0.050(V - 20.0)]$$

式中，$V > 20.0$。

通过上述 3 个算式，可以分段绘制滴定曲线。该滴定曲线与真实滴定曲线的相对误差见图 5.3。从图中可以看出，除了化学计量点附近，传统方法绘制的滴定曲线相当精确，其中的原因是滴定剂和被测物的标准电势相差很大，反应因此比较完全，浓度估算误差很小。

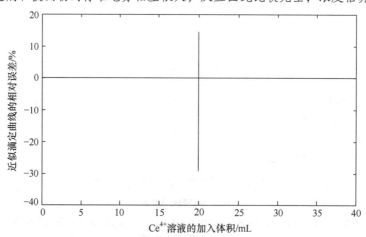

图 5.3　0.10 mol·L⁻¹ Ce^{4+}溶液对 20.0 mL 0.050 mol·L⁻¹ Sn^{2+}溶液的近似滴定曲线的相对误差

滴定剂和被测物中有一个不对称电对的滴定曲线　　　　　难度：★★★★☆

例 5.16　在 1 mol·L⁻¹ HCl 介质中，以 0.020 mol·L⁻¹ $K_2Cr_2O_7$ 溶液滴定 20.0 mL 0.12 mol·L⁻¹ Fe^{2+}溶液。绘制滴定曲线。(电对$Cr_2O_7^{2-}/Cr^{3+}$和 Fe^{3+}/Fe^{2+}的条件电势$E_1^{\ominus\prime}$和$E_2^{\ominus\prime}$分别为

1.00 V 和 0.68 V)

解 用 V 表示 0.020 mol·L^{-1} K$_2$Cr$_2$O$_7$ 溶液的加入体积,此时滴定体系的总体积等于 $(V+20.0)$,各物质的分析浓度为:$c_{Fe} = \dfrac{2.4}{V+20.0}$,$c_{K_2Cr_2O_7} = \dfrac{0.020V}{V+20.0}$。

绘制滴定曲线,需要建立体系电势 E 与 V 之间的函数关系。为此,列出能斯特方程:

$$E = E_1^{\ominus\prime} + \frac{0.059}{6}\lg\frac{[Cr_2O_7^{2-}]}{[Cr^{3+}]^2}$$

$$E = E_2^{\ominus\prime} + 0.059\lg\frac{[Fe^{3+}]}{[Fe^{2+}]}$$

将能斯特方程转化为指数形式以便于推导。令 $a = 10^{\frac{6(E-E_1^{\ominus\prime})}{0.059}}$,$b = 10^{\frac{E-E_2^{\ominus\prime}}{0.059}}$,得到:

$$a = \frac{[Cr_2O_7^{2-}]}{[Cr^{3+}]^2} \tag{1}$$

$$b = \frac{[Fe^{3+}]}{[Fe^{2+}]} \tag{2}$$

为了处理(1)、(2)两式中的离子浓度,列出关于 K$_2$Cr$_2$O$_7$ 和 Fe 的物料平衡式 MBE:

$$[Cr_2O_7^{2-}] + \frac{[Cr^{3+}]}{2} = \frac{0.020V}{V+20.0}$$

$$[Fe^{3+}] + [Fe^{2+}] = \frac{2.4}{V+20.0}$$

应该通过 MBE 消去(1)、(2)两式中反应物的浓度,保留生成物浓度,因为生成物浓度之间存在确定计量关系 $3[Cr^{3+}] = [Fe^{3+}]$(参见 5.1.2 中辅助定量关系第 1 条)。将 MBE 分别代入(1)、(2)两式,简单整理后得到:

$$a = \frac{0.020V}{V+20.0}\frac{1}{[Cr^{3+}]^2} - \frac{1}{2[Cr^{3+}]} \tag{3}$$

$$\frac{1}{b} = \frac{2.4}{V+20.0}\frac{1}{[Fe^{3+}]} - 1 \xrightarrow{3[Cr^{3+}]=[Fe^{3+}]} [Cr^{3+}] = \frac{0.8}{V+20.0}\frac{b}{b+1} \tag{4}$$

将(4)式代入(3)式以消去[Cr^{3+}],得到:

$$a = \frac{V(V+20.0)(b+1)^2}{32b^2} - \frac{(V+20.0)(b+1)}{1.6b}$$

上式是关于 V 的一元二次方程,通过求根公式得到:

$$V = \frac{\sqrt{400b^2 + 400b + 32ab^2 + 100} - 10}{b+1}$$

基于上述反函数,很容易通过程序实现滴定曲线的绘制。下面是一个简单 Matlab 程序,其中保留了 0~40 之间的 V 值,最后两条语句用来获得滴定突跃。滴定曲线见图 5.4。

```
E = linspace(0.01, 2, 100000);
a = 10 .^ (6 * (E - 1.00) / 0.059);
```

```
b = 10 .^ ((E - 0.68) / 0.059);
V = (sqrt(400*b.^2 + 400*b + 32*a.*b.^2 + 100) − 10)./ (b + 1);
Filter = find((V >= 0) & (V <= 40));
plot(V(Filter), E(Filter));
[NotNeeded, Position] = min(abs(V - 19.98)); EJump_Lower = E(Position);
[NotNeeded, Position] = min(abs(V - 20.02)); EJump_Upper = E(Position);
```

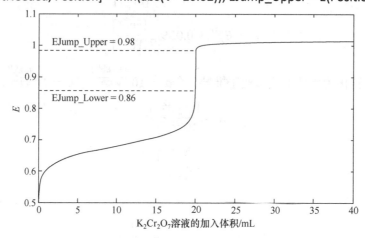

图 5.4　0.020 mol·L⁻¹ K₂Cr₂O₇ 溶液对 20.0 mL 0.12 mol·L⁻¹ Fe²⁺溶液的滴定曲线
图中标注了滴定突跃

5.6　氧化还原滴定终点误差

在去公式化体系中，终点误差的计算基于如下体积定义式：

$$E_t = \frac{V_{ep} - V_{sp}}{V_{sp}} \times 100\% = (R - 1) \times 100\%$$

式中，V_{ep} 和 V_{sp} 分别表示终点和化学计量点时加入滴定剂的体积，$R = \frac{V_{ep}}{V_{sp}}$。

首先确定终点时过量和不足的反应物(确定方法下面介绍)，分别表示为 A 和 B。然后，借助 5.1.2 中辅助定量关系第 3 条，以 B 的物质的量表示出剩余 A 及其对应生成物的浓度(均为关于 R 的代数式)；将这两个浓度代入物质 A 的能斯特方程，得到一个包含 E_{ep} 和 R 的关系式。最后，将 E_{ep}(由指示剂确定，已知)代入此关系式，计算 R。

计算关键在于确定终点时过量的反应物。如果反应物均为对称电对，那么通过公式 $E_{sp} = \frac{n_1 E_1^\ominus + n_2 E_2^\ominus}{n_1 + n_2}$ 算出 E_{sp}，$E_{ep} > E_{sp}$ 时氧化剂过量，$E_{ep} < E_{sp}$ 时还原剂过量。如果有不对称电对，那么通过反应物浓度粗略估算生成物浓度，将之与 E_{ep} 代入能斯特方程，以此估算出终点时反应物的浓度 [1]。通过对比，确定终点时过量的反应物，具体操作参见例

---

[1] 这种估算方法比较粗略。但是，粗略估算出的浓度并不参与终点误差的计算，而是互相对比用来确定过量的反应物。对于这一任务，该估算方法足够了，同时又非常简便。

题 5.18 和 5.19。

滴定剂和被测物均为对称电对时的终点误差　　　　　　　　　　难度：★★☆☆☆

例 5.17　在 1 mol·L^{-1} HCl 介质中，以 0.10 mol·L^{-1} Ce^{4+}溶液滴定同浓度的 Fe^{2+}溶液，二苯胺磺酸钠为指示剂，E_{ep} = 0.84 V，计算终点误差。如果 E_{ep} = 1.06 V，终点误差又是多少？(电对 Ce^{4+}/Ce^{3+}和 Fe^{3+}/Fe^{2+}的条件电势 $E_1^{\ominus\prime}$ 和 $E_2^{\ominus\prime}$ 分别为 1.28 V 和 0.68 V)

解　滴定剂和被测物均是对称电对，所以很容易计算出化学计量点电势 $E_{sp} = \frac{E_1^{\ominus\prime} + E_2^{\ominus\prime}}{2}$ = 0.98 V。$E_{ep} < E_{sp}$ 说明还原剂(即被测物 Fe^{2+})过量，所以使用电对 Fe^{3+}/Fe^{2+} 的能斯特方程进行计算(因其氧化态和还原态在终点时均为常量组分，浓度估算误差小)。

分别用 V_{ep} 和 V_{sp} 表示滴定终点和化学计量点时加入 Ce^{4+}溶液的体积，并令 $R = \frac{V_{ep}}{V_{sp}}$。根据反应物浓度和滴定反应的计量关系，易知被测物溶液的体积等于 V_{sp}。

终点时溶液的体积等于$(V_{ep} + V_{sp})$，根据化学反应计量关系，[Fe^{3+}]$_{ep}$ 和 [Fe^{2+}]$_{ep}$ 分别估算如下：

$$[\text{Fe}^{3+}]_{ep} = \frac{n_{\text{Ce}^{4+},消耗}}{V_{ep} + V_{sp}} = \frac{0.10V_{ep}}{V_{ep} + V_{sp}} = \frac{0.10R}{R + 1}$$

$$[\text{Fe}^{2+}]_{ep} = \frac{n_{\text{Fe}^{2+},总量} - n_{\text{Fe}^{2+},消耗}}{V_{ep} + V_{sp}} = \frac{0.10V_{sp} - 0.10V_{ep}}{V_{ep} + V_{sp}} = \frac{0.10 - 0.10R}{R + 1}$$

将以上两式代入电对 Fe^{3+}/Fe^{2+}的能斯特方程，得到：

$$E_{ep} = E_2^{\ominus\prime} + 0.059\lg\frac{[\text{Fe}^{3+}]_{ep}}{[\text{Fe}^{2+}]_{ep}} = E_2^{\ominus\prime} + 0.059\lg\frac{R}{1 - R}$$

将 E_{ep} 和 $E_2^{\ominus\prime}$代入上式，计算出 $R = 0.9981$，最终得到 $E_t = (R - 1) \times 100\% = -0.19\%$。

当 E_{ep} = 1.06 V 时，$E_{ep} > E_{sp}$ 说明氧化剂(即滴定剂 Ce^{4+})过量，所以使用电对 Ce^{4+}/Ce^{3+}的能斯特方程进行计算。根据化学反应计量关系，[Ce^{3+}]$_{ep}$ 和 [Ce^{4+}]$_{ep}$ 分别估算如下：

$$[\text{Ce}^{3+}]_{ep} = \frac{n_{\text{Fe}^{2+},消耗}}{V_{ep} + V_{sp}} = \frac{0.10V_{sp}}{V_{ep} + V_{sp}} = \frac{0.10}{R + 1}$$

$$[\text{Ce}^{4+}]_{ep} = \frac{n_{\text{Ce}^{4+},总量} - n_{\text{Ce}^{4+},消耗}}{V_{ep} + V_{sp}} = \frac{0.10V_{ep} - 0.10V_{sp}}{V_{ep} + V_{sp}} = \frac{0.10R - 0.10}{R + 1}$$

将以上两式代入电对 Ce^{4+}/Ce^{3+}的能斯特方程，得到

$$E_{ep} = E_1^{\ominus\prime} + 0.059\lg\frac{[\text{Ce}^{4+}]_{ep}}{[\text{Ce}^{3+}]_{ep}} = E_1^{\ominus\prime} + 0.059\lg(R - 1)$$

将 E_{ep} 和 $E_1^{\ominus\prime}$代入上式，计算出 $R = 1.00019$，最终得到 $E_t = (R - 1) \times 100\% = 0.019\%$。

终点误差；滴定剂和被测物均为不对称电对　　　　　　　　　难度：★★★☆☆

例 5.18　以 0.10 mol·L^{-1}的 Na$_2$S$_2$O$_3$溶液滴定浓度为 0.050 mol·L^{-1}的 I$_3^-$溶液，E_{ep} = 0.34 V，

计算终点误差。(电对I_3^-/I^-和$S_4O_6^{2-}/S_2O_3^{2-}$的条件电势$E_1^{\ominus\prime}$和$E_2^{\ominus\prime}$分别为 0.545 V 和 0.080 V)

解　氧化还原滴定终点误差的计算，关键在于确定终点时过量的电对。对于该滴定体系，滴定剂和被测物均为不对称电对，E_{sp}的计算比较麻烦，所以不能像例 5.17 那样通过比较E_{sp}与E_{ep}来确定终点时过量的电对，而是通过比较终点时反应物的浓度。

将E_{ep}代入电对$S_4O_6^{2-}/S_2O_3^{2-}$的能斯特方程，计算出$\frac{[S_4O_6^{2-}]_{ep}}{[S_2O_3^{2-}]_{ep}^2} \approx 6\times10^8$；根据化学反应计量关系，$[S_4O_6^{2-}]_{ep} \approx 0.025$ mol·L⁻¹(这里只是估算，数值不必精确)。所以，$[S_2O_3^{2-}]_{ep} \approx 6\times10^{-6}$ mol·L⁻¹。

同理，将E_{ep}代入电对I_3^-/I^-的能斯特方程，最后估算出$[I_3^-]_{ep} \approx 5\times10^{-11}$ mol·L⁻¹。$[S_2O_3^{2-}]_{ep} \gg [I_3^-]_{ep}$，可知终点时$S_2O_3^{2-}$过量。所以，使用电对$S_4O_6^{2-}/S_2O_3^{2-}$的能斯特方程进行计算(因其氧化态和还原态在终点时均为常量组分，浓度估算误差小)。

分别用V_{ep}和V_{sp}表示滴定终点和化学计量点时加入$S_2O_3^{2-}$溶液的体积，并令$R=\frac{V_{ep}}{V_{sp}}$。根据反应物浓度和滴定反应的计量关系，易知被测物溶液的体积等于V_{sp}。

终点时溶液的体积等于$(V_{ep}+V_{sp})$，根据化学反应计量关系，$[S_4O_6^{2-}]_{ep}$和$[S_2O_3^{2-}]_{ep}$分别估算如下：

$$[S_4O_6^{2-}]_{ep}=\frac{n_{I_3^-,消耗}}{V_{ep}+V_{sp}}=\frac{0.050V_{sp}}{V_{ep}+V_{sp}}=\frac{0.050}{R+1}$$

$$[S_2O_3^{2-}]_{ep}=\frac{n_{S_2O_3^{2-},总量}-n_{S_2O_3^{2-},消耗}}{V_{ep}+V_{sp}}=\frac{0.10V_{ep}-2\times0.050V_{sp}}{V_{ep}+V_{sp}}=\frac{0.10(R-1)}{R+1}$$

将以上两式代入$S_4O_6^{2-}/S_2O_3^{2-}$的能斯特方程，得到：

$$E_{ep}=E_2^{\ominus\prime}+\frac{0.059}{2}\lg\frac{[S_4O_6^{2-}]_{ep}}{[S_2O_3^{2-}]_{ep}^2}=E_2^{\ominus\prime}+\frac{0.059}{2}\lg\frac{5(R+1)}{(R-1)^2}$$

将E_{ep}和$E_2^{\ominus\prime}$代入上式，解出R的两个值：0.99988 和 1.00012。由于滴定剂 Na₂S₂O₃ 过量，所以$R>1$，最终得到$E_t=(R-1)\times100\%=-0.012\%$。

终点误差；滴定剂和被测物中有一个不对称电对　　　　　难度：★★★☆☆

例 5.19　在 1 mol·L⁻¹ HCl 介质中，电对$Cr_2O_7^{2-}/Cr^{3+}$和Fe^{3+}/Fe^{2+}的条件电势$E_1^{\ominus\prime}$和$E_2^{\ominus\prime}$分别是 1.00 V 和 0.68 V。在该介质中，以 0.01667 mol·L⁻¹ K₂Cr₂O₇ 滴定 0.1000 mol·L⁻¹ Fe²⁺，二苯胺磺酸钠为指示剂，$E_{ep}=0.84$ V，计算终点误差。如果介质换为 1 mol·L⁻¹ HCl - 0.25 mol·L⁻¹ H₃PO₄($E_1^{\ominus\prime}=1.00$ V，$E_2^{\ominus\prime}=0.51$ V)，终点误差又是多少？

解　与例 5.18 类似，本题涉及不对称电对，所以也通过比较终点时反应物的浓度来确定过量的电对。将E_{ep}代入电对$Cr_2O_7^{2-}/Cr^{3+}$的能斯特方程(由于使用条件电势，所以不再考虑[H⁺])，计算出$\frac{[Cr_2O_7^{2-}]_{ep}}{[Cr^{3+}]_{ep}^2} \approx 5\times10^{-17}$；根据化学反应计量关系，$[Cr^{3+}]_{ep} \approx 0.01667$ mol·L⁻¹。所以，$[Cr_2O_7^{2-}]_{ep} \approx 1\times10^{-20}$ mol·L⁻¹。

同理，将 E_{ep} 代入电对 Fe^{3+}/Fe^{2+} 的能斯特方程，最终估算出 $[Fe^{2+}]_{ep} \approx 10^{-4}$ mol·L^{-1}。$[Fe^{2+}]_{ep} \gg [Cr_2O_7^{2-}]_{ep}$，可知终点时 Fe^{2+} 过量。所以，使用电对 Fe^{3+}/Fe^{2+} 的能斯特方程进行计算(因其氧化态和还原态在终点时均为常量组分，浓度估算误差小)。

分别用 V_{ep} 和 V_{sp} 表示滴定终点和化学计量点时加入 $Cr_2O_7^{2-}$ 溶液的体积，并令 $R = \frac{V_{ep}}{V_{sp}}$。根据反应物浓度和滴定反应的计量关系，易知被测物溶液的体积等于 V_{sp}。

终点时溶液的体积等于 $(V_{ep} + V_{sp})$，根据化学反应计量关系，$[Fe^{3+}]_{ep}$ 和 $[Fe^{2+}]_{ep}$ 分别估算如下：

$$[Fe^{3+}]_{ep} = \frac{6n_{Cr_2O_7^{2-},消耗}}{V_{ep} + V_{sp}} = \frac{6 \times 0.01667V_{ep}}{V_{ep} + V_{sp}} = \frac{0.1000R}{R + 1}$$

$$[Fe^{2+}]_{ep} = \frac{n_{Fe^{2+},总量} - n_{Fe^{2+},消耗}}{V_{ep} + V_{sp}} = \frac{0.1000V_{sp} - 6 \times 0.01667V_{ep}}{V_{ep} + V_{sp}} = \frac{0.1000(1 - R)}{R + 1}$$

将以上两式代入电对 Fe^{3+}/Fe^{2+} 的能斯特方程，得到：

$$E_{ep} = E_2^{\ominus\prime} + 0.059\lg\frac{[Fe^{3+}]_{ep}}{[Fe^{2+}]_{ep}} = E_2^{\ominus\prime} + 0.059\lg\frac{R}{1 - R} \tag{1}$$

将 E_{ep} 和 $E_2^{\ominus\prime}$ 代入(1)式，计算出 $R = 0.9981$，最终得到 $E_t = (R - 1) \times 100\% = -0.19\%$。

如果换为 1 mol·L^{-1} HCl-0.25 mol·L^{-1} H_3PO_4 介质，解题步骤相同：判断发现终点时 Fe^{2+} 过量，所以(1)式仍然成立，只是 $E_2^{\ominus\prime} = 0.51$ V；将之与 E_{ep} 代入(1)式，即可求得 $R = 0.9999974$。所以终点误差 $E_t = (R - 1) \times 100\% = -2.6 \times 10^{-4}\%$。

第六章 沉淀平衡和沉淀滴定

6.1 解 析 策 略

6.1.1 基础概念

▶▶ **沉淀构晶离子**

构成沉淀的离子称为沉淀构晶离子。以沉淀M_aB_b为例,M^{b+}称为构晶阳离子,B^{a-}称为构晶阴离子。当溶液中构晶离子的量足够大时,沉淀将析出,最终会达到平衡。反之,将沉淀置于一定量的蒸馏水中,沉淀构晶离子将从固相进入液相,最终也会达到平衡。

▶▶ **沉淀溶解**

沉淀溶解可以分为两个阶段,分别是沉淀分子在固-液相间的转移和液相中的电离。以沉淀M_aB_b为例,其溶解过程如下:

$$M_aB_{b(s)} \rightleftharpoons M_aB_{b(l)} \rightleftharpoons aM^{b+} + bB^{a-}$$

式中,$M_aB_{b(s)}$和$M_aB_{b(l)}$分别表示处于固相和液相的M_aB_b分子。

▶▶ **活度积常数**

M_aB_b在固-液相间转移的平衡常数为:

$$S^0 = \frac{a_{M_aB_{b(l)}}}{a_{M_aB_{b(s)}}} = a_{M_aB_{b(l)}}$$

式中,$a_{M_aB_{b(l)}}$和$a_{M_aB_{b(s)}}$分别表示M_aB_b在液相和固相中的活度(固相组分的活度为 1)。平衡常数S^0也称为沉淀的固有溶解度。

进入液相的M_aB_b分子发生电离,平衡常数为:

$$K = \frac{a_{M^{b+}}^a a_{B^{a-}}^b}{a_{M_aB_{b(l)}}}$$

式中,$a_{M^{b+}}$和$a_{B^{a-}}$分别表示离子M^{b+}和B^{a-}的活度。

以上两式相乘,并令$K_{sp}^0 = KS^0$,得到:

$$K_{sp}^0 = a_{M^{b+}}^a a_{B^{a-}}^b$$

K_{sp}^0称为沉淀的活度积常数。活度积常数表明:沉淀溶解平衡时,液相中构晶离子活度的幂的乘积为一定值；如果溶液中构晶离子活度的幂的乘积大于活度积常数，沉淀就会析出。

▶▶**溶度积常数**

将沉淀M_aB_b的活度积常数中的活度替换为浓度，即得到溶度积常数K_{sp}:

$$K_{sp} = [M^{b+}]^a[B^{a-}]^b$$

不同于活度积常数，溶度积常数不是严格意义上的热力学常数，还受溶液离子强度的影响。在离子强度不大时(稀溶液中)，K_{sp}可以视为常数，同时也简化了定量计算。

6.1.2　总体思路和计算技巧

在去公式化体系中，沉淀平衡和沉淀滴定的相关计算遵循第一章图1.3所示的理论框架。基本等量关系是物料平衡式MBE，结合溶度积常数进行求解。

沉淀溶解致使部分构晶离子进入溶液，这些离子可能进一步发生反应，如构晶阳离子与其他配体或者沉淀剂反应，构晶阴离子水解或者与其他阳离子配位。但是，无论发生什么反应，进入溶液的构晶阳离子的总量和构晶阴离子的总量服从沉淀分子构成所描述的定量关系。这是解析沉淀平衡的最基本的MBE。

上述MBE结合溶度积常数可以解决大部分简单沉淀平衡问题。如果还存在其他平衡，那么再列出相关MBE作为独立等式，用于求解；涉及酸碱平衡时，使用CBE比较简便，如例6.16。

6.2　常　规　计　算

沉淀平衡；氧化还原平衡　　　　　　　　　　　　　难度：★★☆☆☆

例6.1　已知$E^{\ominus}_{Hg_2^{2+}/Hg} = 0.7973$ V，在0.01 mol·L^{-1} KBr溶液中，Hg_2Br_2/Hg电极电势为0.1982 V。计算K_{sp,Hg_2Br_2}。

解　根据电对的能斯特方程，得到：

$$E = E^{\ominus}_{Hg_2^{2+}/Hg} + \frac{0.059}{2}\lg[Hg_2^{2+}]$$

将$K_{sp,Hg_2Br_2} = [Hg_2^{2+}][Br^-]^2$代入上式，得到：

$$E = E^{\ominus}_{Hg_2^{2+}/Hg} + \frac{0.059}{2}\lg\frac{K_{sp,Hg_2Br_2}}{[Br^-]^2}$$

代入相应数值，计算出$K_{sp,Hg_2Br_2} = 4.9\times10^{-23}$。

沉淀平衡与酸碱平衡共存　　　　　　　　　　　　　难度：★★☆☆☆

例6.2　现有$H_2C_2O_4$溶液1.0×10^3 mL，其分析浓度为0.10 mol·L^{-1}。向此溶液加入0.111 g $CaCl_2$，忽略体积变化，是否会生成沉淀？($K_{sp} = 2.3\times10^{-9}$；$M_r = 110.99$ g·mol^{-1}；$K_1 = 5.9\times10^{-2}$，$K_2 = 6.4\times10^{-5}$)

解 根据题意可知，加入到溶液的 Ca^{2+} 的浓度为 1.0×10^{-3} mol·L^{-1}。这样，判断是否生成 CaC_2O_4 沉淀的关键在于 $[C_2O_4^{2-}]$。欲获得 $[C_2O_4^{2-}]$，需要计算出 $[H^+]$，为此列出 CBE：

$$[H^+] = [HC_2O_4^-] + 2[C_2O_4^{2-}] + [OH^-]$$

通过分布分数将上式整理为关于 $[H^+]$ 的一元函数，通过软件解得 $[H^+]=5.28 \times 10^{-2}$ mol·L^{-1}。然后，计算出 $[C_2O_4^{2-}] = 0.10 \delta_{C_2O_4^{2-}} = 6.4 \times 10^{-5}$ mol·L^{-1}。

通过以上数据可知：$[Ca^{2+}][C_2O_4^{2-}] > K_{sp}$，所以沉淀生成。

多个沉淀平衡共存   难度：★★☆☆☆

例 6.3 以 $AgNO_3$ 滴定 Cl^- 溶液，K_2CrO_4 为指示剂。计算化学计量点时指示剂的最低理论浓度。（AgCl：$K_{sp1} = 1.8 \times 10^{-10}$；$Ag_2CrO_4$：$K_{sp2} = 1.2 \times 10^{-12}$）

解 在化学计量点，存在如下等式：

$$[Ag^+]_{sp} = \sqrt{K_{sp1}} \tag{1}$$

此时，欲生成红色 Ag_2CrO_4 沉淀指示终点，需要满足如下条件：

$$[Ag^+]_{sp}^2[CrO_4^{2-}]_{sp} > K_{sp2} \tag{2}$$

将(1)式代入(2)式以消去 $[Ag^+]_{sp}$，得到：

$$[CrO_4^{2-}]_{sp} > \frac{K_{sp2}}{K_{sp1}} = 6.7 \times 10^{-3} \text{ mol·L}^{-1}$$

基础概念；同离子效应   难度：★★☆☆☆

例 6.4 某石灰石试样含 $CaCO_3$ 约 60%。称取此试样 0.25g，溶样后通过均相沉淀法制备出 CaC_2O_4 沉淀，过滤后使用 100 mL 低浓度 $(NH_4)_2C_2O_4$ 溶液洗涤沉淀。要求洗涤导致的溶解损失小于 0.01%，洗涤液的浓度不应低于多少？（$K_{sp} = 2.3 \times 10^{-9}$；$M_{r,CaCO_3} = 100.09$）

解 根据题意，制备出的 CaC_2O_4 沉淀的量为：

$$n_{CaC_2O_4} = \frac{0.25 \times 0.60}{M_{r,CaCO_3}}$$

欲使 100 mL 洗涤液导致的溶解损失小于 0.01%，那么溶解到洗涤液中的 Ca^{2+} 的浓度为：

$$[Ca^{2+}] = \frac{0.01\% n_{CaC_2O_4}}{0.1} = \frac{10^{-4} \times 0.25 \times 0.60}{0.1 M_{r,CaCO_3}}$$

将上式代入 K_{sp} 即可计算出符合要求的 $(NH_4)_2C_2O_4$ 的最低浓度：

$$[C_2O_4^{2-}] = \frac{K_{sp}}{[Ca^{2+}]} = \frac{K_{sp} 0.1 M_{r,CaCO_3}}{10^{-4} \times 0.25 \times 0.60} = 1.5 \times 10^{-3} \text{ mol·L}^{-1}$$

基础概念   难度：★★☆☆☆

例 6.5 现有 100.0 mL 0.10 mol·L^{-1} M^{2+} 离子溶液，欲通过 NaOH 将 M^{2+} 沉淀为 $M(OH)_2$。当 99.9% M^{2+} 被沉淀时，溶液 pH 是多少？加入了多少克 NaOH？（$K_{sp} = 2.6 \times 10^{-15}$）

解 当 99.9% M^{2+} 被沉淀时，$[M^{2+}] = 1.0 \times 10^{-4}$ mol·L^{-1}。将之代入 K_{sp}，得到：

$$[\text{OH}^-] = \sqrt{\frac{K_{\text{sp}}}{[\text{M}^{2+}]}}$$

由此计算出$[\text{OH}^-] = 5.10\times10^{-6}\,\text{mol·L}^{-1}$，进而求得 pH = 8.71。

欲达到上述状态，需要加入 NaOH 的物质的量是：

$$\underbrace{2n_{\text{M(OH)}_2}}_{\text{进入沉淀的 NaOH}} + \underbrace{([\text{OH}^-] - [\text{H}^+]) \times 0.1000}_{\text{保留在溶液的 NaOH}}$$

上式是精确算式，实际上绝大部分 NaOH 与 M^{2+} 生成沉淀，保留在溶液的极少。代入相应数据后计算出需要加入 NaOH 0.80 g。

基础概念；沉淀平衡与酸碱平衡共存　　　　　　　　　　　　难度：★★☆☆☆

例6.6　在 MgNH_4PO_4 饱和溶液中，测得$[\text{H}^+]=2.0\times10^{-10}\,\text{mol·L}^{-1}$，$[\text{Mg}^{2+}]=5.6\times10^{-4}\,\text{mol·L}^{-1}$。计算 MgNH_4PO_4 的溶度积常数。(NH_3: $K_b = 1.8\times10^{-5}$；H_3PO_4: $K_1 = 7.6\times10^{-3}$，$K_2 = 6.3\times10^{-8}$，$K_3 = 4.4\times10^{-13}$)

解　$K_{\text{sp}} = [\text{Mg}^{2+}][\text{NH}_4^+][\text{PO}_4^{3-}]$，其中$[\text{Mg}^{2+}]$已知，$[\text{NH}_4^+]$和$[\text{PO}_4^{3-}]$可以通过分布分数求得：

$$[\text{NH}_4^+] = \frac{[\text{H}^+]}{[\text{H}^+] + K_a} c_{\text{NH}_4^+}$$

$$[\text{PO}_4^{3-}] = \frac{K_1 K_2 K_3}{[\text{H}^+]^3 + K_1[\text{H}^+]^2 + K_1 K_2 [\text{H}^+] + K_1 K_2 K_3} c_{\text{PO}_4^{3-}}$$

根据沉淀 MgNH_4PO_4 的分子构成，可知其饱和溶液中存在如下 MBE：

$$c_{\text{NH}_4^+} = c_{\text{PO}_4^{3-}} = c_{\text{Mg}^{2+}} = 5.6 \times 10^{-4}$$

至此，计算 K_{sp} 所需数值已经获得，结果为 1.0×10^{-13}。

基础概念　　　　　　　　　　　　　　　　　　　　　　　　难度：★★★☆☆

例6.7　分别以 K_{sp1} 和 K_{sp2} 表示沉淀M(OH)_m和N(OH)_n的溶度积常数。现有离子M^{m+}和N^{n+}的混合溶液，二者的分析浓度均为 $0.010\,\text{mol·L}^{-1}$，能否通过控制 pH 的方式实现沉淀分离？(沉淀率达到 99.99%可视为沉淀完全)

解　K_{sp} 的大小不能说明哪种离子先被沉淀。先考虑M^{m+}先被沉淀的情况。欲实现沉淀分离(即M^{m+}沉淀完全，而N^{n+}不沉淀)，需要同时满足以下两个条件：

$$0.010 \times 0.01\% \times [\text{OH}^-]^m > K_{\text{sp1}}$$

$$0.010[\text{OH}^-]^n < K_{\text{sp2}}$$

分别整理以上两式，得到：

$$\text{pH} > 14 + \frac{6 + \lg K_{\text{sp1}}}{m}$$

$$pH < 14 + \frac{2 + \lg K_{sp2}}{n}$$

所以，在 $14 + \frac{6+\lg K_{sp1}}{m} < pH < 14 + \frac{2+\lg K_{sp2}}{n}$ 范围内可以实现 M^{m+} 和 N^{n+} 的沉淀分离。

如果 N^{n+} 先沉淀，基于同样原理，在 $14 + \frac{6+\lg K_{sp2}}{n} < pH < 14 + \frac{2+\lg K_{sp1}}{m}$ 范围内可以实现 M^{m+} 和 N^{n+} 的沉淀分离。

沉淀平衡与酸碱平衡共存　　　　　　　　　　　　　　　难度：★★☆☆☆

例6.8　饱和 H_2S 溶液 $c_{H_2S} = 0.10$ $mol·L^{-1}$。在此溶液中 Ag^+ 不被沉淀的最大浓度是多少？（$K_{sp} = 8.0×10^{-51}$；$K_1 = 1.3×10^{-7}$，$K_2 = 7.1×10^{-15}$）

解　欲(通过溶度积常数)求解本题，需要获得 $[S^{2-}]$；欲(通过分布分数)求 $[S^{2-}]$，需要获得 $[H^+]$。为此，列出 H_2S 溶液的 CBE：

$$[H^+] = [HS^-] + 2[S^{2-}] + [OH^-]$$

通过分布分数，上式整理为：

$$[H^+] = \frac{K_1[H^+] + 2K_1K_2}{[H^+]^2 + K_1[H^+] + K_1K_2} 0.10 + \frac{K_w}{[H^+]}$$

通过软件解得 $[H^+]$，然后通过分布分数求得 $[S^{2-}]$，最后通过 K_{sp,Ag_2S} 求得 $[Ag^+]$。计算过程全部采用双精度数值，最后得到：不生成 Ag_2S 沉淀的 Ag^+ 的最高浓度为 $1.1×10^{-18}$ $mol·L^{-1}$。

沉淀平衡与配位平衡共存　　　　　　　　　　　　　　　难度：★★☆☆☆

例6.9　设想 100.0 mL 溶液中有 $AgNO_3$ 和 $NaCl$，其浓度均为 0.010 $mol·L^{-1}$。欲防止 $AgCl$ 析出，应该加入多少摩尔 NH_3？忽略 Ag^+-Cl^- 配离子的生成。（$K_{sp} = 1.8×10^{-10}$；$\beta_1 = 1.7×10^3$，$\beta_2 = 1.1×10^7$）

解　通过 Ag^+-NH_3 配离子的生成以降低 $[Ag^+]$，从而防止 $AgCl$ 沉淀的析出。沉淀不析出时，$[Ag^+]$ 的临界值为：

$$[Ag^+] = \frac{K_{sp}}{[Cl^-]} = 1.8×10^{-8} \tag{1}$$

关于 Ag 的 MBE 为：

$$[Ag^+] + [Ag(NH_3)^+] + [Ag(NH_3)_2^+] = 0.010 \tag{2}$$

将(1)式代入(2)式，整理后得到：

$$1.8×10^{-6}(1 + \beta_1[NH_3] + \beta_2[NH_3]^2) = 1$$

通过软件解得 $[NH_3] = 0.225$ $mol·L^{-1}$。

溶液中的 NH_3 的总量(摩尔数)：

$$([NH_3] + [Ag(NH_3)^+] + 2[Ag(NH_3)_2^+]) × 0.1000$$

将 $[Ag^+] = 1.8×10^{-8}$ $mol·L^{-1}$ 和 $[NH_3] = 0.225$ $mol·L^{-1}$ 代入上式，计算出 NH_3 的总量为 0.025 mol。

本题在忽略 Ag^+-Cl^- 配离子的情况下,计算比较简单。如果全面考虑,参见例 6.10。

沉淀平衡与配位平衡共存 　　　　　　　　　　　　　　　　难度：★★★☆☆

例 6.10 某试样含有 3.89% NaCl、9.55% AgCl 和其他水溶物。欲通过 1.0 L 氨水溶解 300 g 该试样,氨水的分析浓度不应低于多少?($K_{sp} = 1.8 \times 10^{-10}$;$Ag^+$-$NH_3$ 配离子:$\beta_1 = 1.7 \times 10^3$,$\beta_2 = 1.1 \times 10^7$;$Ag^+$-$Cl^-$ 配离子:$\beta_1 = 1.1 \times 10^3$,$\beta_2 = 1.1 \times 10^5$,$\beta_3 = 1.1 \times 10^5$,$\beta_4 = 2.0 \times 10^5$;$M_{r,NaCl} = 58.41$,$M_{r,AgCl} = 143.32$)

解 试样完全溶解时,可以计算出 Cl^- 和 Ag^+ 的分析浓度分别是 0.40 $mol \cdot L^{-1}$ 和 0.20 $mol \cdot L^{-1}$。

以 c 表示平衡体系中 NH_3 的分析浓度。列出关于 NH_3、Cl 和 Ag 的 MBE：

$$[NH_3] + [Ag(NH_3)^+] + 2[Ag(NH_3)_2^+] = c \tag{1}$$

$$[Cl^-] + [AgCl] + 2[AgCl_2^-] + 3[AgCl_3^{2-}] + 4[AgCl_4^{3-}] = 0.40 \tag{2}$$

$$[Ag^+] + [Ag(NH_3)^+] + [Ag(NH_3)_2^+] + [AgCl] + \cdots + [AgCl_4^{3-}] = 0.20 \tag{3}$$

分析以上三式,当前只有(2)式可用,将其整理如下：

$$[Cl^-] + [Ag^+](\beta_1[Cl^-] + 2\beta_2[Cl^-]^2 + 3\beta_3[Cl^-]^3 + 4\beta_4[Cl^-]^4) = 0.40$$

$$\Downarrow \quad K_{sp} = [Ag^+][Cl^-]$$

$$[Cl^-] + K_{sp}(\beta_1 + 2\beta_2[Cl^-] + 3\beta_3[Cl^-]^2 + 4\beta_4[Cl^-]^3) = 0.40$$

通过软件解得[Cl^-] = 0.400 $mol \cdot L^{-1}$(可见,Ag^+-Cl^- 配离子基本可以忽略;[Cl^-]更精确一些的值是 0.399965)。再通过 $K_{sp} = [Ag^+][Cl^-]$ 计算出[Ag^+] = 4.50×10^{-10} $mol \cdot L^{-1}$。

获得[Ag^+]和[Cl^-]后,(3)式可用,是关于[NH_3]的方程,通过软件解得[NH_3] = 6.36 $mol \cdot L^{-1}$。获得[NH_3]后,(1)式可用,计算出 c = 6.8 $mol \cdot L^{-1}$。

沉淀平衡与配位平衡共存 　　　　　　　　　　　　　　　　难度：★★★☆☆

例 6.11 设想 pH = 2.00 的缓冲溶液中含有 EDTA、HF 和 $CaCl_2$,三者的分析浓度均为 0.010 $mol \cdot L^{-1}$。是否会生成 CaF_2 沉淀?($K_{sp} = 3.9 \times 10^{-11}$;$\alpha_{Y(H)}|_{pH=2.00} = 3.24 \times 10^{13}$;$K_稳 = 4.90 \times 10^{10}$;$K_a = 6.6 \times 10^{-4}$)

解 假设不生成 CaF_2 沉淀,计算沉淀构晶离子的浓度。[F^-]比较容易计算：

$$[F^-] = \frac{K_a}{[H^+] + K_a} \cdot c_{HF} = 6.2 \times 10^{-4} \ mol \cdot L^{-1}$$

[Ca^{2+}]的计算稍显复杂。列出关于 Ca 和 EDTA 的物料平衡式,并进行整理：

$$[Ca^{2+}] + [CaY] = 0.010 \quad \Rightarrow \quad [Ca^{2+}] + K''[Ca^{2+}][Y''] = 0.010$$

$$[CaY] + [Y''] = 0.010 \quad \Rightarrow \quad K''[Ca^{2+}][Y''] + [Y''] = 0.010$$

其中,$K'' = \dfrac{K_稳}{\alpha_{Y(H)}}$,[$Y''$] = [Y]$\alpha_{Y(H)}$。通过以上两式消去 K'',得到关于[Ca^{2+}]的方程,通过软件解得[Ca^{2+}] = 0.010 $mol \cdot L^{-1}$。可见,这种情况下 Ca^{2+} 与 EDTA 几乎不反应。

根据上述结果可知：$[Ca^{2+}][F^-]^2 = 3.8\times10^{-9} > K_{sp}$，所以会生成 CaF_2 沉淀。

溶液酸度过高，严重的酸效应致使 EDTA 与 Ca^{2+} 几乎不反应，因此无法通过配位反应显著降低$[Ca^{2+}]$。那么，能否通过提高缓冲溶液 pH 来阻止沉淀的生成？为此，在不同 pH 下重复上述计算，结果如下：

pH	$[Ca^{2+}]$	$[F^-]$	$[Ca^{2+}][F^-]^2$
3	9.9×10^{-3}	4.0×10^{-3}	1.6×10^{-7}
4	5.2×10^{-3}	8.7×10^{-3}	3.9×10^{-7}
6	9.5×10^{-5}	1.0×10^{-2}	9.5×10^{-9}
8	6.2×10^{-6}	1.0×10^{-2}	6.2×10^{-10}

在上述 pH 下，$[Ca^{2+}][F^-]^2 > K_{sp}$，沉淀仍然生成。考虑酸效应系数为 1 的极限情况，计算出$[Ca^{2+}] = 4.5\times10^{-7}$(这是 Ca^{2+} 能够被 EDTA 配位反应降低的最低浓度)；此时$[F^-] = 1.0\times10^{-2}$，$[Ca^{2+}][F^-]^2$仍然大于 K_{sp}。定性地看，提高 pH 确实会降低$[Ca^{2+}]$(EDTA 酸效应减弱，与 Ca^{2+}的反应程度加大)，但同时会增大$[F^-]$。相同的结论也见于例 6.15。

K_{sp} 和构晶离子浓度对沉淀平衡的影响　　　　　　　　　　难度：★★☆☆☆

例 6.12　在 NaCl 溶液中，AgSCN 是否可以部分转化为 AgCl？(AgSCN：$K_{sp1} = 1.1\times10^{-12}$；AgCl：$K_{sp2} = 1.8\times10^{-10}$)

解　将固体 AgSCN 置于蒸馏水中，达到溶解平衡后

$$[Ag^+] = \sqrt{K_{sp1}}$$

如果溶液中存在Cl^-，且浓度满足以下条件，那么会析出 AgCl 沉淀。

$$[Ag^+][Cl^-] > K_{sp2}$$

结合以上两式，得到：

$$[Cl^-] > \frac{K_{sp2}}{\sqrt{K_{sp1}}}$$

代入相应数值后，计算出$[Cl^-]$的临界值为 1.72×10^{-4} $mol\cdot L^{-1}$。这个条件容易满足，因为饱和 NaCl 溶液的浓度高达 $5.4\ mol\cdot L^{-1}$。

所以，在 NaCl 浓度超过 1.72×10^{-4} $mol\cdot L^{-1}$ 的溶液中，AgSCN 会部分转化为 AgCl，尽管 $K_{sp,AgSCN} < K_{sp,AgCl}$。

沉淀转化；多个沉淀平衡共存　　　　　　　　　　　　　　难度：★★★☆☆

例 6.13　将 1.00 g AgSCN 沉淀置于 0.100 L 1.00 $mol\cdot L^{-1}$ NaCl 溶液中振荡，计算达到平衡时进入溶液的 AgSCN 的质量。忽略 Ag^+-Cl^- 配离子。(AgSCN：$K_{sp1} = 1.1\times10^{-12}$；AgCl：$K_{sp2} = 1.8\times10^{-10}$；$M_{r,AgSCN} = 165.96$)

解法一　精确求解。例 6.12 结果表明：当溶液中Cl^-的浓度超过 1.72×10^{-4} $mol\cdot L^{-1}$

时，部分 AgSCN 会转化为 AgCl，所以本题中有 AgCl 生成。设 n mol AgSCN 进入溶液，根据其分子构成可以列出如下物料平衡式 MBE：

$$[Ag^+] + [AgCl_{(s)}] = \frac{n}{0.100} \tag{1}$$

$$[SCN^-] = \frac{n}{0.100} \tag{2}$$

(1)式中，$[AgCl_{(s)}]$ 表示 AgCl 的假想浓度，只是为了建立 MBE。

列出关于 Cl 的 MBE：

$$[Cl^-] + [AgCl_{(s)}] = 1.00 \tag{3}$$

(3) − (1)以消去 $[AgCl_{(s)}]$，并结合 $K_{sp2} = [Ag^+][Cl^-]$，得到：

$$\frac{K_{sp2}}{[Ag^+]} - [Ag^+] = 1.00 - \frac{n}{0.100} \tag{4}$$

另一个关于 $[Ag^+]$ 和 n 的等式可以通过(2)式结合 $K_{sp1} = [Ag^+][SCN^-]$，得到：

$$\frac{K_{sp1}}{[Ag^+]} = \frac{n}{0.100} \tag{5}$$

将(5)式代入(4)式以消去 $[Ag^+]$，得到：

$$\frac{nK_{sp2}}{0.100K_{sp1}} - \frac{0.100K_{sp1}}{n} = 1.00 - \frac{n}{0.100}$$

通过软件解得 $n = 6.074\times10^{-4}$ mol，即有 $6.074\times10^{-4}\times165.96 = 0.101$ (g) AgSCN 进入溶液。

如果将 1.00 g AgSCN 置于 0.100 L 纯水中，容易计算出，达到平衡时 AgSCN 从固相到液相的转移量仅为 1.74×10^{-5} g。

解法二 近似求解。根据溶度积常数，可以得到如下等式：

$$K_{sp1} = [Ag^+][SCN^-]$$

$$K_{sp2} = [Ag^+][Cl^-]$$

两式相除，得到：

$$\frac{K_{sp1}}{K_{sp2}} = \frac{[SCN^-]}{[Cl^-]}$$

沉淀转换的反应式可以写为：

$$AgSCN + Cl^- \Longrightarrow AgCl + SCN^-$$

反应式表明：平衡体系中 SCN^- 的量等于 Cl^- 的消耗量，因此关于 Cl 的物料平衡式 MBE 为：$[Cl^-] + [SCN^-] = 1.0$。将 MBE 代入上式，毋需软件即可计算出 $[SCN^-] = 6.074\times10^{-3}$ mol·L^{-1}。所以，进入溶液的 AgSCN 的质量是 $6.074\times10^{-3}\times0.100\times165.96 = 0.101$ (g)。

该解法虽然给出与精确求解相同的结果，但是仍然属于近似求解，只是近似之处比较隐蔽。Cl^- 将部分 AgSCN 转换为 AgCl，溶液中仍然存在极少量 Ag^+，所以转入 AgCl 沉淀的 Ag 相当于 $[SCN^-] - [Ag^+]$，这也是转入 AgCl 的 Cl^- 的量。据此分析，关于 Cl 的真实

MBE 为 $[Cl^-] + [SCN^-] - [Ag^+] = 1.0$。由于 $[Cl^-] \gg [Ag^+]$、$[SCN^-] \gg [Ag^+]$，MBE 近似为 $[Cl^-] + [SCN^-] = 1.0$。

解法三 近似求解，忽略沉淀溶解对原溶液的影响。与解法二类似，也是通过溶度积常数得到下式：

$$\frac{K_{sp1}}{K_{sp2}} = \frac{[SCN^-]}{[Cl^-]}$$

近似认为沉淀 AgCl 对原溶液中 Cl^- 的消耗很小，所以 $[Cl^-] \approx 1.0 \ mol \cdot L^{-1}$。将之代入上式后计算出 $[SCN^-] = 6.111 \times 10^{-3} \ mol \cdot L^{-1}$。所以，进入溶液的 AgSCN 的质量是 $6.111 \times 10^{-3} \times 0.100 \times 165.96 = 0.101$ (g)。

解法三的结果与精确结果基本一致。解法中只有一处近似，即将 $[Cl^-] + [AgCl_{(s)}] = 1.0$ 近似为 $[Cl^-] \approx 1.0$。本题中这一处理的误差较小，原因是 $[Cl^-] \gg [AgCl_{(s)}]$。

如果 $[Cl^-]$ 不足够大，那么上述近似的误差可能会增大。例如将 NaCl 的浓度降低至 $5.0 \times 10^{-4} \ mol \cdot L^{-1}$，那么解法一的结果是 $3.039 \times 10^{-7} \times 165.96 = 5.04 \times 10^{-5}$ (g)；解法二的结果是 $3.037 \times 10^{-7} \times 165.96 = 5.04 \times 10^{-5}$ (g)；解法三的结果是 $3.056 \times 10^{-7} \times 165.96 = 5.07 \times 10^{-5}$ (g)，相对误差 0.6%。

如果 $[AgCl_{(s)}]$ 不足够小，那么上述近似的误差也可能会增大。例如将 K_{sp2} 缩小 10 倍以增加 AgCl 的量，那么解法一的结果是 $5.759 \times 10^{-3} \times 165.96 = 0.956$ (g)；解法二的结果是 $5.759 \times 10^{-3} \times 165.96 = 0.956$ (g)；解法三的结果是 $6.111 \times 10^{-3} \times 165.96 = 1.01$ (g)，相对误差 5.6%。

解法二和解法三虽然都是近似求解，但是前者结果通常比后者结果更准确。当 NaCl 浓度较低时，解法二的结果也会出现显著误差。

沉淀转化；多个沉淀平衡共存　　　　　　　　　　　　　　　　难度：★★★☆☆

例 6.14 在福尔哈德法测定 Cl^- 的实验中，AgCl 沉淀生成后，失误没有加入硝基苯防止与 KSCN 反应。用 $0.10 \ mol \cdot L^{-1}$ KSCN 标准溶液回滴过量的 Ag^+，观察到明显终点时，$[FeSCN^{2+}]_{ep} = 6.0 \times 10^{-6} \ mol \cdot L^{-1}$，滴定的最终体积为 70.0 mL，$[Fe^{3+}]_{ep} = 0.015 \ mol \cdot L^{-1}$。计算由于沉淀转化而多消耗的 KSCN 标准溶液的体积。($K_{sp, AgCl} = 1.8 \times 10^{-10}$，$K_{sp, AgSCN} = 1.1 \times 10^{-12}$；$K_{稳} = 138$)

解法一 没有硝基苯保护，部分 AgCl 转化为 AgSCN，AgCl 的减少量等于多加入的 KSCN 的量。所以，解题关键是计算 AgCl 沉淀的减少量，为此列出物料平衡式 MBE：

$$n_{Cl^-} + n_{AgCl} = n_{Cl^-,总量}$$

式中，n 表示物质的量。硝基苯加入与否，上述 MBE 都成立。通过 MBE 可以得到由于失误而导致 AgCl 沉淀的减少量：

$$\Delta n_{AgCl} = n_{AgCl,无误} - n_{AgCl,失误} = n_{Cl^-,失误} - n_{Cl^-,无误}$$

题目没有提供必要信息来计算 $n_{Cl^-,无误}$，但是滴定前 Ag^+ 显著过量，导致 Cl^- 浓度极低；正确操作时 AgCl 被硝基苯保护，不会再释放出 Cl^-，所以 $n_{Cl^-,无误}$ 是一个非常小的量。失误没有加硝基苯时，部分 AgCl 转化为 AgSCN，显著释放出 Cl^-，致使 $n_{Cl^-,失误} \gg n_{Cl^-,无误}$。

因此，上式可变为：

$$\Delta n_{AgCl} = n_{Cl^-,失误}$$

现在计算$[Cl^-]_{失误}$。根据溶度积常数，得到：

$$\frac{[SCN^-]}{[Cl^-]} = \frac{K_{sp,AgSCN}}{K_{sp,AgCl}}$$

根据$FeSCN^{2+}$的稳定常数，得到：

$$\frac{[FeSCN^{2+}]}{[Fe^{3+}][SCN^-]} = K_稳$$

以上两式相乘以消去$[SCN^-]$，简单整理后得到：

$$[Cl^-] = \frac{[FeSCN^{2+}]}{[Fe^{3+}]} \frac{K_{sp,AgCl}}{K_{sp,AgSCN}K_稳}$$

代入相应数据后，计算出$[Cl^-]_{失误} = 4.74\times10^{-4}$ mol·L⁻¹。所以，$n_{Cl^-,失误}$，也就是多加入的 KSCN 的量为 $4.74\times10^{-4} \times 70.0$ mmol，多加入的滴定剂体积为 $4.74\times10^{-4} \times 70.0/0.10 = 0.33$ (mL)。

解法二 解法一基于 MBE 得到结论：多加入的 KSCN 的量等于Cl^-的量。该结论也可以通过沉淀转化的反应方程式得出。

$$AgCl + SCN^- \rightleftharpoons AgSCN + Cl^-$$

由反应式可知，AgCl 的减少量等于Cl^-的量。余下计算与解法一相同。

近似求解；深入思考 难度：★★★☆☆

例 6.15 在Ca^{2+}、CO_4^{2-}和 EDTA 的混合溶液中，三者的分析浓度分别是 0.50 mol·L⁻¹、0.50 mol·L⁻¹ 和 0.55 mol·L⁻¹。欲避免生成$CaCO_3$沉淀，$\alpha_{Y(H)}$不得超过多少？（$K_{sp} = 4.5\times10^{-9}$；$K_稳 = 4.9\times10^{10}$）

解 近似求解，忽略CO_4^{2-}的水解，所以$[CO_4^{2-}] = 0.50$ mol·L⁻¹。这种情况下，欲避免生成$CaCO_3$沉淀，那么$[Ca^{2+}]$的临界值应为$\frac{K_{sp}}{[CO_4^{2-}]} = 9.0\times10^{-9}$ mol·L⁻¹。

现在问题转化为：如何让K'_{CaY}足够大(或者说让$\alpha_{Y(H)}$足够小)，使 EDTA 能够将Ca^{2+}浓度从 0.50 mol·L⁻¹ 降低至临界值 9.0×10^{-9} mol·L⁻¹。为此，通过K'_{CaY}获得$\alpha_{Y(H)}$的表达式：

$$K'_{CaY} = \frac{[CaY]}{[Ca][Y']} \quad K'_{CaY} = \frac{K_{CaY}}{\alpha_{Y(H)}} \longrightarrow \alpha_{Y(H)} = \frac{K_{CaY}[Ca][Y']}{[CaY]}$$

当$[Ca^{2+}]$降低到 9.0×10^{-9} mol·L⁻¹ 时，$[CaY] = 0.50 - 9.0\times10^{-9} \approx 0.50$ (mol·L⁻¹)，$[Y'] = 0.55 - [CaY] \approx 0.05$ mol·L⁻¹。将$[Ca]$、$[CaY]$和$[Y']$的值代入上式，计算出$\alpha_{Y(H)} = 44.1$。

结果表明，$\alpha_{Y(H)}$只要不超过 44.1，就可以避免$CaCO_3$沉淀的生成。

以上是近似计算，精确求解则需要考虑CO_4^{2-}的水解。精确求解过程比较繁琐，这里不作介绍，但是结果表明在任何 pH 下 $CaCO_3$ 都无法生成。定性地看：$[H^+]$ 较高时，Ca^{2+} 比较充裕($EDTA$ 酸效应系数较大致使 Ca^{2+}-$EDTA$ 反应程度很低)，但是 CO_3^{2-} 由于水解严重而显著不足，所以 $CaCO_3$ 无法生成；$[H^+]$ 较低时，CO_3^{2-} 虽然比较充裕，但是 Ca^{2+} 由于与 $EDTA$ 充分反应而显著不足，所以 $CaCO_3$ 也无法生成。

沉淀析出对原溶液的影响；近似求解和精确求解对比　　　　　　　　　难度：★★★☆☆

例 6.16　在 NH_4Cl-NH_3 缓冲溶液中，二者的分析浓度分别是 $1.5\ mol\cdot L^{-1}$ 和 $0.10\ mol\cdot L^{-1}$。如果溶液中还有分析浓度为 $0.010\ mol\cdot L^{-1}$ 的 $FeCl_3$，那么 $Fe(OH)_3$ 沉淀析出后，溶液中剩余 Fe^{3+}(包括 Fe^{3+}-OH^- 配离子)的总浓度是多少？($K_{sp} = 1.6\times10^{-39}$；$Fe^{3+}$-$OH^-$ 配离子：$\beta_1 = 1.0\times10^{11}$，$\beta_2 = 5.0\times10^{21}$；$Fe_2(OH)_2^{4+}$ 配离子：$\beta = 1.3\times10^{25}$；$K_b = 1.8\times10^{-5}$)

解法一　近似求解，忽略 $Fe(OH)_3$ 沉淀析出对原溶液的影响。沉淀析出后，溶液中 Fe^{3+} 以及 Fe^{3+}-OH^- 配离子的总浓度为：

$$[Fe^{3+}] + [Fe(OH)^{2+}] + [Fe(OH)_2^+] + 2[Fe_2(OH)_2^{4+}]$$

通过稳定常数，上式整理为：

$$[Fe^{3+}](1 + \beta_1[OH^-] + \beta_2[OH^-]^2 + 2\beta[Fe^{3+}][OH^-]^2)$$

通过溶度积常数，上式变为：

$$\frac{K_{sp}}{[OH^-]^3}\left(1 + \beta_1[OH^-] + \beta_2[OH^-]^2 + \frac{2\beta K_{sp}}{[OH^-]}\right)$$

近似认为 pH 能够被缓冲溶液控制，不受沉淀析出的影响，那么 $[OH^-] = K_b\, c_{NH_3}/c_{NH_4Cl} = 1.2\times10^{-6}\ mol\cdot L^{-1}$。将 $[OH^-]$ 代入上式计算得出 6.7×10^{-12}，所以溶液中剩余 Fe^{3+}(包括 Fe^{3+}-OH^- 配离子)的总浓度是 $6.7\times10^{-12}\ mol\cdot L^{-1}$。

解法二　精确求解。解法一关于 Fe^{3+} 总浓度的表达式正确，近似只出现在 $[OH^-]$ 的计算中——忽略沉淀析出对 $[OH^-]$ 的影响。然而，这一近似可能导致较大误差，下面是具体分析。

$K_{sp,Fe(OH)_3}$ 非常小，因此 $Fe(OH)_3$ 沉淀比较完全，解法一的结果也说明了这一点。Fe^{3+} 的初始浓度不低，较完全的沉淀反应会显著消耗 OH^-，这样缓冲溶液有可能失效，$[OH^-]$ 不再是简单的 $[OH^-] = K_b\, c_{NH_3}/c_{NH_4Cl} = 1.2\times10^{-6}\ mol\cdot L^{-1}$。

$[OH^-]$ 成为未知量，需要独立方程，为此列出体系的电荷平衡式 CBE：

$$3[Fe^{3+}] + 2[Fe(OH)^{2+}] + [Fe(OH)_2^+] + 4[Fe_2(OH)_2^{4+}] + [NH_4^+] + [H^+] = [Cl^-] + [OH^-]$$

通过稳定常数，上式整理为：

$$[Fe^{3+}](3 + 2\beta_1[OH^-] + \beta_2[OH^-]^2 + 4\beta[Fe^{3+}][OH^-]^2) + \frac{1.6K_b}{[OH^-]+K_b} + \frac{10^{-14}}{[OH^-]} = 1.53 + [OH^-] \tag{1}$$

上式包含两个未知量 $[Fe^{3+}]$ 和 $[OH^-]$，所以还需要一个独立等式，可以使用 K_{sp}：

$$[Fe^{3+}][OH^-]^3 = K_{sp} \tag{2}$$

将(2)式代入(1)式以消去[Fe³⁺]，得到关于[OH⁻]的一元方程。使用软件求解时，不必费力写出这个方程，以[Fe³⁺]为中间变量，即可快速完成输入。参考 Matlab 代码如下，其中第三条语句就是从(2)式得出的[Fe³⁺]表达式。为了使代码简洁，使用了辅助变量 aux1

```
ksp = 1.6e-39; b1 = 1.0e11; b2 = 5.0e21;
b = 1.3e25; kb = 1.8e-5;
Fe = ksp ./ x.^3;
aux1 = 3 + 2*b1*x + b2*x.^2 + 4*b*Fe.*x.^2;
y = Fe .* aux1 + 1.6*kb ./ (x + kb) + 1e-14 ./ x - 1.53 - x;
```

通过软件求得 x(即[OH⁻])= 8.235×10^{-7} mol·L⁻¹。将[OH⁻] = 8.235×10^{-7}代入下式(推导过程见解法一)计算得到 9.7×10^{-12}，所以溶液中剩余 Fe^{3+}(包括 Fe^{3+}-OH⁻配离子)的总浓度是 9.7×10^{-12} mol·L⁻¹。

$$\frac{K_{\mathrm{sp}}}{[\mathrm{OH}^-]^3}\left(1 + \beta_1[\mathrm{OH}^-] + \beta_2[\mathrm{OH}^-]^2 + \frac{2\beta K_{\mathrm{sp}}}{[\mathrm{OH}^-]}\right)$$

对比发现，近似解法虽然简单，但是结果存在 -30.9% 的误差。

6.3　沉淀溶解度

沉淀溶解度的计算是一类常见习题，解题关键在于溶解度的内涵。可以从两个角度理解沉淀溶解度：从固-液两相转移的角度看，沉淀溶解度是 1 L 溶液中沉淀分子从固相到液相的转移量；从溶液的角度看，沉淀溶解度是溶液中沉淀分子的分析浓度，数值上等于构晶离子所有存在形式的平衡浓度(乘以相应系数)之和。所以，沉淀溶解度至少有两个表达式，分别基于构晶阳离子和构晶阴离子列出。

沉淀溶解度的计算步骤如下：

1. 明确构晶离子在溶液中发生的所有反应(如构晶阳离子的配位反应、构晶阴离子的水解反应等)，并因此明确构晶离子的具体去向；
2. 分别基于构晶阳离子和构晶阴离子，列出沉淀溶解度的两个表达式；
3. 溶度积常数提供了一个独立等量关系；
4. 如果体系比较复杂，需要其他独立等式时，那么根据相关反应列出物料平衡式或者电荷平衡式(涉及酸碱时比较方便)；
5. 求解溶解度。如果体系比较复杂，难以直接求解，那么可以先求解其他量，然后再计算出溶解度。

在传统课程体系中，沉淀溶解度的计算并不困难，因为普遍采用近似处理——忽略沉淀溶解对溶液的影响。也正是因为这种近似处理，传统课程体系提供了一些简单方便的计算公式。如果 K_{sp} 足够小，或者同离子效应比较显著时，沉淀的溶解量因此非常低，那么这种近似处理导致的误差比较小，甚至可以忽略，如例 6.20。但是，如果 K_{sp} 较大，或者酸效应、配位效应的影响比较显著时，沉淀的溶解量因此明显增加，那么溶解出的构晶离子会显著影响溶液原有 H⁺或者配体的浓度；这些情况下，传统公式的近似结果可能存在较大误差，如例 6.24、例 6.30。

沉淀溶解度；两个沉淀平衡　　　　　　　　　　　难度：★★★☆☆

例 6.17　Ag₂SO₄和 SrSO₄混合物在纯水中达到溶解平衡,忽略水解,计算各自的溶解度。(Ag₂SO₄：K_{sp1} = 1.5×10⁻⁵；SrSO₄：K_{sp2} = 3.2×10⁻⁷)

解　分别以s_1和s_2表示 Ag₂SO₄和 SrSO₄的溶解度，根据溶解度的定义，得到：

$$2s_1 = [Ag^+] \tag{1}$$

$$s_2 = [Sr^{2+}] \tag{2}$$

$$s_1 + s_2 = [SO_4^{2-}] \tag{3}$$

将(1)、(2)两式代入(3)式，再结合 K_{sp}，得到：

$$\frac{1}{2}\sqrt{\frac{K_{sp1}}{[SO_4^{2-}]}} + \frac{K_{sp2}}{[SO_4^{2-}]} = [SO_4^{2-}]$$

通过软件解得[SO₄²⁻] = 1.55×10⁻² mol·L⁻¹。最后，计算出$s_1 = \frac{[Ag^+]}{2} = \frac{1}{2}\sqrt{\frac{K_{sp1}}{[SO_4^{2-}]}}$ = 1.6× 10⁻² mol·L⁻¹，　$s_2 = [Sr^{2+}] = \frac{K_{sp2}}{[SO_4^{2-}]}$ = 2.1×10⁻⁵ mol·L⁻¹。

容易计算出 Ag₂SO₄或者 SrSO₄在纯水中的溶解度，分别是 2.0×10⁻² mol·L⁻¹或者 5.7×10⁻⁴ mol·L⁻¹。可见，在 Ag₂SO₄和 SrSO₄混合物溶液中，由于共同的构晶阴离子，二者的溶解度分别被抑制了 20%和 96%。

在传统课程体系中，本题的求解引入近似处理，以避免复杂方程。$K_{sp1} \gg K_{sp2}$，所以 Ag₂SO₄比 SrSO₄溶解出更多的SO₄²⁻，可以近似认为溶液中的SO₄²⁻全部来自 Ag₂SO₄。这样，$s_1 = \sqrt[3]{K_{sp1}/4}$ = 1.55 × 10⁻² mol·L⁻¹。该数值也是SO₄²⁻的浓度，所以$s_2 = [Sr^{2+}] = K_{sp2}/[SO_4^{2-}]$ = 2.1 × 10⁻⁵ mol·L⁻¹。与精确结果相同。

沉淀溶解度；基础概念　　　　　　　　　　　难度：★★★☆☆

例 6.18　设 AB 型沉淀和A_mB_n型沉淀的溶度积常数相等，且构晶离子不发生其他反应，试比较二者在纯水中的溶解度大小。

解　分别以s_1和s_2表示 AB 和A_mB_n的溶解度,根据溶解度的定义,结合溶度积常数,可以推导出：

$$s_1 = \left(K_{sp}\right)^{\frac{1}{2}}$$

$$s_2 = \left(\frac{K_{sp}}{m^m n^n}\right)^{\frac{1}{m+n}}$$

欲比较s_1和s_2的大小，即确定下式中符号 "<>" 是大于号、小于号还是等号。

$$\left(K_{sp}\right)^{\frac{1}{2}} <> \left(\frac{K_{sp}}{m^m n^n}\right)^{\frac{1}{m+n}}$$

对上式取对数，得到：

$$\frac{1}{2}\lg K_{sp} <> \frac{1}{m+n}(\lg K_{sp} - m\lg m - n\lg n)$$

整理后得到：

$$\lg K_{sp} <> \frac{2(m\lg m + n\lg n)}{2-m-n}$$

可以通过数学方法判断上式中的"<>"是什么符号。不过，m、n 都是自然数，而且数值不大，所以使用穷举法可以更方便地判断"<>"符号右侧项的取值，参考 Matlab 代码如下，结果见表 6.1。

```
Result = zeros(5, 5);
for m = 1: 5
    for n = 1: 5
        Result(m, n) = 2 * (m * log10(m) + n * log10(n)) / (2 - m - n);
    end
end
```

表 6.1　m 和 n 取不同值时 $\frac{2(m\lg m + n\lg n)}{2-m-n}$ 的值

m	n				
	1	2	3	4	5
1	n/a	−1.2	−1.4	−1.6	−1.7
2	−1.2	−1.2	−1.4	−1.5	−1.6
3	−1.4	−1.4	−1.4	−1.5	−1.6
4	−1.6	−1.5	−1.5	−1.6	−1.7
5	−1.7	−1.6	−1.6	−1.7	−1.7

一般情况下，$\lg K_{sp}$ 小于表中的最小值 −1.7，所以，上面分析过程中的"<>"符号应该为"<"，即 K_{sp} 相同的情况下，AB 型沉淀的溶解度小于 A_mB_n 型沉淀。

沉淀溶解度；多个平衡共存　　　　　　　　　　　　　　　　难度：★★★☆☆

例 6.19　计算 $BaCrO_4$ 在 pH = 4.20 的缓冲溶液中的溶解度。注意：离解出的 CrO_4^{2-} 除了发生水解反应外，还会通过以下反应生成 $Cr_2O_7^{2-}$：

$$2HCrO_4^- \rightleftharpoons Cr_2O_7^{2-} + H_2O \quad K=43$$

（$K_{sp} = 1.2\times10^{-10}$；$K_1 = 0.18$，$K_2 = 3.2\times10^{-7}$）

解　以 s 表示溶解度，根据溶解度的定义，得到：

$$s = [Ba^{2+}] \tag{1}$$

$$s = [CrO_4^{2-}] + [HCrO_4^-] + [H_2CrO_4] + 2[Cr_2O_7^{2-}]$$

$$2K[HCrO_4^-]^2$$

$$s = \frac{[CrO_4^{2-}]}{\delta_{CrO_4^{2-}}} + \frac{2K[H^+]^2[CrO_4^{2-}]^2}{K_2^2} \qquad (2)$$

为了利用 K_{sp}，(2)式推导为关于 $[CrO_4^{2-}]$ 的代数式，式中 $\delta_{CrO_4^{2-}}$ 表示(作为酸根的) CrO_4^{2-} 的分布分数。

(1)式结合 K_{sp}，得到：

$$[CrO_4^{2-}] = \frac{K_{sp}}{s} \qquad (3)$$

将(3)式代入(2)式以消去 $[CrO_4^{2-}]$，得到关于 s 的方程。使用软件求解时，不必费力写出这个方程，以 $[CrO_4^{2-}]$ 为中间变量，即可快速完成输入。参考 Matlab 代码如下，其中第四条语句就是从(3)式得出的 $[CrO_4^{2-}]$ 表达式

```
ksp = 1.2e-10; k = 43; k1 = 0.18; k2 = 3.2e-7;
H = 10^-4.20;
delta = k1*k2 / (H^2 + k1*H + k1*k2);
CrO4 = ksp ./ x;
y = x - CrO4 / delta - 2*k*H^2*CrO4.^2 / k2^2;
```

通过软件解得 $s = 1.6×10^{-4}$ mol·L^{-1}。

如果没有方程求解软件，本题可以近似求解。将(3)式代入(2)式以消去 $[CrO_4^{2-}]$，得到关于 s 的方程：

$$s^3 = \frac{K_{sp}}{\delta_{CrO_4^{2-}}}s + \frac{2K[H^+]^2 K_{sp}^2}{K_2^2}$$

代入相应数值后得到：

$$s^3 = 2.38 \times 10^{-8}s + 4.81 \times 10^{-14}$$

为了避免解三次方程，需要对上式进行简化。不考虑任何效应 $BaCrO_4$ 在纯水中的溶解度是 $\sqrt{K_{sp}} = 1.1 \times 10^{-5}$。在酸效应影响下，溶解度增大，所以上式等号右侧第一项的数量级约为 -12，远大于第二项。忽略第二项后，方程变为：

$$s^2 \approx 2.38 \times 10^{-8}$$

由此计算出 $s = 1.5×10^{-4}$ mol·L^{-1}。计算非常简便，相对误差为 -6.3%。

实际上，使用简单计算器仍然能够精确求解三次方程。通过第二章 2.1.2 节介绍的不动点迭代法，将方程改写为如下迭代公式：

$$s = \sqrt[3]{2.38 \times 10^{-8}s + 4.81 \times 10^{-14}}$$

以 $s = 1$ 为初值，经过 6 次迭代即可得到 $s = 1.6×10^{-4}$ mol·L^{-1}。

沉淀溶解度；同离子效应　　　　　　　　　　　　　　　　　　难度：★★☆☆☆

例 6.20　某磷酸盐溶液中，$[PO_4^{3-}] = 1.0 \times 10^{-3}$ mol·L^{-1}。忽略 PO_4^{3-} 的水解，计算 $Ca_3(PO_4)_2$ 在此溶液中的溶解度。（$K_{sp} = 2.0 \times 10^{-29}$）

　　解法一　精确求解。以 s 表示溶解度，根据溶解度的定义，得到：

$$3s = [Ca^{2+}]$$

$$0.0010 + 2s = [PO_4^{3-}]$$

通过以上两式结合 K_{sp}，可以得到：

$$27s^3(0.0010 + 2s)^2 = K_{sp}$$

通过软件解得 $s = 9.0 \times 10^{-9}$ mol·L^{-1}。

　　解法二　近似求解，忽略沉淀溶解对原溶液的影响。同离子效应降低沉淀的溶解，另外 $Ca_3(PO_4)_2$ 的 K_{sp} 非常小，所以解法一中的 $[PO_4^{3-}] = 0.0010 + 2s$ 可以近似为 $[PO_4^{3-}] \approx 0.0010$。代入 K_{sp} 的表达式后得到 $27s^3 0.0010^2 = K_{sp}$。这样，不需要解方程即可算出 $s = 9.0 \times 10^{-9}$ mol·L^{-1}。

沉淀溶解度；同离子效应；酸效应　　　　　　　　　　　　　　难度：★★★★☆

例 6.21　某 pH = 1.00 的溶液含有草酸，其分析浓度为 0.010 mol·L^{-1}。计算 CaC_2O_4 在此溶液中的溶解度。（$K_{sp} = 2.3 \times 10^{-9}$；$K_1 = 5.9 \times 10^{-2}$，$K_2 = 6.4 \times 10^{-5}$）

　　解法一　近似求解。忽略沉淀溶解对原溶液的影响，认为溶解平衡后溶液的 pH 以及草酸的分析浓度保持不变。这样，通过分布分数可以计算出 $[C_2O_4^{2-}]$：

$$[C_2O_4^{2-}] = \frac{K_1K_2}{[H^+]^2 + K_1[H^+] + K_1K_2} 0.010 \bigg|_{pH=1.00}$$

将上式代入 K_{sp} 表达式，得到：

$$[Ca^{2+}] = \frac{K_{sp}}{[C_2O_4^{2-}]} = \frac{K_{sp}([H^+]^2 + K_1[H^+] + K_1K_2)}{0.010 K_1 K_2} \bigg|_{pH=1.00}$$

　　将相应数据代入上式后计算出 $[Ca^{2+}] = 9.7 \times 10^{-4}$ mol·L^{-1}，该数值就是 CaC_2O_4 的溶解度。

　　解法二　由于酸效应，沉淀 CaC_2O_4 溶解出更多 $C_2O_4^{2-}$，因此解法一认为草酸的分析浓度不变似乎不妥。本解法考虑沉淀溶解对原溶液草酸浓度的影响，但是为了方便计算，认为 $[H^+]$ 不变，所以仍然是近似求解。

　　以 s 表示溶解度，根据溶解度的定义，得到：

$$s = [Ca^{2+}]$$

$$0.010 + s = c_{C_2O_4^{2-}} \Rightarrow \frac{K_1K_2}{[H^+]^2 + K_1[H^+] + K_1K_2}(0.010 + s) = [C_2O_4^{2-}]$$

为了利用 K_{sp}，上式推导为关于 $[C_2O_4^{2-}]$ 的代数式。以上两式相乘，再结合 K_{sp}，得到：

$$\frac{K_1K_2}{[\text{H}^+]^2 + K_1[\text{H}^+] + K_1K_2}(0.010 + s)s = K_{\text{sp}}$$

忽略沉淀溶解对原溶液[H⁺]的影响，所以[H⁺] = 0.10 mol·L⁻¹；上式仅有的未知量是 s，通过软件解得 $s = 8.9 \times 10^{-4}$ mol·L⁻¹。

解法三　精确求解。全面考虑沉淀溶解对原溶液草酸浓度和[H⁺]的影响。以 s 表示溶解度，根据溶解度的定义，得到：

$$s = [\text{Ca}^{2+}] \tag{1}$$

$$0.010 + s = c_{\text{C}_2\text{O}_4^{2-}} \quad \Rightarrow \quad \frac{K_1K_2}{[\text{H}^+]^2 + K_1[\text{H}^+] + K_1K_2}(0.010 + s) = [\text{C}_2\text{O}_4^{2-}] \tag{2}$$

为了利用 K_{sp}，(2)式推导为关于[C₂O₄²⁻]的代数式。以上两式相乘，再结合 K_{sp}，得到：

$$\frac{K_1K_2}{[\text{H}^+]^2 + K_1[\text{H}^+] + K_1K_2}(0.010 + s)s = K_{\text{sp}} \tag{3}$$

由于考虑沉淀溶解对[H⁺]的影响，(3)式中的[H⁺]成为未知量，所以还需要一个包含[H⁺]的独立等式。可以使用电荷平衡式 CBE，但是需要知道原溶液的组成(这是一道传统题目，没有提供溶液组成信息，因为近似求解不需要，而题目本来也不期望精确求解)。

如果原溶液只有草酸，那么可以计算出[H⁺] = 8.8×10⁻³ < 0.10，所以原溶液中还存在其他酸，这里不妨设是 HCl。这样，原溶液的 CBE 为：

$$[\text{H}^+] = [\text{Cl}^-] + [\text{HC}_2\text{O}_4^-] + 2[\text{C}_2\text{O}_4^{2-}] + [\text{OH}^-]$$

将[H⁺] = 0.10 mol·L⁻¹ 和 $c_{\text{C}_2\text{O}_4^{2-}}$ = 0.010 mol·L⁻¹代入上式，计算出[Cl⁻] = 0.0963 mol·L⁻¹。所以，原溶液可视为 H₂C₂O₄ 和 HCl 的混合，二者的分析浓度分别是 0.010 mol·L⁻¹ 和 0.0963 mol·L⁻¹。

现在可以列出沉淀溶解平衡后体系的 CBE[1)]：

$$[\text{H}^+] + 2[\text{Ca}^{2+}] = [\text{Cl}^-] + [\text{HC}_2\text{O}_4^-] + 2[\text{C}_2\text{O}_4^{2-}] + [\text{OH}^-]$$

将(1)、(2)两式代入上式，得到：

$$[\text{H}^+] + 2s = 0.0963 + \frac{K_1[\text{H}^+] + 2K_1K_2}{[\text{H}^+]^2 + K_1[\text{H}^+] + K_1K_2}(0.010 + s) + \frac{10^{-14}}{[\text{H}^+]} \tag{4}$$

(3)、(4)两式包含未知量[H⁺]和 s，所以可解。方程中未知量的结构表明，s 比[H⁺]更容易消去，所以先求解[H⁺]。将(4)式代入(3)式以消去 s，获得关于[H⁺]的代数方程。使用软件求解时，不必费力写出这个方程，以 s 为中间变量，即可快速完成输入。参考 Matlab 代码如下，其中第四条语句就是从(4)式得出的 s 表达式。为了使代码简洁，使用了辅助变量 aux1 和 aux2

```
ksp = 2.3e-9; k1 = 5.9e-2; k2 = 6.4e-5;
aux1 = x.^2 + k1*x + k1*k2;
```

---

1) 此 CBE 等价于基于 H₂C₂O₄ 分子构成而列出的 MBE：[H⁺] + 2[H₂C₂O₄] + [HC₂O₄⁻] − [Cl⁻] − [OH⁻] = 2[H₂C₂O₄] + 2[HC₂O₄⁻] + 2[C₂O₄²⁻] − 2[Ca²⁺]，等号左侧是溶液原有 H₂C₂O₄ 分子所包含的 H 的分析浓度，等号右侧是溶液原有 H₂C₂O₄ 分子所包含的C₂O₄基团的分析浓度的 2 倍。

```
aux2 = k1*x + 2*k1*k2;
s = (x - 0.0963 - 1e-14 ./ x - aux2 * 0.010 ./ aux1) ./ (aux2 ./ aux1 - 2);
y = ksp / (k1*k2) * aux1 - (0.010 + s) .* s;
```

通过软件解得$[H^+] = 0.0986$ mol·L^{-1}，将之代入(3)式后通过软件解得$s = 8.7 \times 10^{-4}$ mol·L^{-1}。

值得指出的是，如果将$[H^+] = 0.0986$ mol·L^{-1}代入(4)式，得到$s = 8.9 \times 10^{-4}$ mol·L^{-1}，这是$[H^+]$精度不够导致的，如果使用$[H^+]$的双精度数值，结果仍然是8.7×10^{-4} mol·L^{-1}。

与精确结果相比，解法一的结果存在11.5%的误差，解法二的结果存在2.3%的误差。误差较为显著，原因是近似解法认为沉淀溶解度很小，沉淀溶解对原溶液的影响可以忽略。但是，在(增大沉淀溶解度的)酸效应存在下，这种近似可能导致显著误差。另外，沉淀溶解度的精确结果比近似结果小，这是由于$C_2O_4^{2-}$的水解消耗了部分H^+，从而减弱了酸效应。

沉淀溶解度；酸效应   难度：★★☆☆☆

例 6.22 计算 $Ca_3(PO_4)_2$ 在 pH = 12.00 缓冲溶液中的溶解度。($K_{sp} = 2.0 \times 10^{-29}$；$K_1 = 7.6 \times 10^{-3}$，$K_2 = 6.3 \times 10^{-8}$，$K_3 = 4.4 \times 10^{-13}$)

解 以 s 表示溶解度，根据溶解度的定义，得到：

$$3s = [Ca^{3+}] \tag{1}$$

$$2s = [PO_4^{3-}] + [HPO_4^{2-}] + [H_2PO_4^-] + [H_3PO_4] \quad \Rightarrow \quad 2s = \frac{[PO_4^{3-}]}{\delta_{PO_4^{3-}}} \tag{2}$$

为了利用 K_{sp}，(2)式推导为关于$[PO_4^{3-}]$的代数式，$\delta_{PO_4^{3-}}$表示(作为酸根的)PO_4^{3-}的分布分数。

(1)式的三次方乘以(2)式的平方，再结合 K_{sp}，得到：

$$108s^5 = \frac{K_{sp}}{\left(\delta_{PO_4^{3-}}\right)^2}$$

由于是缓冲溶液，所以$[H^+]$不受沉淀溶解的影响，$[H^+] = 1.0 \times 10^{-12}$ mol·L^{-1}。将相应数值代入上式，计算出 $s = 1.1 \times 10^{-6}$ mol·L^{-1}。

沉淀溶解度；酸效应；多个平衡共存   难度：★★★☆☆

例 6.23 计算 MnS 在 pH = 7.00 缓冲溶液中的溶解度。($K_{sp,MnS} = 3.2 \times 10^{-11}$；$K_{sp,Mn(OH)_2} = 1.6 \times 10^{-13}$；$K_1 = 1.3 \times 10^{-7}$，$K_2 = 7.1 \times 10^{-15}$)

解 先假设沉淀溶解出的 Mn^{2+} 量很少，不足以形成 $Mn(OH)_2$ 沉淀。以 s 表示溶解度，根据溶解度的定义，得到：

$$s = [Mn^{2+}] \tag{1}$$

$$s = [S^{2-}] + [HS^-] + [H_2S] \quad \Rightarrow \quad s = \frac{[S^{2-}]}{\delta_{S^{2-}}} \tag{2}$$

为了利用 K_{sp}，(2)式推导为关于$[S^{2-}]$的代数式，$\delta_{S^{2-}}$表示(作为酸根的)S^{2-}的分布分数。

(1)、(2)两式相乘，再结合 K_{sp}，得到：

$$s^2 = \frac{K_{sp}}{\delta_{S^{2-}}}$$

由于是缓冲溶液，所以[H+]不受沉淀溶解的影响，[H+] = 1.0×10⁻⁷ mol·L⁻¹。将相应数值代入上式，计算出 $s = 2.8×10^{-2}$ mol·L⁻¹。

根据上述结果可知：$[Mn^{2+}][OH^-]^2 = 2.8 \times 10^{-16} < K_{sp,Mn(OH)_2}$，可见没有形成 $Mn(OH)_2$ 沉淀，所以前面的假设成立，上述计算过程正确。

本题比较简单，原因是[H+]已知，而且没有生成 $Mn(OH)_2$ 沉淀。如果计算 MnS 在纯水中的溶解度，要复杂得多：不仅要考虑沉淀溶解对[H+]的影响，还要考虑 $Mn(OH)_2$ 沉淀的生成，具体求解参见本书配套教材《分析化学》(邵利民，科学出版社，2016)例 6.5。

沉淀溶解度；酸效应；精确求解和近似求解　　　　　　　　　　难度：★★★☆☆

例 6.24　计算 CaF_2 在 pH = 2.00 的盐酸溶液中的溶解度。需要考虑沉淀溶解对溶液原有 H+的影响。(K_{sp} = 3.9×10⁻¹¹；K_a = 6.6×10⁻⁴)

解　以 s 表示溶解度，根据溶解度的定义，得到：

$$s = [Ca^{2+}] \tag{1}$$

$$2s = [F^-] + [HF] \quad \Rightarrow \quad 2s = [F^-]\frac{[H^+]+K_a}{K_a} \tag{2}$$

为了利用 K_{sp}，(2)式推导为关于[F⁻]的代数式。

(1)式乘以(2)式的平方，再结合 K_{sp}，得到：

$$4s^3 = K_{sp}\left(1 + \frac{[H^+]}{K_a}\right)^2 \tag{3}$$

由于F⁻水解对[H+]的影响，(3)式中的[H+]成为未知量，所以还需要一个包含[H+]的独立等式。为此，列出沉淀溶解平衡后体系的电荷平衡式 CBE[1]：

$$[H^+] + 2[Ca^{2+}] = [F^-] + [Cl^-] + [OH^-]$$

将(1)、(2)两式代入上式，得到：

$$[H^+] + 2s = \frac{K_a}{[H^+]+K_a}2s + 0.010 + \frac{10^{-14}}{[H^+]} \tag{4}$$

(3)、(4)两式包含未知量 s 和[H+]，所以可解。求解时为了方便推导，也许想到先消去 s，得到关于[H+]的一元方程，解出[H+]后代入(3)式或者(4)式再计算出 s。这种方法当然没有问题，但是多了一个求解[H+]的中间环节，繁琐而且会导致数值截断误差。实际上，本题获得关于 s 的一元方程也很简单：从(3)式得到[H+]的表达式，然后代入(4)式以消去[H+]。使用软件求解时，不必费力写出这个方程，以[H+]为中间变量，即可快速完成输入。参考 Matlab 代码如下，其中第二条语句就是从(3)式得出的[H+]表达式：

```
ksp = 3.9e-11; k = 6.6e-4;
```

---

1) 基于 H_2O 分子构成而列出的 MBE 为[H+] + [HF] − [Cl⁻] = [OH⁻]；基于沉淀溶解而列出的 MBE 为2[Ca+] = [HF] + [F⁻]。两个 MBE 相加，即得到此 CBE。

```
H = (2*sqrt(x) .^ 3 / sqrt(ksp) - 1) * k;
y = H + H ./ (H + k) * 2 * x - 0.010 - 1e-14 ./ H;
```

通过软件解得 $s = 1.2\times10^{-3}$ mol·L^{-1}。

　　类似题目也出现在传统教材或者习题集中，只是题目声明忽略沉淀溶解对溶液原有[H$^+$]的影响(更多时候不作任何说明)。这种情况下，求解很容易，直接使用(3)式即可，代入[H$^+$] = 0.010 后计算出 $s = 1.4\times10^{-3}$ mol·L^{-1}，误差高达 16.7%。在上面的精确求解中，将 s 的双精度值代入(3)式计算出[H$^+$] = 0.0078 mol·L^{-1}，可见沉淀溶解显著改变了溶液原有 H$^+$ 的浓度。

　　对于近似解法，唯一的近似手段是以[H$^+$] ≈ 0.010 代替[H$^+$] = 0.0078，相对误差 28.2%，由此导致的溶解度的误差为 16.7%。例 6.26 也是一道关于酸效应的沉淀溶解度计算题，唯一的近似手段也是在于[H$^+$]：以[H$^+$] ≈ 10^{-7} 代替[H$^+$] = 5.17×10^{-8}，相对误差约为 100%。然而，近似结果与精确结果非常接近，原因参见例 6.26 的解后分析。可见，近似解法的误差实际上很难预测，与其担心近似解法的误差，不如采用精确求解。

沉淀溶解度；酸效应；精确求解　　　　　　　　　　　　　　难度：★★★☆☆

例 6.25　计算 PbSO$_4$ 在 pH = 2.00 的溶液中的溶解度。($K_{sp} = 1.6\times10^{-8}$；$K_a = 1.0\times10^{-2}$)

　　本题与例 6.24 本质上相同，可以按照相同的思路进行求解。但是，题中没有说明原溶液中是什么酸，不过可以认为是盐酸，这样就可以顺利列出所需的 CBE。最终解得 $s = 1.8\times10^{-4}$ mol·L^{-1}(实际是 1.785×10^{-4})。

　　如果忽略沉淀溶解对原溶液的影响，本题可以近似求解；近似结果为 $s = 1.8\times10^{-4}$ mol·L^{-1}(实际是 1.789×10^{-4})。与例 6.24 不同，本题近似结果与精确结果相当接近，原因是 SO$_4^{2-}$ 的水解非常弱(或者说本例中的酸效应非常弱)，对溶液原有[H$^+$]的影响可以忽略。

　　本题常见于传统教材或者习题集。在传统课程体系中，忽略沉淀溶解对溶液原有[H$^+$]的影响几乎是默认做法(以简化计算，否则无法求解)，所以通常没有明确说明。当然，既要简化计算，又要题目严密，可以声明是缓冲溶液，如例 6.19、例 6.22 和例 6.23。不过，作这种声明的传统题目似乎不多。

沉淀溶解度；酸效应；精确求解　　　　　　　　　　　　　　难度：★★★★☆

例 6.26　计算 CaF$_2$ 和 SrF$_2$ 混合物在纯水中的溶解度。(CaF$_2$：$K_{sp1} = 3.9\times10^{-11}$；SrF$_2$：$K_{sp2} = 2.9\times10^{-9}$；$K_a = 6.6\times10^{-4}$)

　　解　分别以 s_1 和 s_2 表示 CaF$_2$ 和 SrF$_2$ 的溶解度，根据溶解度的定义，得到：

$$s_1 = [Ca^{2+}] \tag{1}$$

$$s_2 = [Sr^{2+}] \tag{2}$$

$$2s_1 + 2s_2 = [F^-] + [HF] \Longrightarrow 2s_1 + 2s_2 = [F^-]\frac{[H^+] + K_a}{K_a} \tag{3}$$

为了利用 K_{sp}，(3)式推导为关于[F$^-$]的代数式。将(1)、(2)两式代入(3)式，再结合 K_{sp}，得到：

$$2K_{sp1} + 2K_{sp2} = [F^-]^3 \frac{[H^+]+K_a}{K_a} \tag{4}$$

由于 F^- 水解对 $[H^+]$ 的影响，(4)式中的 $[H^+]$ 成为未知量，所以还需要一个包含 $[H^+]$ 的独立等式。为此，列出平衡体系的电荷平衡式 CBE[1]：

$$[H^+] + 2[Ca^{2+}] + 2[Sr^{2+}] = [F^-] + [OH^-]$$

将(1)、(2)两式代入上式，并结合 K_{sp}，整理后得到：

$$[H^+] + \frac{2K_{sp1}+2K_{sp2}}{[F^-]^2} = [F^-] + \frac{10^{-14}}{[H^+]} \tag{5}$$

(4)、(5)两式包含未知量 $[H^+]$ 和 $[F^-]$，所以可解。从(4)式得到 $[H^+]$ 的表达式，然后代入(5)式以消去 $[H^+]$，获得关于 $[F^-]$ 的代数方程。使用软件求解时，不必费力写出这个方程，以 $[H^+]$ 为中间变量，即可快速完成输入。参考 Matlab 代码如下，其中第二条语句就是从(4)式得出的 $[H^+]$ 的表达式：

```
ksp1 = 3.9e-11; ksp2 = 2.9e-9; ka = 6.6e-4;
H = (2*ksp1 + 2*ksp2) * ka ./ x.^3 - ka;
y = H + (2*ksp1 + 2*ksp2) ./ x.^2 - x - 1e-14 ./ H;
```

解得 $[F^-] = 1.80\times10^{-3}$ mol·L^{-1}。然后计算出 $s_1 = [Ca^{2+}] = \frac{K_{sp1}}{[F^-]^2} = 1.2\times10^{-5}$ mol·L^{-1}，$s_2 = [Sr^{2+}] = \frac{K_{sp2}}{[F^-]^2} = 9.0\times10^{-4}$ mol·L^{-1}。

也可以将(4)式开立方后代入(5)式以消去 $[F^-]$，获得关于 $[H^+]$ 的代数方程，解得 $[H^+] = 5.17\times10^{-8}$ mol·L^{-1}。然后，将之代入(4)式或者(5)式计算出 $[F^-]$，结果相同。

本题的近似解法是忽略沉淀溶解对 $[H^+]$ 的影响，认为溶解平衡时 $[H^+] = 10^{-7}$ mol·L^{-1}。在这种近似处理之下，不需要解复杂方程，通过(4)式可以直接计算出 $[F^-]$，进而获得两种沉淀的溶解度，而且与上述精确求解结果相同。

本题中，$[H^+]$ 的精确值是 5.17×10^{-8} mol·L^{-1}，近似计算中使用 $[H^+] = 10^{-7}$ mol·L^{-1}，存在约 100%的误差。然而，$[H^+]$ 无论使用精确值还是近似值，$[H^+] \ll K_{a, HF}$，所以(4)式中的 $\frac{[H^+]+K_a}{K_a} \approx 1$。这样，即使在计算中使用了误差高达 100%的 $[H^+]$ 近似值，由(4)式计算出的 $[F^-]$ 也足够精确，进而得到足够精确的溶解度数值。

近似结果比较准确的前提条件是 $[H^+] \ll K_{a, HF}$。不难想到，如果这一条件不满足，那么近似结果可能存在较大误差。可以做一个数字实验。将 $K_{a, HF}$ 的数量级降低至 -7，即令 $K_{a, HF} = 6.6\times10^{-7}$，其他参数不变，那么精确结果为 $s_1 = 1.2\times10^{-5}$ mol·L^{-1}，$s_2 = 9.0\times10^{-4}$ mol·L^{-1}；近似结果为 $s_1 = 1.3\times10^{-5}$ mol·L^{-1}，$s_2 = 9.8\times10^{-4}$ mol·L^{-1}，相对误差分别是 8%和 10%。

就近似求解而言，本题与例 6.24 相似，唯一的近似手段均出现在 $[H^+]$。本题在处理 $[H^+]$ 时有近乎 100%的相对误差，计算出的溶解度却相当精确；例 6.24 近似处理 $[H^+]$ 时有 28.2%的相对误差，计算出的溶解度的相对误差高达 16.7%。可见，近似解法的误差

---

1) 基于 H_2O 分子构成而列出的 MBE 为 $[H^+] + [HF] = [OH^-]$；基于沉淀溶解而列出的 MBE 为 $2[Ca^+] + 2[Sr^+] = [HF] + [F^-]$。两个 MBE 相加，即得到此 CBE。

实际上很难预测，与其担心近似解法的误差，不如采用精确求解。

沉淀溶解度；酸效应；沉淀转化　　　　　　　　　　　　　　　难度：★★★☆☆

例 6.27　在 pH = 2.00 的缓冲溶液中，SO_4^{2-} 的分析浓度为 0.10 mol·L⁻¹。计算 CaF_2 在此溶液中的溶解度。(CaF_2：$K_{sp1} = 3.9×10^{-11}$；$CaSO_4$：$K_{sp2} = 9.1×10^{-6}$；HF：$K_{a,1} = 6.6×10^{-4}$；HSO_4^-：$K_{a,2} = 1.0×10^{-2}$)

解法一　精确求解。由于是缓冲溶液，所以[H⁺]不受沉淀溶解的影响，溶解达到平衡后，[H⁺] = 0.010 mol·L⁻¹。

首先判断是否生成 $CaSO_4$ 沉淀。假设不生成 $CaSO_4$ 沉淀，根据 CaF_2 溶解度的定义，容易推导出[Ca^{2+}]的计算式(推导过程从略)：

$$[Ca^{2+}] = \sqrt[3]{\frac{K_{sp1}}{4}\left(\frac{[H^+]}{K_{a,1}} + 1\right)^2}$$

由此得到[Ca^{2+}] = $1.4×10^{-3}$ mol·L⁻¹。基于同样假设，[SO_4^{2-}] = $\frac{K_{a,2}}{[H^+]+K_{a,2}}0.10$ = $5.0×10^{-2}$ (mol·L⁻¹)。[Ca^{2+}][SO_4^{2-}] = $7.0×10^{-5}$ > K_{sp2}，所以会生成 $CaSO_4$ 沉淀。

以 s 表示 CaF_2 的溶解度，根据溶解度的定义，结合上面的分析，得到：

$$s = [Ca^{2+}] + [CaSO_{4(s)}] \tag{1}$$

$$2s = [F^-] + [HF] \quad \Rightarrow \quad 2s = [F^-]\frac{[H^+]+K_{a,1}}{K_{a,1}} \tag{2}$$

$$[SO_4^{2-}] + [HSO_4^-] + [CaSO_{4(s)}] = 0.10 \quad \Rightarrow \quad [SO_4^{2-}]\frac{[H^+]+K_{a,2}}{K_{a,2}} + [CaSO_{4(s)}] = 0.10 \tag{3}$$

(1)、(3)两式中，[$CaSO_{4(s)}$]表示 $CaSO_4$ 的假想浓度，只是为了建立物料平衡式。为了利用 K_{sp}，(2)、(3)两式分别推导为关于[F^-]和[SO_4^{2-}]的代数式。

(1)、(3)两式相加以消去[$CaSO_{4(s)}$]，得到：

$$[SO_4^{2-}]\frac{[H^+]+K_{a,2}}{K_{a,2}} + s = [Ca^{2+}] + 0.10 \quad \Rightarrow \quad \frac{K_{sp2}}{[Ca^{2+}]}\frac{[H^+]+K_{a,2}}{K_{a,2}} + s = [Ca^{2+}] + 0.10 \tag{4}$$

(4)式包含未知量[Ca^{2+}]和 s，还需要另一个包含这两个未知量的独立等式，这可以通过(2)式结合[Ca^{2+}][F^-]² = K_{sp1}得到：

$$4s^2 = \frac{K_{sp1}}{[Ca^{2+}]}\left(\frac{[H^+]+K_{a,1}}{K_{a,1}}\right)^2 \tag{5}$$

将(5)式代入(4)式以消去[Ca^{2+}]，得到关于 s 的一元方程。使用软件求解时，不必费力写出这个方程，以[Ca^{2+}]为中间变量，即可快速完成输入。参考 Matlab 代码如下，其中第三条语句就是从(5)式得出的[Ca^{2+}]表达式：

```
ksp1 = 3.9e-11; ksp2 = 9.1e-6; ka1 = 6.6e-4; ka2 = 1.0e-2;
H = 0.010;
Ca = ksp1/ 4 ./ x^2 * (H + ka1)^2 / ka1^2;
y = ksp2 ./ Ca * (H + ka2) / ka2 + x - Ca - 0.10;
```

通过软件求得 $s = 3.67×10^{-3}$ mol·L⁻¹。

解法二　近似求解。与上面的精确解法相同，第一步也是判断是否生成 $CaSO_4$ 沉淀，然后基于(2)式进行求解。为了获得(2)式中的$[F^-]$，将$[Ca^{2+}][F^-]^2 = K_{sp1}$和$[Ca^{2+}][SO_4^{2-}] = K_{sp2}$两式相比，得到：

$$\frac{[F^-]^2}{[SO_4^{2-}]} = \frac{K_{sp1}}{K_{sp2}}$$

近似认为：原溶液中的SO_4^{2-}没有因为 $CaSO_4$ 沉淀的生成而变化，即

$$[SO_4^{2-}] = \frac{K_{a,2}}{[H^+] + K_{a,2}}(0.10 - [CaSO_{4(s)}]) \approx \frac{K_{a,2}}{[H^+] + K_{a,2}}0.10$$

通过以上两式可以得到：

$$[F^-] = \sqrt{\frac{K_{sp1}}{K_{sp2}}\frac{K_{a,2}}{[H^+] + K_{a,2}}0.10}$$

将之代入(2)式后计算出 $s = 3.74 \times 10^{-3}$ mol·L^{-1}。

近似结果存在约 2%的误差。误差不算大，原因是 K_{sp2} 较大，$CaSO_4$ 沉淀的量很少，因此近似处理 $0.10 - [CaSO_{4(s)}] \approx 0.10$ 还比较合理。

沉淀溶解度；配位效应　　　　　　　　　　　　　　　　　　　难度：★★☆☆☆

例 6.28　现有 NH_4Cl-NH_3 缓冲溶液，缓冲组分总浓度为 0.40 mol·L^{-1}，pH = 10.00。计算 Cu_2S 在此溶液中的溶解度。忽略沉淀溶解对原缓冲溶液的影响。($K_{sp} = 3.2 \times 10^{-49}$；$Cu^+$-$NH_3$ 配离子：$\beta_1 = 8.5 \times 10^5$，$\beta_2 = 7.2 \times 10^{10}$；$NH_3$：$K_b = 1.8 \times 10^{-5}$；$H_2S$：$K_1 = 1.3 \times 10^{-7}$，$K_2 = 7.1 \times 10^{-15}$)

解　以 s 表示溶解度，根据溶解度的定义，得到：

$$2s = [Cu^+] + [Cu(NH_3)^+] + [Cu(NH_3)_2^+] \quad \Rightarrow \quad 2s = [Cu^+](1 + \beta_1[NH_3] + \beta_2[NH_3]^2) \quad (1)$$

$$s = [S^{2-}] + [HS^-] + [H_2S] \quad \Rightarrow \quad s = \frac{[S^{2-}]}{\delta_{S^{2-}}} \quad (2)$$

两式都为利用 K_{sp} 而做了简单推导，(2)式中$\delta_{S^{2-}}$表示(作为酸根的)S^{2-}的分布分数。

(1)式平方乘以(2)式，再结合 K_{sp}，得到：

$$4s^3 = \frac{K_{sp}}{\delta_{S^{2-}}}(1 + \beta_1[NH_3] + \beta_2[NH_3]^2)^2$$

根据题意忽略 Cu_2S 溶解对原缓冲溶液的影响，那么$[H^+] = 1.0 \times 10^{-10}$ mol·L^{-1}，$[NH_3] = \frac{[OH^-]}{[OH^-]+K_b}0.40 = \frac{20}{59}$ (mol·L^{-1})。将这些数据代入上式，计算出 $s = 4.3 \times 10^{-9}$ mol·L^{-1}。

沉淀溶解度；配位效应；全面考虑　　　　　　　　　　　　　　难度：★★★★☆

例 6.29　计算 $AgCl$ 在$c_{NH_3} = 0.10$ mol·L^{-1} 的氨水中的溶解度。忽略 Ag^+-Cl^- 配离子的生成。($K_{sp} = 1.8 \times 10^{-10}$；$\beta_1 = 1.7 \times 10^3$，$\beta_2 = 1.1 \times 10^7$；$K_b = 1.8 \times 10^{-5}$)

解法一　近似求解，忽略沉淀溶解对原溶液的影响。以 s 表示溶解度，根据溶解度的定义，得到：

$$s = [Ag^+] + [Ag(NH_3)^+] + [Ag(NH_3)_2^+] \quad \Rightarrow \quad s = [Ag^+](1 + \beta_1[NH_3] + \beta_2[NH_3]^2) \quad (1)$$

$$s = [Cl^-] \quad (2)$$

为了利用 K_{sp}，(1)式推导为关于[Ag+]的代数式。(1)、(2)两式相乘，再结合 K_{sp}，得到：

$$s^2 = K_{sp}(1 + \beta_1[NH_3] + \beta_2[NH_3]^2) \quad (3)$$

忽略沉淀溶解对 NH₃ 浓度的影响，那么溶解平衡时[NH₃] = 0.10 mol·L⁻¹，将之代入(3)式后计算出 s = 4.5×10⁻⁵ mol·L⁻¹。

这是一道常见习题，在传统课程体系中不算难题，原因在于近似处理——认为沉淀溶解不影响 NH₃ 的浓度；有时题中明确声明 NH₃ 的浓度是沉淀溶解平衡后的浓度，尽管这种声明不多见。

解法二 考虑沉淀溶解对 NH₃ 浓度的影响。Ag+与 NH₃ 的配位反应致使(3)式中的[NH₃]成为未知量，因此还需要一个包含[NH₃]的独立等式。为此，列出关于 NH₃ 的 MBE：

$$[NH_3] + [Ag(NH_3)^+] + 2[Ag(NH_3)_2^+] = 0.10$$

$$\Rightarrow \quad [NH_3] + [Ag^+](\beta_1[NH_3] + 2\beta_2[NH_3]^2) = 0.10 \quad (4)$$

式中还有一个未知量[Ag+]，可以将(1)式代入后消去。这样，上式变为：

$$[NH_3] + s\frac{\beta_1[NH_3]+2\beta_2[NH_3]^2}{1+\beta_1[NH_3]+\beta_2[NH_3]^2} = 0.10 \quad (5)$$

(3)、(5)两式包含未知量 s 和[NH₃]，所以可解。消去[NH₃]过于困难，所以将(3)式代入(5)式以消去 s，获得关于[NH₃]的代数方程。使用软件求解时，不必费力写出这个方程，以 s 为中间变量，即可快速完成输入。参考 Matlab 代码如下，其中第三条语句就是从(3)式得出的 s 表达式。为了使代码简洁，使用了辅助变量 aux1

```
ksp = 1.8e-10; b1 = 1.7e3; b2 = 1.1e7;
aux1 = 1 + b1*x + b2*x.^2;
s = sqrt(ksp * aux1);
y = x + s .* (b1*x + 2*b2*x.^2) ./ aux1 - 0.10;
```

解得[NH₃] = 9.18×10⁻² mol·L⁻¹，将之代入(3)式或者(5)式后计算出 s = 4.1×10⁻³ mol·L⁻¹。

与(忽略沉淀影响的)解法一的结果相比，沉淀溶解度减小，这是由于 Ag+消耗了部分 NH₃，从而减弱了配位效应。

解法三 全面考虑，既考虑沉淀溶解对 NH₃ 浓度的影响，也考虑 NH₃ 的水解。这样，解法二中 NH₃ 的 MBE 应该为：

$$[NH_3] + [NH_4^+] + [Ag(NH_3)^+] + 2[Ag(NH_3)_2^+] = 0.10$$

相应地，(5)式变为：

$$[NH_3] + \frac{K_b[NH_3]}{[OH^-]} + s\frac{\beta_1[NH_3]+2\beta_2[NH_3]^2}{1+\beta_1[NH_3]+\beta_2[NH_3]^2} = 0.10 \quad (6)$$

现在新增一个未知量[OH⁻]，所以还需要一个包含[OH⁻]的独立等式。为此，列出平衡体系的电荷平衡式 CBE，并进行推导：

$$[H^+] + [NH_4^+] + [Ag^+] + [Ag(NH_3)^+] + [Ag(NH_3)_2^+] = [Cl^-] + [OH^-]$$

$$\Downarrow \text{ 代入(1)、(2)两式}$$

$$[H^+] + [NH_4^+] = [OH^-]^{1)}$$

$$\Downarrow$$

$$\frac{10^{-14}}{[OH^-]} + \frac{K_b[NH_3]}{[OH^-]} = [OH^-]$$

$$\Downarrow$$

$$[OH^-] = \sqrt{10^{-14} + K_b[NH_3]} \tag{7}$$

将(7)式代入(6)式以消去[OH⁻]，得到：

$$[NH_3] + \frac{K_b[NH_3]}{\sqrt{10^{-14} + K_b[NH_3]}} + s\frac{\beta_1[NH_3] + 2\beta_2[NH_3]^2}{1 + \beta_1[NH_3] + \beta_2[NH_3]^2} = 0.10 \tag{8}$$

(8)式包含未知量[NH₃]和 s，与(3)式联立即可求解，余下解题过程与解法二相同，这里不再赘述。参考 Matlab 代码如下。为了使代码简洁，使用了辅助变量 aux1

```
ksp = 1.8e-10; b1 = 1.7e3; b2 = 1.1e7; kb = 1.8e-5;
aux1 = 1 + b1*x + b2*x.^2;
s = sqrt(ksp * aux1);
OH = sqrt(1e-14 + kb * x);
y = x + kb*x ./ OH + s .* (b1*x + 2*b2*x.^2) ./ aux1 - 0.10;
```

解得[NH₃] = 9.07×10⁻² mol·L⁻¹，将之代入(3)式或者(8)式后计算出 s = 4.0×10⁻³ mol·L⁻¹。

比较解法一与解法三，可以发现近似处理虽然简便(毋须软件，计算器即可)，然而计算结果的相对误差高达 12.5%。

沉淀溶解度；配位效应；精确求解　　　　　　　　　　　　　　难度：★★★☆☆

例 6.30　在含有 0.020 mol·L⁻¹ EDTA(分析浓度)且 pH = 10.00 的缓冲溶液中，计算 BaSO₄ 的溶解度。(K_{sp} = 1.1×10⁻¹⁰；K_{BaY} = 7.24×10⁷；$\alpha_{Y(H)}|_{pH=10.00}$ = 2.82；K_a = 1.0×10⁻²)

解　以 s 表示溶解度，根据溶解度的定义，得到：

$$s = [Ba^{2+}] + [BaY] \Rightarrow s = [Ba^{2+}](1 + K''[Y'']) \tag{1}$$

$$s = [SO_4^{2-}] + [HSO_4^-] \Rightarrow s = [SO_4^{2-}]\frac{[H^+] + K_a}{K_a} \tag{2}$$

两式都为利用 K_{sp} 而做了简单推导；$[Y''] = [Y]\alpha_{Y(H)}$，$K'' = \frac{K_{BaY}}{\alpha_{Y(H)}}$。(1)、(2)两式相乘，再结合 K_{sp}，得到：

$$s^2 = K_{sp}(1 + K''[Y''])\frac{[H^+] + K_a}{K_a} \tag{3}$$

---

1) 该式即是基于 H₂O 分子构成而列出的 MBE。

Ba^{2+}与EDTA的反应致使上式中的$[Y'']$成为未知量,所以还需要一个包含$[Y'']$的独立等式。为此,列出关于EDTA的MBE:

$$[BaY] + [Y''] = 0.020 \quad \Rightarrow \quad K''[Y''][Ba^{2+}] + K'' = 0.020 \tag{4}$$

上式中的$[Ba^{2+}]$通过(1)式消去。这样,(4)式变为:

$$K''[Y''] \frac{s}{1 + K''[Y'']} + [Y''] = 0.020 \tag{5}$$

(3)、(5)两式包含未知量s和$[Y'']$,所以可解。将(3)式代入(5)式以消去$[Y'']$,获得关于s的代数方程。使用软件求解时,不必费力写出这个方程,以$[Y'']$为中间变量,即可快速完成输入。参考 Matlab 代码如下,其中第二条语句就是从(3)式得出的$[Y'']$表达式

```
ksp = 1.1e-10; k = 7.24e7/2.82;
EDTA = (x .^2 * 1.0e-2 / (1.0e-10 + 1.0e-2) / ksp - 1) / k;
y = k * x * EDTA ./ (1 + k * EDTA) + EDTA - 0.020;
```

解得$s = 6.2 \times 10^{-3}$ mol·L^{-1}。

某些传统解法为了简化计算,忽略$BaSO_4$溶解对EDTA浓度的影响,认为平衡时EDTA的浓度不变,仍为 0.020 mol·L^{-1}。然后,通过(3)式可以直接计算出$s = 7.5 \times 10^{-3}$ mol·L^{-1},相对误差 21%。误差如此之大的原因是Ba^{2+}与EDTA的条件稳定常数高达 2.5×10^7,导致沉淀溶解加大,EDTA 消耗显著,所以 Ba^{2+}对 EDTA 浓度的影响不能忽略。将溶解度真实值$s = 6.2 \times 10^{-3}$代入(3)式,可以计算出$[Y''] = 0.014$ mol·L^{-1},而近似解法使用$[Y''] = 0.020$,误差高达 42%。

通过上述分析不难想到,如果提高溶液酸度(以减小条件稳定常数),那么配位效应会减弱;如果配位效应足够弱,近似结果就会比较精确,例如在 pH = 3.00 的情况下(条件稳定常数只有 1.8×10^{-3})。

另外,溶解度真实值比近似值偏小,是因为从沉淀溶解出的 Ba^{2+}与 EDTA 配位,降低了 EDTA 的浓度,从而减弱了配位效应。

沉淀溶解度;配位效应;精确求解　　　　　　　　　　　　　难度:★★★☆☆

例 6.31　在含有 0.20 mol·L^{-1} EDTA(分析浓度)且 pH = 10.00 的缓冲溶液中,计算 Bi_2S_3 的溶解度。($K_{sp} = 1.0 \times 10^{-97}$;$K_{BiY} = 8.71 \times 10^{27}$;$\alpha_{Y(H)}|_{pH=10.00} = 2.82$;$H_2S$:$K_1 = 1.3 \times 10^{-7}$, $K_2 = 7.1 \times 10^{-15}$)

解　以s表示溶解度,根据溶解度的定义,得到:

$$2s = [Bi^{3+}] + [BiY] \quad \Rightarrow \quad 2s = [Bi^{3+}](1 + K''[Y'']) \tag{1}$$

$$3s = [S^{2-}] + [HS^-] + [H_2S] \quad \Rightarrow \quad 3s = \frac{[S^{2-}]}{\delta_{S^{2-}}} \tag{2}$$

两式都为利用K_{sp}而做了简单推导;$[Y''] = [Y]\alpha_{Y(H)}$,$K'' = \frac{K_{BiY}}{\alpha_{Y(H)}}$;$\delta_{S^{2-}}$表示(作为酸根的)$S^{2-}$的分布分数。(1)式平方乘以(2)式立方,再结合$K_{sp}$,得到:

$$108s^5 = K_{sp} \frac{(1 + K''[Y''])^2}{\delta^3} \tag{3}$$

Bi^{3+}与 EDTA 的配位反应致使上式中的$[Y'']$成为未知量，因此还需要一个包含$[Y'']$的独立等式。为此，列出关于 EDTA 的 MBE：

$$[BiY] + [Y''] = 0.20 \quad \Rightarrow \quad K''[Y''][Bi^{3+}] + K'' = 0.20 \tag{4}$$

上式中的$[Bi^{3+}]$通过(1)式消去。这样，(4)式变为：

$$K''[Y'']\frac{2s}{1+K''[Y'']} + [Y''] = 0.20 \tag{5}$$

(3)、(5)两式包含未知量 s 和$[Y'']$，所以可解。将(3)式开方后代入(5)式以消去$[Y'']$，获得关于 s 的代数方程。使用软件求解时，不必费力写出这个方程，以$[Y'']$为中间变量，即可快速完成输入。参考 Matlab 代码如下，其中第三条语句就是从(3)式得出的$[Y'']$表达式：

```
ksp = 1.0e-97; k = 8.71e27/2.82; k1 = 1.3e-7; k2 = 7.1e-15;
delta = k1*k2 / (1e-20 + k1*1e-10 + k1*k2);
EDTA = (sqrt(108 * x.^5 * delta^3 / ksp) - 1) / k;
y = k*2*x.*EDTA ./ (1 + k*EDTA) + EDTA - 0.20;
```

解得 $s = 2.5\times10^{-7}$ mol·L^{-1}。

本题和例 6.30 类似，也有近似解法：即忽略 Bi_2S_3 溶解对 EDTA 浓度的影响，认为平衡时 EDTA 的浓度不变，仍为 0.20 mol·L^{-1}；然后通过(3)式直接计算出 $s = 2.5\times 10^{-8}$ mol·L^{-1}。与例 6.30(近似结果误差很大)有所不同，该题的近似结果与真实值一致，原因是 Bi_2S_3 太难溶(K_{sp} 的数量级为-97！)，离解出的 Bi^{3+} 太少，对 EDTA 浓度的影响太小，因此近似计算足够精确。

沉淀溶解度；与例 6.33、例 6.34 和例 6.35 对比　　　　　　　　　　难度：★★☆☆☆

例 6.32　忽略 Cd^{2+}-OH^-配离子的生成，也忽略CO_3^{2-}的水解，计算 $CdCO_3$ 在纯水中的溶解度。($K_{sp} = 3.4\times10^{-14}$)

　　解　以 s 表示溶解度，根据溶解度的定义和题中声明的忽略，得到：

$$s = [Cd^{2+}]$$

$$s = [CO_3^{2-}]$$

以上两式相乘，再结合 K_{sp}，得到：

$$s = \sqrt{K_{sp}}$$

计算出 $s = 1.84\times10^{-7}$ mol·L^{-1}。

沉淀溶解度；与例 6.32、例 6.34 和例 6.35 对比　　　　　　　　　　难度：★★☆☆☆

例 6.33　忽略 Cd^{2+}-OH^-配离子的生成；不忽略CO_3^{2-}水解，但是忽略水解对$[H^+]$的影响，计算 $CdCO_3$ 在纯水中的溶解度。($K_{sp} = 3.4\times10^{-14}$；$K_1 = 4.2\times10^{-7}$，$K_2 = 5.6\times10^{-11}$)

　　解　以 s 表示溶解度，根据溶解度的定义，得到：

$$s = [Cd^{2+}] \tag{1}$$

$$s = [CO_3^{2-}] + [HCO_3^-] + [H_2CO_3] \quad \Rightarrow \quad s = \frac{[CO_3^{2-}]}{\delta_{CO_3^{2-}}} \tag{2}$$

为了利用 K_{sp}，(2)式推导为关于$[CO_3^{2-}]$的代数式，$\delta_{CO_3^{2-}}$表示(作为酸根的)CO_3^{2-}的分布分数。

(1)、(2)两式相乘，再结合 K_{sp}，得到：

$$s = \sqrt{\frac{K_{sp}}{\delta_{CO_3^{2-}}}}$$

题中声明忽略CO_3^{2-}水解对$[H^+]$的影响，所以，$[H^+] = 10^{-7}$ mol·L^{-1}。将相关数值代入上式，计算出 $s = 8.67 \times 10^{-6}$ mol·L^{-1}。

与例 6.32(忽略 Cd^{2+}-OH^-配离子的生成，忽略CO_3^{2-}的水解)的结果相比，在考虑CO_3^{2-}水解的情况下，沉淀的溶解度增大，这是酸效应的影响。

沉淀溶解度；与例 6.32、例 6.33 和例 6.35 对比　　　　　　　　难度：★★★☆☆

例 6.34　忽略 Cd^{2+}-OH^-配离子的生成；不忽略CO_3^{2-}水解，不忽略水解对$[H^+]$的影响，计算 $CdCO_3$ 在纯水中的溶解度。($K_{sp} = 3.4 \times 10^{-14}$；$K_1 = 4.2 \times 10^{-7}$，$K_2 = 5.6 \times 10^{-11}$)

解　以 s 表示溶解度，根据溶解度的定义，得到：

$$s = [Cd^{2+}] \tag{1}$$

$$s = [CO_3^{2-}] + [HCO_3^-] + [H_2CO_3] \quad \Rightarrow \quad s = [CO_3^{2-}]\tfrac{[H^+]^2+K_1[H^+]+K_1K_2}{K_1K_2} \tag{2}$$

为了利用 K_{sp}，(2)式推导为关于$[CO_3^{2-}]$的代数式。(1)、(2)两式相乘，再结合 K_{sp}，得到：

$$s^2 = K_{sp}\tfrac{[H^+]^2+K_1[H^+]+K_1K_2}{K_1K_2} \tag{3}$$

由于CO_3^{2-}水解对$[H^+]$的影响，(3)式中的$[H^+]$成为未知量，所以还需要一个包含$[H^+]$的独立等式。为此，列出平衡体系的电荷平衡式 CBE[1]：

$$[H^+] + 2[Cd^{2+}] = [HCO_3^-] + 2[CO_3^{2-}] + [OH^-]$$

将(1)、(2)两式代入上式，得到：

$$[H^+] + 2s = \tfrac{K_1[H^+]+2K_1K_2}{[H^+]^2+K_1[H^+]+K_1K_2}s + [OH^-] \tag{4}$$

(3)、(4)两式包含未知量 s 和$[H^+]$，所以可解。方程中未知量的结构表明，s 比$[H^+]$更容易消去，所以先求解$[H^+]$。将(3)式开方后代入(4)式以消去 s，获得关于$[H^+]$的代数方程。使用软件求解时，不必费力写出这个方程，以 s 为中间变量，即可快速完成输入。参考 Matlab 代码如下，其中第二条语句就是从(3)式得出的 s 表达式：

```
ksp = 3.4e-14; k1 = 4.2e-7; k2 = 5.6e-11;
```

---

1) 基于 H_2O 分子构成而列出的 MBE 为$[H^+] + [HCO_3^-] + 2[H_2CO_3] = [OH^-]$；基于沉淀溶解而列出的 MBE 为$[Cd^{2+}] = [CO_3^{2-}] + [HCO_3^-] + [H_2CO_3]$(忽略 Cd^{2+}-OH^-配离子)。通过两个 MBE 消去$[H_2CO_3]$，即得到此 CBE。

```
s = sqrt(ksp*(x.^2 + k1*x + k1*k2) / (k1*k2));

y = x + s.*(2*x.^2 + k1*x) ./ (x.^2 + k1*x + k1*k2) - 1e-14 ./ x;
```

通过软件解得$[H^+]$ = $5.420×10^{-9}$ mol·L^{-1}，将之代入(3)或者(4)式，计算出 s = 1.84×10^{-6} mol·L^{-1}。

与例 6.33(忽略 Cd^{2+}-OH^-配离子的生成；不忽略CO_3^{2-}的水解，但是忽略水解对$[H^+]$的影响)的结果相比，在考虑CO_3^{2-}水解影响平衡体系$[H^+]$的情况下，沉淀的溶解度减小，这是由于CO_3^{2-}水解消耗了部分的 H^+，从而减弱了酸效应。

沉淀溶解度；与例 6.32、例 6.33 和例 6.34 对比　　　　　　　　难度：★★★★☆

例 6.35　不忽略 Cd^{2+}-OH^-配离子的生成；不忽略CO_3^{2-}水解，不忽略水解对$[H^+]$的影响，计算 $CdCO_3$ 在纯水中的溶解度。(K_{sp} = $3.4×10^{-14}$；K_1 = $4.2×10^{-7}$，K_2 = $5.6×10^{-11}$；Cd^{2+}-OH^-配离子：β_1 = $2.0×10^4$，β_2 = $5.0×10^7$，β_3 = $2.0×10^{10}$，β_4 = $1.0×10^{12}$)

解　与前面三题相比，本题最接近实际情况，然而在计算方面最为繁琐，尽管难度不大。以 s 表示溶解度，根据溶解度的定义，得到：

$$s = [Cd^{2+}] + [Cd(OH)^+] + [Cd(OH)_2] + [Cd(OH)_3^-] + [Cd(OH)_4^{2-}]$$

$$s = [H_2CO_3] + [HCO_3^-] + [CO_3^{2-}]$$

为了利用 K_{sp}，将以上两式整理如下：

$$s = [Cd^{2+}](1 + \beta_1[OH^-] + \cdots + \beta_4[OH^-]^4) \tag{1}$$

$$s = [CO_3^{2-}]\frac{[OH^-]^2 + K_{b1}[OH^-] + K_{b1}K_{b2}}{[OH^-]^2} \tag{2}$$

注意，(2)式中使用了CO_3^{2-}碱式分布分数，目的是与(1)式中的变量一致(直觉告诉我们$[OH^-]$似乎是需要直接求解的未知量)。(1)、(2)两式相乘，再结合 K_{sp}，得到：

$$s^2 = K_{sp}(1 + \beta_1[OH^-] + \cdots + \beta_4[OH^-]^4)\frac{[OH^-]^2 + K_{b1}[OH^-] + K_{b1}K_{b2}}{[OH^-]^2} \tag{3}$$

由于CO_3^{2-}水解对$[H^+]$的影响，(3)式中的$[OH^-]$成为未知量，所以还需要一个包含$[OH^-]$的独立等式。为此，列出平衡体系的电荷平衡式 CBE[1]：

$$[H^+] + 2[Cd^{2+}] + [Cd(OH)^+] = [Cd(OH)_3^-] + 2[Cd(OH)_4^{2-}] + [HCO_3^-] + 2[CO_3^{2-}] + [OH^-]$$

整理 CBE 得到：

$$[H^+] + [Cd^{2+}](2 + \beta_1[OH^-] - \beta_3[OH^-]^3 - 2\beta_4[OH^-]^4)$$

$$= \frac{K_{b1}[OH^-] + 2[OH^-]^2}{[OH^-]^2 + K_{b1}[OH^-] + K_{b1}K_{b2}}c_{CO_3^{2-}} + [OH^-]$$

---

1) 基于 H_2O 分子构成而列出的 MBE 为$[H^+] + [HCO_3^-] + 2[H_2CO_3] = [Cd(OH)^+] + 2[Cd(OH)_2] + 3[Cd(OH)_3^-] + 4[Cd(OH)_4^{2-}] + [OH^-]$；基于沉淀溶解而列出的 MBE 为 $[Cd^{2+}] + [Cd(OH)^+] + [Cd(OH)_2] + [Cd(OH)_3^-] + [Cd(OH)_4^{2-}] = [CO_3^{2-}] + [HCO_3^-] + [H_2CO_3]$。通过两个 MBE 消去$[H_2CO_3]$，即得到此 CBE。

注意上式中的$c_{CO_3^{2-}}$等于溶解度s。式中的$[Cd^{2+}]$通过(1)式消去。这样，上式变为：

$$[H^+] + s\frac{2+\beta_1[OH^-]-\beta_3[OH^-]^3-2\beta_4[OH^-]^4}{1+\beta_1[OH^-]+\cdots+\beta_4[OH^-]^4} = \frac{K_{b1}[OH^-]+2[OH^-]^2}{[OH^-]^2+K_{b1}[OH^-]+K_{b1}K_{b2}}s + [OH^-] \quad (4)$$

(3)、(4)两式包含未知量s和$[OH^-]$，所以可解。方程中未知量的结构表明，s比$[OH^-]$更容易消去，所以先求解$[OH^-]$。将(3)式开方后代入(4)式以消去s，获得关于$[OH^-]$的代数方程。使用软件求解时，不必费力写出这个方程，以s为中间变量，即可快速完成输入。参考 Matlab 代码如下，其中第五条语句就是从(3)式得出的s表达式。为了使代码简洁，使用了辅助变量 aux1、aux2 和 aux3。

```
kb1 = 1e-14 / 5.6e-11; kb2 = 1e-14/4.2e-7; ksp = 3.4e-14;
b1 = 2e4; b2 = 5.01e7; b3 = 2e10; b4 = 1e12;
aux1 = 1 + b1*x + b2*x.^2 + b3*x.^3 + b4*x.^4;
aux2 = x.^2 + kb1*x + kb1*kb2;
s = sqrt(ksp * aux1 .* aux2) ./ x;
aux3 = 2 + b1*x - b3*x.^3 - 2*b4*x.^4;
y = 1e-14 ./ x + s*aux3 ./ aux1 - s .* (kb1*x + 2*x.^2) ./ aux2 - x;
```

通过软件解得$[OH^-] = 1.823\times10^{-6}$ mol·L^{-1}，将之代入(3)式或者(4)式，计算出$s = 1.88\times10^{-6}$ mol·L^{-1}。

与例 6.34(仅忽略 Cd^{2+}-OH^-配离子的生成，没有其他近似)的结果相比，在考虑Cd^{2+}-OH^-配离子生成的情况下，沉淀的溶解度略有增大，这是配位效应的影响。

综合例 6.32~例 6.35，对不同近似条件下获得的结果进行对比，见表 6.2。从中可以发现，近似处理有时会导致相当显著的误差。

表 6.2 不同近似条件下 $CdCO_3$ 在纯水中溶解度和平衡体系$[H^+]$的计算值

近似条件*	$[H^+]$计算值	相对误差	溶解度计算值	相对误差
(1)和(2)	n/a	n/a	1.84×10^{-7}	-90.2%
(1)和(3)	1.00×10^{-7}	1721.5%	8.67×10^{-6}	361.2%
(1)	5.42×10^{-9}	-1.3%	1.84×10^{-6}	-2.1%
无	5.49×10^{-9}	0	1.88×10^{-6}	0

*近似条件(1)：忽略 Cd^{2+}-OH^-配离子的生成。近似条件(2)：忽略CO_3^{2-}水解。近似条件(3)：考虑CO_3^{2-}的水解，但是忽略略CO_3^{2-}水解对$[H^+]$的影响。注意：近似条件(2)包含近似条件(3)

沉淀溶解度；配位效应；同离子效应；复杂方程组的迭代求解　　　　难度：★★★★☆

例 6.36 计算 $Cd(OH)_2$ 在$c_{NH_3} = 0.20$ mol·L^{-1}的氨水中的溶解度。

($K_{sp} = 2.5\times10^{-14}$；$Cd^{2+}$-$OH^-$配离子：$\beta_1 = 2.0\times10^4$, $\beta_2 = 5.0\times10^7$, $\beta_3 = 2.0\times10^{10}$, $\beta_4 = 1.0\times10^{12}$；$Cd^{2+}$-$NH_3$配离子：$\beta_1' = 4.5\times10^2$, $\beta_2' = 5.6\times10^4$, $\beta_3' = 1.5\times10^6$, $\beta_4' = 1.3\times10^7$, $\beta_5' = 6.3\times10^6$, $\beta_6' = 1.4\times10^5$；$K_b = 1.8\times10^{-5}$)

解法一 近似求解，忽略沉淀溶解对原溶液的影响。基于 Cd，写出溶解度表达式：

$$s = [Cd^{2+}] + [Cd(OH)^+] + \cdots + [Cd(OH)_4^{2-}] + [Cd(NH_3)^{2+}] + \cdots + [Cd(NH_3)_6^{2+}]$$

通过稳定常数，上式整理为：

$$s = [Cd^{2+}](1 + \beta_1[OH^-] + \cdots + \beta_4[OH^-]^4 + \beta_1'[NH_3] + \cdots + \beta_6'[NH_3]^6)$$

将 K_{sp} 表达式代入上式以消去 $[Cd^{2+}]$，得到：

$$s = \frac{K_{sp}}{[OH^-]^2}(1 + \beta_1[OH^-] + \cdots + \beta_4[OH^-]^4 + \beta_1'[NH_3] + \cdots + \beta_6'[NH_3]^6)$$

忽略沉淀溶解对原溶液的影响，那么上式中的 $[OH^-]$ 和 $[NH_3]$ 都容易计算：$[OH^-] = \sqrt{K_b c_{NH_3}} = 1.9 \times 10^{-3}$，$[NH_3] = \frac{[OH^-]}{[OH^-]+K_b} c_{NH_3} = 0.20$；将这些数值代入上式后计算出 $s = 2.6 \times 10^{-4}$ mol·L⁻¹。

解法二　精确求解。解法一关于溶解度 s 的表达式正确，但是考虑沉淀溶解对原溶液的影响，表达式中的 $[OH^-]$ 和 $[NH_3]$ 成为未知量。求解 $[OH^-]$ 和 $[NH_3]$ 需要两个独立方程，为此列出关于 NH_3 的物料平衡式 MBE 和体系的电荷平衡式 CBE：

$$[Cd(NH_3)^{2+}] + 2[Cd(NH_3)_2^{2+}] + \cdots + 6[Cd(NH_3)_6^{2+}] + [NH_3] + [NH_4^+] = 0.20$$

$$2[Cd^{2+}] + [Cd(OH)^+] + 2[Cd(NH_3)^{2+}] + 2[Cd(NH_3)_2^{2+}] + \cdots + 2[Cd(NH_3)_6^{2+}] + [NH_4^+]$$
$$+ [H^+] = [OH^-] + [Cd(OH)_3^-] + 2[Cd(OH)_4^{2-}]$$

通过 K_{sp}、β 和 K_b 这些常数，以上两式容易整理为关于 $[OH^-]$ 和 $[NH_3]$ 的方程；为了使表达式简洁，以 x 和 y 分别代表 $[OH^-]$ 和 $[NH_3]$，结果如下：

$$\frac{K_{sp}}{x^2}(\beta_1'y + 2\beta_2'y^2 + \cdots + 6\beta_6'y^6) + y + \frac{K_b y}{x} = 0.2 \tag{1}$$

$$\frac{K_{sp}}{x^2}(2 + \beta_1 x - \beta_3 x^3 - 2\beta_4 x^4 + 2\beta_1'y + \cdots + 2\beta_6'y^6) + \frac{K_b y}{x} + \frac{10^{-14}}{x} = x \tag{2}$$

对于上述方程组，难以消去 x 或者 y，所以通过迭代法进行求解。一次迭代过程是：将 x 初值设为 10^{-7}，代入 (1) 式后解出 y，将该 y 值代入 (2) 式后解出 x。重复这一过程直至 x 和 y 的值趋于稳定。迭代过程中的数值变化列于表 6.3。

表 6.3　迭代法求解方程组过程中的值

迭代次数	通过(2)式解出的[OH⁻]	通过(1)式解出的[NH₃]
1	10^{-7}(初值)	1.4839×10^{-4}
2	6.3355×10^{-5}	1.0053×10^{-1}
3	1.3916×10^{-3}	1.9587×10^{-1}
4	2.0861×10^{-3}	1.9756×10^{-1}
5	2.0984×10^{-3}	1.9758×10^{-1}
6	2.0985×10^{-3}	1.9758×10^{-1}
7	2.0985×10^{-3}	1.9758×10^{-1}

将 $[OH^-] = 2.1 \times 10^{-3}$ 和 $[NH_3] = 2.0 \times 10^{-1}$ 代入溶解度 s 表达式(见解法一)，计算出 $s = 2.1 \times 10^{-4}$ mol·L⁻¹。

对比发现，近似解法虽然简单，但是结果存在 -23.8% 的误差。

6.4 沉淀滴定曲线

与酸碱、配位和氧化还原滴定不同,沉淀滴定的应用范围相当有限,仅"银量法"具有实用价值,是基于 Ag^+ 与卤素离子或者 SCN^- 之间的沉淀反应。因此,本节通过银量法介绍沉淀滴定曲线的绘制。

沉淀滴定曲线是滴定体系 pX 值(X 为被滴定的 Ag^+、卤素离子或者 SCN^- 的浓度)随滴定剂加入体积 V 的变化曲线,即 V-pX 曲线。与前三章介绍的滴定曲线绘制方法相同,沉淀滴定曲线也可以通过反函数实现高效绘制。推导反函数时,首先列出关于构晶离子的两个物料平衡式 MBE,然后从 MBE 推导出反函数 $V = g([X])$。滴定曲线的绘制步骤是"指定 pX → 计算[X] → 通过反函数计算 V → 获得(V, pX)数据点"。

为了建立 MBE,需要沉淀的假想浓度。这个假想浓度在推导反函数的过程中被消去,具体操作参见例 6.37。

通过反函数绘制滴定曲线时,作为横坐标的变量 V 的取值无法预先设定。所以,pX 范围尽量大一些,然后在绘制程序中保留所需的 V 值即可,具体操作参见以下例题。

例题通过 Matlab 计算(V, pX)数据点并绘制滴定曲线。程序中,linspace(a, b, n)为在 $[a, b]$ 范围内生成的 n 个均匀间隔的数据点,其他语句容易理解。

绘制沉淀滴定曲线 难度: ★★☆☆☆

例 6.37 现有 20.0 mL 0.10 mol·L^{-1} NaCl 溶液,以同浓度的 AgNO$_3$ 溶液滴定。绘制滴定曲线。($K_{sp} = 1.8 \times 10^{-10}$)

解 用 V 表示 0.10 mol·L^{-1} AgNO$_3$ 溶液的加入体积,此时滴定体系的总体积等于($V + 20.0$),氯和银的分析浓度为: $c_{Cl} = \frac{2.0}{V + 20.0}$, $c_{Ag} = \frac{0.10V}{V + 20.0}$。当然,部分氯和银已经进入沉淀。

绘制滴定曲线,需要建立[Cl$^-$]与 V 之间的函数关系。为此,列出关于氯和银的物料平衡式 MBE:

$$[Cl^-] + [AgCl_{(s)}] = c_{Cl} = \frac{2.0}{V + 20.0}$$

$$[Ag^+] + [AgCl_{(s)}] = c_{Ag} = \frac{0.10V}{V + 20.0}$$

式中,[AgCl$_{(s)}$]表示滴定产物 AgCl 沉淀的假想浓度,只是为了建立 MBE,并非实际情况。以上两式相减以消去[AgCl$_{(s)}$],得到:

$$[Cl^-] - [Ag^+] = \frac{2.0 - 0.10V}{V + 20.0}$$

将 $K_{sp} = [Ag^+][Cl^-]$ 代入上式以消去[Ag$^+$],并令 $a = [Cl^-] - \frac{K_{sp}}{[Cl^-]}$,那么从上式容易推导出 V 的计算式:

$$V = \frac{2.0 - 20.0a}{a + 0.10}$$

基于上述反函数，很容易通过程序实现滴定曲线的绘制。下面是一个简单 Matlab 程序，其中保留了 0~40 之间的 V 值，最后两条语句用来获得滴定突跃。滴定曲线见图 6.1。

```
Ksp = 1.8e-10;
pCl = linspace(0.1, 14, 100000);
Cl = 10 .^ -pCl;
a = Cl - Ksp ./ Cl;
V = (2.0 - 20.0*a) ./ (a + 0.10);
Filter = find((V >= 0) & (V <= 40));
figure; plot(V(Filter), pCl(Filter));
[NotNeeded, Position] = min(abs(V - 19.98)); pClJump_Lower = pCl(Position);
[NotNeeded, Position] = min(abs(V - 20.02)); pClJump_Upper = pCl(Position);
```

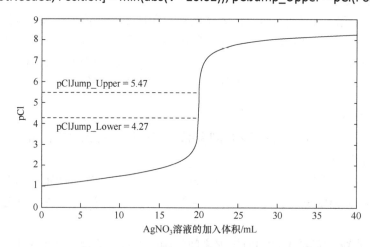

图 6.1　0.10 mol·L^{-1} AgNO$_3$ 溶液对 20.0 mL 同浓度 NaCl 溶液的滴定曲线

图中标注了滴定突跃

6.5　沉淀滴定终点误差

沉淀滴定的应用范围有限，仅"银量法"具有实用价值，所以本节通过银量法介绍沉淀滴定终点误差的计算。

在去公式化体系中，终点误差的计算基于如下体积定义式：

$$E_t = \frac{V_{ep} - V_{sp}}{V_{sp}} \times 100\% = (R - 1) \times 100\%$$

式中，V_{ep} 和 V_{sp} 分别表示终点和化学计量点时加入滴定剂的体积，$R = \frac{V_{ep}}{V_{sp}}$。

银量法通过沉淀指示剂确定终点，指示剂决定了变色时某构晶离子浓度的临界值。

换言之，该构晶离子浓度在终点时已知，因此终点误差计算的关键是获得这一浓度与 R 的关系式。该关系式通过物料平衡式 MBE 推导得出。列出关于构晶离子的两个 MBE 时，需要沉淀的假想浓度，这个假想浓度在推导过程中被消去，具体操作参见例 6.38。

沉淀滴定终点误差 难度：★★☆☆☆

例 6.38 以 0.10 mol·L⁻¹ AgNO₃ 溶液滴定同浓度 NaCl 溶液，K₂CrO₄ 为指示剂。终点时，$[CrO_4^{2-}]_{ep} = 5.0 \times 10^{-3}$ mol·L⁻¹，红色沉淀 Ag₂CrO₄ 消耗的 Ag⁺ 相当于 2.0×10^{-5} mol·L⁻¹。计算终点误差。(AgCl: $K_{sp1} = 1.8 \times 10^{-10}$；Ag₂CrO₄: $K_{sp2} = 1.2 \times 10^{-12}$)

解 分别用 V_{ep} 和 V_{sp} 表示滴定终点和化学计量点时加入 AgNO₃ 溶液的体积，并令 $R = \frac{V_{ep}}{V_{sp}}$。根据反应物浓度和滴定反应的计量关系，易知被测物溶液的体积等于 V_{sp}。

终点时溶液的总体积等于 $(V_{ep} + V_{sp})$，氯和银的分析浓度为：$c_{Cl,ep} = \frac{0.10 V_{sp}}{V_{ep}+V_{sp}} = \frac{0.10}{R+1}$，$c_{Ag,ep} = \frac{0.10 V_{ep}}{V_{ep}+V_{sp}} = \frac{0.10R}{R+1}$。当然，大部分氯和银已经进入沉淀。

$[CrO_4^{2-}]_{ep}$ 已知，通过 Ag₂CrO₄ 的 K_{sp}，可以计算出 $[Ag^+]_{ep}$。所以现在的目标是获得包含 $[Ag^+]_{ep}$ 和 R 的等式。为此，列出关于氯和银的物料平衡式 MBE：

$$[Cl^-]_{ep} + [AgCl_{(s)}]_{ep} = c_{Cl,ep} = \frac{0.10}{R+1}$$

$$[Ag^+]_{ep} + [AgCl_{(s)}]_{ep} + 2.0 \times 10^{-5} = c_{Ag,ep} = \frac{0.10R}{R+1}$$

式中，$[AgCl_{(s)}]_{ep}$ 表示滴定产物 AgCl 沉淀在终点时的假想浓度，只是为了建立 MBE，并非实际情况。以上两式相减以消去 $[AgCl_{(s)}]_{ep}$，并继续推导：

$$[Cl^-]_{ep} - [Ag^+]_{ep} - 2.0 \times 10^{-5} = \frac{0.10 - 0.10R}{R+1}$$

$$\Downarrow \quad [Cl^-]_{ep} = \frac{K_{sp1}}{[Ag^+]_{ep}}$$

$$\frac{K_{sp1}}{[Ag^+]_{ep}} - [Ag^+]_{ep} - 2.0 \times 10^{-5} = \frac{0.10 - 0.10R}{R+1}$$

$$\Downarrow \quad [Ag^+]_{ep} = \sqrt{\frac{K_{sp2}}{[CrO_4^{2-}]_{ep}}}$$

$$K_{sp1}\sqrt{\frac{[CrO_4^{2-}]_{ep}}{K_{sp2}}} - \sqrt{\frac{K_{sp2}}{[CrO_4^{2-}]_{ep}}} - 2.0 \times 10^{-5} = \frac{0.10 - 0.10R}{R+1}$$

将 $[CrO_4^{2-}]_{ep} = 5.0 \times 10^{-3}$ 代入上式，计算出 $R = 1.00048$，最终得到 $E_t = (R-1) \times 100\% = 0.048\%$。

第七章 分析化学中的误差和统计学处理

7.1 解 析 策 略

7.1.1 基础概念

▶▶**误差**

测量值与真实值之间的差异称为误差。基于来源,误差可以分为系统误差和随机误差。

系统误差(systematic error)源自测量系统(包括仪器、试剂、实验方案,以及实验者)的缺陷。系统误差具有确定的来源,产生了确定的结果,所以系统误差也称"确定性误差"(determinate error)。系统误差具有再现性,因而数值具有单向性;可以采用适当方法减小,甚至消除。

随机误差(random error)源自测量过程中的不确定因素,也称"不确定性误差"(indeterminate error)。随机误差对测量结果的影响或正或负,无法预知,但服从一定的统计规律;可以减小,但不能消除。

▶▶**准确度**

准确度(accuracy)衡量测量值与真实值的接近程度。准确度有两种指标,分别是"误差"和"相对误差"。如果以x_m和x_t分别表示测量值和真实值,误差的计算公式是$x_m - x_t$,相对误差的计算公式是$\frac{x_m - x_t}{x_t}$。相对误差通常表示为百分数,量纲为一,可以用于比较不同类型测量的准确度。

▶▶**精密度**

精密度(precision)衡量相同测量条件下同一对象的多次测量值的接近程度,反映数值的波动。以$x_1, x_2, \cdots, x_n$表示这样一组测量值,令$\overline{x}$表示其平均值,那么精密度有以下几种指标。

$$d_i = x_i - \overline{x}$$ 偏差(deviation)

$$\overline{d} = \frac{\sum |d_i|}{n}$$ 平均偏差(mean deviation)

$$\frac{\overline{d}}{\overline{x}}$$ 相对平均偏差(relative mean deviation)

$$s = \sqrt{\frac{\sum (x_i - \overline{x})^2}{n-1}}$$ 样本标准偏差(sample standard deviation)

s^2　　　　　　　　　样本方差(sample variance)

$\dfrac{s}{\bar{x}}$　　　　　　　　相对标准偏差(relative standard deviation)

在这些指标中，相对平均偏差和相对标准偏差的量纲为一，可以用于比较不同类型测量的精密度。

▶▶有效数字及运算规则

有效数字(significant figures/digits)是测量值中具有物理意义的数字，包含所有实际测量到的数字再加一位估计数字。对于数显仪器给出的测量值，最后一位是估计值。

有效数字容易确定：从数值的左端开始，第一个非零数字和其后的数字均为有效数字。例如这些数值，*0.*1234、1.1234、1.0234、1.2340、*0.00*12340，粗体是有效数字，斜体是非有效数字。换算单位时不改变有效数字，例如测量值 5.7 g，如果以毫克为单位，应写作 5.7×10^3 mg，而不是 5700 mg。此外，测量值的记录应该尽量采用科学计数法，以明确表示出有效数字。

对于加减运算，以小数位数最少的数值为基准；对于乘除运算，以有效数字位数最少的数值为基准。对于常用对数和反常用对数的运算结果，首数不计入有效数字，而是由尾数的位数确定。例如，某长度测量值 1.2 km，有两位有效数字，取对数时小数点后应该保留两位，所以 lg1.2 = 0.08。对于本例的测量值，若以厘米为单位，结果是 1.2 km= 1.2×10^5 cm，幂指数 5 仅用于单位换算，并不影响有效数字位数，常用对数运算之后，幂指数 5 成为对数首数，当然也不能影响运算结果的有效数字位数，所以 $\lg(1.2 \times 10^5) = 5.08$ 具有两位有效数字，而非三位。

▶▶随机变量及其分布

随机变量可以视为取值随机、而在确定范围内取值具有确定概率的变量。随机变量的单次取值无法预测，但是大量取值会表现出一定的规律。这种统计规律性就是随机变量的分布(distribution)。常见的分布有正态分布(normal distribution)、χ^2分布、t分布和 F分布等。

随机变量的分布通过概率密度函数$p(x)$描述(probability-density function, PDF)，相应的图形称为概率密度曲线。正态分布、χ^2分布、t分布和 F分布的概率密度函数表达式参见与本书配套的教材《分析化学》(邵利民，科学出版社，2016)。

概率密度较为抽象，但是它的积分是人们所熟悉的概率。所以，如果概率密度曲线有些费解，那么就注意曲线围成的面积：以图 7.1(a)为例，三个区域的面积分别为 A、B 和 C，其含义是(服从该分布的)随机变量取值落入区间$(-\infty, 1]$、$[-1, 1]$和$[1, \infty)$的概率。概率密度曲线是数理统计应用的有力工具，解题时绘制曲线草图，直观形象，不仅便于理解，而且不易出错。

与概率密度相关的一个概念是累积分布(cumulative distribution)。累积分布是指随机变量取值落入区间$(-\infty, x]$(对于只取正值的随机变量，此区间为$[0, x]$)的概率。累积分布函数(cumulative-distribution function, CDF) $P(x)$与概率密度函数$p(x)$的关系如下：

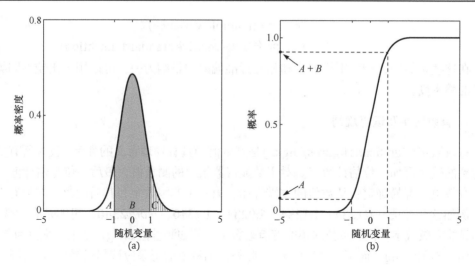

图 7.1   概率密度曲线(a)以及相应累积分布曲线(b)的示意图

(a) A、B、C 分别为曲线在区域$(-\infty, 1]$、$[-1, 1]$和$[1, \infty)$上围成的面积；(b) 标识了累积分布函数分别在-1和1处的值

$$P(x) = \int_{-\infty}^{x} p(t)\mathrm{d}t$$

CDF 和 PDF 的关系如图 7.1 所示。正态分布、χ^2分布、F分布和 t 分布的累积分布函数表达式参见与本书配套的教材《分析化学》(邵利民，科学出版社，2016)。

借助 CDF，可以计算出随机变量取值落入任何区间的概率：以图 7.1(a)为例，$A =$ CDF(-1)，$B =$ CDF(1) – CDF(-1)，$C = 1 -$ CDF(1)。

CDF 可以计算出随机变量取值落入区间$(-\infty, x]$的概率。反之，如果这一概率已知，求区间端点x时，需要使用逆累积分布函数 ICDF(inverse cumulative distribution function)。正态分布、χ^2分布、t分布和 F分布的逆累积分布函数表达式参见与本书配套的教材《分析化学》(邵利民，科学出版社，2016)。

▶▶**常见分布**

正态分布是最常见的一种分布,表示为$N(\mu, \sigma^2)$,其中μ为总体均值,σ^2为总体方差。

设总体$X \sim N(\mu, \sigma^2)$, $X_1, X_2, \cdots, X_n$是来自该总体的一个样本,以$\overline{X}$表示样本均值,那么$\overline{X} \sim N(\mu, \frac{\sigma^2}{n})$。这就是样本均值的分布。如果定义随机变量 $U = \frac{\overline{X} - \mu}{\sigma}\sqrt{n}$,那么 $U \sim N(0, 1)$。

设总体$X \sim N(\mu, \sigma^2)$, $X_1, X_2, \cdots, X_n$是来自该总体的一个样本,那么以下形式的随机变量χ^2服从自由度(degrees of freedom, df)为 f $(f = n - 1)$ 的 χ^2 分布 (Chi-squared distribution),记作$\chi^2 \sim \chi^2(f)$

$$\chi^2 = \frac{(n-1)s^2}{\sigma^2}$$

式中，s^2为样本方差。

设总体$X \sim N(\mu, \sigma^2)$, $X_1, X_2, \cdots, X_n$是来自该总体的一个样本,那么以下形式的随机变量 T服从自由度为f $(f = n - 1)$的 t分布(t distribution),记作$T \sim t(f)$

$$T = \frac{\overline{x} - \mu}{s}\sqrt{n}$$

式中，$\overline{x}$为样本均值，s为样本标准偏差。

设总体$X \sim N(\mu_1, \sigma_1^2)$，$X_1, X_2, \cdots, X_n$是来自该总体的一个样本；设总体$Y \sim N(\mu_2, \sigma_2^2)$，$Y_1, Y_2, \cdots, Y_m$是来自该总体的一个样本，那么以下形式的随机变量 F 服从自由度分别为f_1 ($f_1 = n - 1$)和f_2 ($f_2 = m - 1$)的 F分布(F distribution)，记作$F \sim F(f_1, f_2)$。f_1和f_2分别称为分子自由度(第一自由度)和分母自由度(第二自由度)

$$F = \frac{s_1^2 / \sigma_1^2}{s_2^2 / \sigma_2^2}$$

式中，s_1^2和s_2^2分别为两个样本的样本方差。

特别地，如果样本来自同一总体，那么随机变量 F的形式变为

$$F = \frac{s_1^2}{s_2^2}$$

也称方差比。

χ^2分布、F分布和 t分布是著名的三大抽样分布(sampling distribution)，均来自正态总体，适用于样本容量较小的数理统计问题，因此成为少量实验数据的重要处理工具。

▶▶**显著性检验中临界值的计算**

本书不再提供统计数值表，χ^2检验、F检验和 t检验中临界值的计算全部通过逆累积分布函数完成。计算方法和图示如下，其中圆点表示临界值；α 表示显著性水平，对应图示中阴影部分的面积；ICDF 表示逆累积分布函数；f表示自由度。计算程序参见附录 1，还可以使用 7.1.2 节中介绍的软件。

χ^2检验中临界值的符号表示及其计算。

$$\chi_{1-\alpha, f}^2 = \text{ICDF}(\alpha, f)$$

$$\chi_{\alpha, f}^2 = \text{ICDF}(1 - \alpha, f)$$

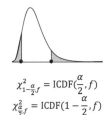
$$\chi_{1-\frac{\alpha}{2}, f}^2 = \text{ICDF}\left(\frac{\alpha}{2}, f\right)$$
$$\chi_{\frac{\alpha}{2}, f}^2 = \text{ICDF}\left(1 - \frac{\alpha}{2}, f\right)$$

F 检验中临界值的符号表示及其计算。

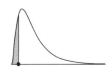
$$F_{1-\alpha, f_1, f_2} = \text{ICDF}(\alpha, f_1, f_2)$$

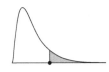
$$F_{\alpha, f_1, f_2} = \text{ICDF}(1 - \alpha, f_1, f_2)$$

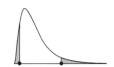
$$F_{1-\frac{\alpha}{2}, f_1, f_2} = \text{ICDF}\left(\frac{\alpha}{2}, f_1, f_2\right)$$
$$F_{\frac{\alpha}{2}, f_1, f_2} = \text{ICDF}\left(1 - \frac{\alpha}{2}, f_1, f_2\right)$$

t检验中临界值的符号表示及其计算。

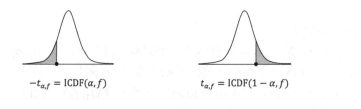
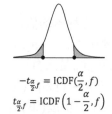

$$-t_{\alpha,f} = \mathrm{ICDF}(\alpha, f)$$

$$t_{\alpha,f} = \mathrm{ICDF}(1-\alpha, f)$$

$$-t_{\frac{\alpha}{2},f} = \mathrm{ICDF}\left(\frac{\alpha}{2}, f\right)$$
$$t_{\frac{\alpha}{2},f} = \mathrm{ICDF}\left(1-\frac{\alpha}{2}, f\right)$$

▶▶ 显著性检验中的 P-值

传统课程体系的显著性检验，通常是比较检验统计量取值与临界值的关系——超出临界值，那么统计显著；没有超出临界值，那么统计不显著。还有一种实现方式，是比较 P-值与显著性水平 α：P-值 $< \alpha$，那么统计显著；P-值 $> \alpha$，那么统计不显著。这种方式的效率更高，因为统计软件通常会自动给出 P-值。

从上面的图示可以看出，显著性检验中的临界值是根据检验类型，借助逆累积分布，从显著性水平 α 计算得到。反过来，根据检验类型，借助累积分布，从临界值可以计算出显著性水平 α。以上面介绍的 χ^2 检验为例，对于左侧单侧检验，临界值 $\chi^2_{1-\alpha,f} = \mathrm{ICDF}(\alpha, f)$，那么 $\alpha = \mathrm{CDF}(\chi^2_{1-\alpha,f}, f)$；对于右侧单侧检验，临界值 $\chi^2_{\alpha,f} = \mathrm{ICDF}(1-\alpha, f)$，那么 $\alpha = 1 - \mathrm{CDF}(\chi^2_{\alpha,f}, f)$。

将上段划线句子中的"临界值"替换为"检验统计量的取值"，"显著性水平"替换为"P-值"，那么就得到了 P-值（P-value）的定义。P-值与检验统计量取值之间的关系，就是显著性水平 α 与临界值之间的关系。P-值与显著性水平 α 具有相同的涵义（都是概率），所以也被称为"观测到的显著性水平"[1]。

使用统计软件进行显著性检验时，软件通常会给出 P-值，使检验更加方便。7.1.2 节中介绍的软件也会给出 P-值。P-值计算并不困难，以 x 表示检验统计量的取值，单侧检验的 P-值计算公式如下：

$$P_{单侧} = \begin{cases} A & (A \leqslant 0.5) \\ 1-A & (A > 0.5) \end{cases}$$

其中，$A = \mathrm{CDF}(x)$，$\mathrm{CDF}(x)$ 表示 x 对应的累积分布概率。编程计算时可以参考以下语句：

$$P_{单侧} = 0.5 + \mathrm{sign}(0.5 - A) * (A - 0.5)$$

其中，sign 为符号函数，当自变量分别为正数、零和负数时，函数值分别是 1、0 和 -1。

在双侧检验中，P-值$_{双侧} = 2P$-值$_{单侧}$。

---

1) 在假设检验中，P-值就是当原假设为真时，出现比观测值更加极端的结果的概率。这里所说的"更加极端"与检验类型（左侧单侧、右侧单侧、双侧）有关。P-值越小，说明这种极端结果越不容易出现。

▶▶显著性检验中的拒真错误和存伪错误

显著性检验的一种结论是"统计意义上显著",如"精密度显著高"、"平均值显著低于参考值"等。该结论正确的概率，或者说结论的可靠性等于 $1-\alpha$(α为显著性水平)。那么，该结论出错的概率就是α，这种错误称为拒真错误，即原假设成立(原假设为事件源自随机因素)，却被拒绝接受。拒真错误也称"第一类错误"、"检验中的损失"。如果想提高结论的可靠性，那么应该使用小α，但是α不能小到改变检验结论，使结论变为"统计意义上不显著"。

显著性检验的另一种结论是"统计意义上不显著"，如"精密度没有显著性差异"、"平均值与参考值没有显著性差异"等。该结论可能是错误的，这种错误称为存伪错误，即原假设不成立，却被接受。存伪错误也称"第二类错误"、"检验中的污染"，表示为β。该结论正确的概率，或者说结论的可靠性等于 $1-\beta$。一般情况下，缺少计算β 的信息，导致无法得出"统计意义上不显著"这一结论正确的概率。β与α的大小关系相反，所以，如果想提高这一结论的可靠性，那么应该使用大α(β相应地变小)，但是α不能大到改变检验结论，使结论变为"统计意义上显著"。

7.1.2 计算软件

数理统计应用中，关键计算无非是两类：一类是已知区间，需要计算随机变量取值落入该区间的概率——这可以通过累积分布函数 CDF 完成；另一类是已知随机变量取值落入某区间的概率，需要计算该区间的端点——这可以通过逆累积分布函数 ICDF 完成。

在计算工具欠发达的年代，普通人使用简单计算工具难以完成上述计算，只得依靠各种统计数值表。当前计算机硬件普及、软件丰富，此类计算已经不再困难。另外，统计数值表既不方便又难理解。所以，本书不再提供统计数值表，解题所需的概率或者特定概率对应的区间端点全部通过附录 1 中的 Matlab 程序计算得到。

为了进一步方便计算，作者基于 Matlab 开发了一个界面友好的统计工具软件 stac。stac 通过图形界面接受用户输入，然后调用附录 1 中各种统计计算程序完成相关计算。用户从 http://staff.ustc.edu.cn/~lshao/misc.html 下载 zip 压缩包，解压后即可在 Matlab 中运行。

首次运行需要在 Matlab 命令窗口输入 stac，这种略显繁琐的手动运行方式仅需一次。首次运行时，stac 在用户许可后，会自动创建一个快捷方式，以后通过点击快捷方式按钮，即可方便地运行该软件。

stac 的主要功能分为两类：①计算累积分布函数(CDF)和逆累积分布函数(ICDF)，②计算显著性检验所需的临界值。第一类功能的界面如图 7.2(a)所示，用户在 Mode 功能区选择"CDF<>ICDF"即可开始计算；第二类功能的界面如图 7.2(b)所示，用户在 Mode 功能区选择"Two-sided Text"、"Left One-sided Test"和"Right One-sided Test"其中一个即可开始计算，这 3 种模式分别用于计算双侧检验、左侧单侧检验和右侧单侧检验的临界值。

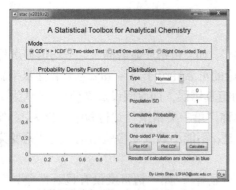

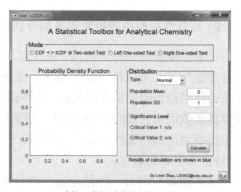

(a) 计算累积分布函数(CDF)和逆累积分布函数
　　(ICDF)时的界面

(b) 计算显著性检验临界值时的界面

图 7.2　基于 Matlab 开发的统计工具软件 stac

在 "CDF<>ICDF" 计算模式下，用户先从 Type 下拉列表中选择分布类型，并输入该分布的参数。计算临界值时，在 Cumulative Probability 编辑框输入累积概率，回车或者单击 Calculate 按钮，结果显示在 Critical Value 编辑框中；计算累积概率时，则在 Critical Value 编辑框输入临界值，结果显示在 Cumulative Probability 编辑框中。坐标系显示相应的概率密度曲线，并以阴影部分面积表示（输入的或者计算出的）累积概率。"CDF<>ICDF" 模式的使用示例参见例 7.1。如果在 Critical Value 编辑框输入检验统计量的取值，软件会计算单侧检验的 P-值，双侧检验的 P-值（是单侧检验 P-值的 2 倍）通过文本 One-sided P-Value 的提示信息给出。所以，这种计算模式也可用于显著性检验，具体用法参见例 7.10、7.11 和 7.12。

在另外 3 种计算模式下，用户也是首先确定分布类型、输入相应参数。然后，在 Significance Level 编辑框输入显著性水平，回车或者单击 Calculate 按钮就可以计算出临界值；坐标系显示相应的概率密度曲线，并以阴影部分面积表示显著性水平。这 3 种模式的使用示例参见例 7.10、7.11 和 7.12。

7.2　随机变量分布的相关计算

正态分布；软件使用示例　　　　　　　　　　　　　　　　难度：★★☆☆☆

例 7.1 已知测量结果服从正态分布 $N(20.02, 0.11^2)$，计算测量值落入[19.80, 20.20]的概率。

　　解　$N(20.02, 0.11^2)$ 的 PDF 示意图如下：

图中两个端点分别是 19.80 和 20.20，阴影部分面积就是测量值落入[19.80, 20.20]的概率。下面介绍如何通过 stac 软件计算这一概率。

如图 7.3(a)所示，在软件中选择"CDF <> ICDF"计算模式，从 Type 下拉列表中选择 Normal，在 Population Mean 和 Population SD 编辑框分别输入 20.02 和 0.11；在 Critical Value 编辑框输入 19.80，回车或者单击 Calculate 按钮，软件显示累积概率为 0.02275。如图 7.3(b)所示，在 Critical Value 编辑框输入 20.20，回车或者单击 Calculate 按钮，软件显示累积概率为 0.94912。所以，所求概率为 0.94912−0.02275 = 0.93。

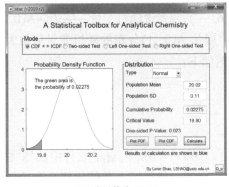 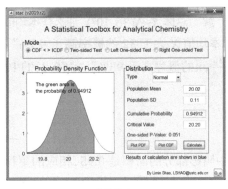

(a) 临界值为 19.80　　　　　　　　　　　　(b) 临界值为 20.20

图 7.3　stac 软件计算正态分布累积概率时的界面

对于使用统计数值表的传统解法，首先通过公式 $\frac{x-20.02}{0.11}$ 得到 −2.00 和 1.64，然后查标准正态分布数值表得到相应的累积概率 0.02 和 0.95，所求概率即是 0.93。

正态分布；检出限　　　　　　　　　　　　　　　　　　　难度：★★☆☆☆

例 7.2　　仪器在没有样品时的连续输出称为基线。某仪器开机预热一段时间后基线平稳，设基线数据服从正态分布 $N(0, 0.1^2)$，计算基线数据中出现大于 0.3 的值的概率。

解　$N(0, 0.1^2)$ 的 PDF 示意图如下：

图中的端点是 0.3，曲线在 $[0.3, \infty)$ 范围内的面积即为所求概率。易知这一概率等于(1−累积概率)。在 stac 软件中选择"CDF <> ICDF"计算模式，从 Type 下拉列表中选择 Normal，然后输入总体均值 0 和总体标准偏差 0.1，最后计算临界值 0.3 对应的累积概率，结果为 0.99865。所以，所求概率为 1−0.99865 = 0.0013。

本例说明，纯噪声中出现明显偏大的数值的可能性很小——概率仅为 0.13%。如果仪器输出了较大的数值，那么可能是发生了小概率事件，然而更有可能是出现了非随机信息——分析信号。这是确定分析仪器检出限(limit of detection, LOD)的统计学基础。

由于随机因素的影响，即使被分析物不存在，仪器输出(即空白测量值)也不一定为零，而是零值附近很小的随机波动。一般认为，这种随机波动服从正态分布 $N(0, \sigma^2)$。上述结果表明，大于 3σ 的测量值源自随机因素的可能性极小，反而极有可能是对(少量)被分析物的真实测量。

综上所述，分析仪器的最小可靠测量值是其空白测量值标准偏差的 3 倍，即 3σ，对应的被分析物的量就是检出限 LOD。LOD 的单位可以是浓度，质量或者物质的量。

样本均值分布　　　　　　　　　　　　　　　　　　　难度：★★★☆☆

例 7.3　设总体 $X \sim N(36, 10^2)$，为了使样本均值 $\bar{X}$ 大于 32 的概率高于 95%，样本容量 n 应该超过多少？

解　总体 $X \sim N(36, 10^2)$，那么样本均值 $\bar{X} \sim N(36, \frac{100}{n})$，或者说随机变量 $\frac{\bar{X}-36}{10}\sqrt{n} \sim N(0,1)$。"样本均值 $\bar{X}$ 大于 32 的概率高于 95%" 等价于 "服从 $N(0, 1)$ 分布的随机变量取值大于 $\frac{32-36}{10}\sqrt{n}$ 的概率高于 95%"。$N(0,1)$ 的 PDF 示意图如下：

图中阴影部分的面积是 0.95，相应的累积概率为 $1-0.95 = 0.05$。在 stac 软件中选择 "CDF <> ICDF" 计算模式，从 Type 下拉列表中选择 Normal，然后输入总体均值 0 和总体标准偏差 1，最后计算累积概率 0.05 对应的临界值，结果为 -1.645，即是上图中的端点。

根据题意，$\frac{32-36}{10}\sqrt{n}$ 的值不得超过 -1.645，即：

$$\frac{32 - 36}{10}\sqrt{n} \leqslant -1.645$$

通过上式计算出 $n \geqslant 17$，所以样本容量不得低于 17。

7.3　误　差　传　递

很多情况下，分析结果不是直接测得，而是将相关的直接测量值代入特定算式后计算得到。这些测量值的误差会通过该算式影响最终分析结果，这就是误差传递 (propagation of error)。

以 $A, B, \cdots$ 表示直接测量值，从 $A, B, \cdots$ 计算出的最终分析结果表示为 R。设 R 的计算公式如下：

$$R = f(A, B, \cdots)$$

直接测量值 $A, B, \cdots$ 的误差通过上式的全微分传递到 R：

$$dR = \frac{\partial f}{\partial A}dA + \frac{\partial f}{\partial B}dB + \cdots$$

基于上式，系统误差的传递公式如下：

$$\Delta R = \frac{\partial f}{\partial A}\Delta A + \frac{\partial f}{\partial B}\Delta B + \cdots$$

式中，Δ 表示测量值与真实值之差。

随机误差的传递公式如下：

$$s_R^2 = \left(\frac{\partial f}{\partial A}\right)^2 s_A^2 + \left(\frac{\partial f}{\partial B}\right)^2 s_B^2 + \cdots$$

式中，s 表示标准偏差，用以表征分析结果 R、直接测量值 A、直接测量值 B 等的随机误差。

系统误差传递　　　　　　　　　　　　　　　　　　　　　难度：★★★☆☆

例 7.4　在扩展 X 射线吸收精细结构谱数据分析中，通过算式 $k = \sqrt{0.263(E - 8900)}$ 将能量数据 E 转化为 k 数据。试推导相对误差 $\frac{\Delta k}{k}$ 与相对误差 $\frac{\Delta E}{E}$ 的关系式；如果 E 的范围是 9000~9800，$\frac{\Delta E}{E}$ 对 $\frac{\Delta k}{k}$ 的最小影响权重是多少？

解　首先推导出全微分表达式：

$$\mathrm{d}k = \frac{0.263}{2\sqrt{0.263(E - 8900)}}\mathrm{d}E$$

本题属于系统误差传递，基于上式，误差传递公式如下：

$$\Delta k = \frac{0.263}{2\sqrt{0.263(E - 8900)}}\Delta E$$

上式除以 $k = \sqrt{0.263(E - 8900)}$，得到：

$$\frac{\Delta k}{k} = \frac{E}{2(E - 8900)}\frac{\Delta E}{E}$$

可见，相对误差 $\frac{\Delta E}{E}$ 对相对误差 $\frac{\Delta k}{k}$ 的影响权重是 $\frac{E}{2(E-8900)}$。根据题意，E 的范围是 9000~9800，可以计算出影响权重的最小值是 5.4，最大值是 45。结果表明，能量数据 E 的相对误差会使 k 数据的相对误差增大至少 5 倍以上。

随机误差传递；信噪比　　　　　　　　　　　　　　　　　难度：★★★☆☆

例 7.5　设噪声数据的标准偏差为 s。在相同条件下测量 n 次，计算平均值的标准偏差。

解　以 x_i 表示第 i 次测量值 $(i = 1,2,\cdots,n)$，$\bar{x}$ 表示平均值，那么 $\bar{x}$ 的计算式如下：

$$\bar{x} = \frac{1}{n}(x_1 + x_2 + \cdots + x_n)$$

根据随机误差的传递公式，得到：

$$s_{\bar{x}}^2 = \left(\frac{\partial \bar{x}}{\partial x_1}\right)^2 s_1^2 + \left(\frac{\partial \bar{x}}{\partial x_2}\right)^2 s_2^2 + \cdots + \left(\frac{\partial \bar{x}}{\partial x_n}\right)^2 s_n^2 = \frac{s_1^2 + s_2^2 + \cdots + s_n^2}{n^2}$$

式中，$s_{\bar{x}}$ 表示平均值的标准偏差，$s_1, s_2, \cdots, s_n$ 为第 1 次、第 2 次、$\cdots$、第 n 次测量的标准偏差。由于测量条件相同，所以 $s_1 = s_2 = \cdots = s_n = s$。这样，通过上式得到：

$$s_{\bar{x}} = \frac{s}{\sqrt{n}}$$

可见，平均值的标准偏差比单次测量值的标准偏差小。

噪声水平的度量是标准偏差，而上述结果表明，将相同条件下多次测得的噪声进行平均可以降低噪声水平。

"信噪比"(signal-to-noise ratio, SNR)用于衡量实测信号中噪声的影响，定义为$\frac{f}{s}$，其中f为非噪声信号的强度，s为噪声的标准偏差。将n个单次测量值取平均，那么平均值中非随机信号的强度仍为f，而噪声水平降为$\frac{s}{\sqrt{n}}$，所以 SNR 提高$\sqrt{n}$倍。

这种取平均的方法具有明显的降噪效果，而又不影响非噪声信号，优于普通(电子或数字)滤噪方法。傅里叶变换红外光谱和傅里叶变换核磁共振谱都是利用这一原理进行噪声抑制，以测得微弱的非噪声信号。

随机误差传递；差分的标准偏差　　　　　　　　　　　　难度：★★★☆☆

例 7.6　有一段随机噪声数据，试分析其标准偏差与其差分的标准偏差之间的关系。

解　以$F = [f_1, f_2, \cdots, f_n]$表示包含$n$个数据的随机噪声信息。以$D$表示$F$的差分，那么$D$中的元素是$[f_2 - f_1, f_3 - f_2, \cdots, f_n - f_{n-1}]$。令$F_+ = [f_2, f_3, \cdots, f_n]$，$F_- = [f_1, f_2, \cdots, f_{n-1}]$，那么$D$的计算式可以表示为：

$$D = F_+ - F_-$$

以s_D表示差分数据D的标准偏差，以s_{F_+}和s_{F_-}分别表示F_+和F_-的标准偏差，那么根据随机误差的传递，得到：

$$s_D^2 = \left(\frac{\partial D}{\partial F_+}\right)^2 s_{F_+}^2 + \left(\frac{\partial D}{\partial F_-}\right)^2 s_{F_-}^2 = s_{F_+}^2 + s_{F_-}^2$$

F_+和F_-仅比F少一个数据，因此可以认为标准偏差都相同，即$s_{F_+} = s_{F_-} = s_F$(s_F为原始数据F的标准偏差)。这样上式变为：

$$s_D^2 = 2s_F^2$$

所以，$s_D = \sqrt{2}s_F$。

噪声水平通常用标准偏差来衡量。上述结果表明，对噪声信息计算差分(相当于求导)会增大噪声水平。

上述结论可以用于计算包含直线基线的数据的噪声水平。一般情况下，计算噪声水平先要移除基线，然后再计算标准偏差。如果基线是直线，那么不必移除基线，而是对原始数据进行差分，差分后的直线基线成为常数，不影响标准偏差的计算。将差分数据的标准偏差除以$\sqrt{2}$后即得到原始数据的噪声水平。

通过一个模拟实验来验证。首先产生了 1000 个服从$N(0, 0.1^2)$分布的随机数，以模拟一段噪声，见图 7.4(a)；此数据的标准偏差为 0.1，即噪声水平为 0.1。给噪声数据加上一段直线来模拟基线，结果见图 7.4(b)；由于基线的存在，此数据的标准偏差为 2.9，与噪声水平相差甚大。对图 7.4(b)数据进行差分，结果见 7.4(c)，差分数据的标准偏差为 0.139，根据本题结论得到原始数据的标准偏差$\frac{0.139}{\sqrt{2}} = 0.098$，与真实噪声水平 0.1 基本相等。

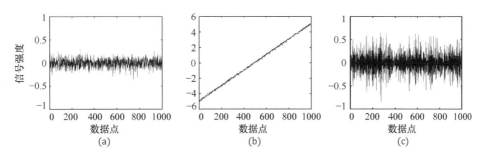

图 7.4 (a)模拟噪声；(b)图(a)噪声叠加了直线；(c)图(b)信号的一阶差分

7.4 置 信 区 间

置信区间(confidence interval)通过 t 分布或者 u 分布(即标准正态分布)得到，分别用于总体标准偏差未知和已知的情形。对于一组测量值 $x_1, x_2, \cdots, x_n$，如果总体标准偏差未知，那么平均值的置信区间为：

$$\left[\overline{x} - \frac{st_{\alpha/2,f}}{\sqrt{n}}, \overline{x} + \frac{st_{\alpha/2,f}}{\sqrt{n}}\right]$$

其中，$t_{\alpha/2,f}$ 为累积概率 $(1 - \alpha/2)$ 对应的临界值。

如果总体标准偏差 σ 已知，那么平均值的置信区间为：

$$\left[\overline{x} - \frac{\sigma u_{\alpha/2}}{\sqrt{n}}, \overline{x} + \frac{\sigma u_{\alpha/2}}{\sqrt{n}}\right]$$

其中，$u_{\alpha/2}$ 为累积概率 $(1 - \alpha/2)$ 对应的临界值。

在显著性水平 α 下，置信区间包含真实值的概率是 $(1-\alpha)$[1]，此概率即是置信度(confidence)。

置信区间   难度：★★☆☆☆

例 7.7 相同条件下的 10 次测量值：7.5, 7.4, 7.7, 7.6, 7.5, 7.6, 7.6, 7.5, 7.6, 7.6。计算 95% 置信度下平均值的置信区间。

解 总体方差未知，所以置信区间的计算式如下：

$$\left[\overline{x} - \frac{st_{\alpha/2,f}}{\sqrt{n}}, \overline{x} + \frac{st_{\alpha/2,f}}{\sqrt{n}}\right]$$

对于 95% 置信度，显著性水平 α 等于 0.05。在 stac 软件中选择"Two-sided Test"计算模式，从 Type 下拉列表中选择 t，然后输入自由度 9，最后计算显著性水平 0.05 对应的临界值，结果为 2.26，即 $t_{0.025,9} = 2.26$。将 $t_{0.025,9}$ 代入上式后计算出置信区间为 [7.5, 7.6]。

计算置信区间时，需要注意临界值是 $t_{\alpha/2,f}$，而不是 $t_{\alpha,f}$。

---

1) 一个常见的错误表述是"真实值落入置信区间的概率是……"；随机性只出现在测量值（平均值）中，真实值已经确定，不存在随机性。

置信区间　　　　　　　　　　　　　　　　　　　　　　　　难度：★★☆☆☆

例 7.8　某测量值服从 t 分布。如果平均值的置信区间在 95%置信度下不超过 $\bar{x} \pm s$，最少应该测量几次？在 90%置信度下，结果又是多少？

　　解　置信区间的计算式如下：

$$\left[\bar{x} - \frac{st_{\alpha/2,f}}{\sqrt{n}}, \bar{x} + \frac{st_{\alpha/2,f}}{\sqrt{n}} \right]$$

欲使置信区间不超过 $\bar{x} \pm s$，那么

$$\frac{st_{\alpha/2,f}}{\sqrt{n}} < s$$

即

$$\sqrt{n} > t_{\alpha/2,f}$$

对于 95%置信度，显著性水平 α 等于 0.05。在 stac 软件中选择 "Two-sided Test" 计算模式，从 Type 下拉列表中选择 t，然后在不同自由度下计算显著性水平 0.05 对应的临界值，并判断是否符合上式；发现自由度为 6 时，$t_{0.025,\,6} = 2.45 < \sqrt{7}$，所以至少要测量 7 次。

　　在 90%置信度下，计算方法相同：当 $n = 5$ 时，$t_{0.05,\,4} = 2.13$，所以至少要测量 5 次。

　　结果表明，当置信区间相同，测量次数越少，置信度越低。

单侧置信区间　　　　　　　　　　　　　　　　　　　　　　难度：★★★☆☆

例 7.9　对矿样的含铜量进行测定，13 次分析的平均值为 1.21%，标准偏差为 0.04%。计算 95%置信度下含铜量平均值的单侧置信下限。

　　解　本节开始介绍的置信区间是双侧置信区间，有两个端点。单侧置信区间只有一个端点(另一个相当于正无穷大或者负无穷大)；单侧置信区间端点与双侧置信区间端点的计算公式类似，只是其中的临界值不同。对于本题，单侧置信下限是：

$$\bar{x} - \frac{st_{\alpha,f}}{\sqrt{n}}$$

注意其中的临界值是 $t_{\alpha,f}$，不同于双侧置信区间的 $t_{\alpha/2,f}$。

　　对于 95%置信度，显著性水平 $\alpha = 0.05$。在 stac 软件中选择 "Right One-sided Test" 计算模式，从 Type 下拉列表中选择 t，然后输入自由度 12，最后计算显著性水平 0.05 对应的临界值，结果为 1.78，即 $t_{0.05,\,12} = 1.78$。将 $t_{0.05,\,12}$ 代入上式后计算出单侧置信下限为 1.19。由该结果可知，区间 $[1.19, +\infty)$ 包含真实值的概率为 95%。

　　同理可以计算出单侧置信上限为 1.23，意味着 $(-\infty, 1.23]$ 包含真实值的概率为 95%。综合两个单侧置信区间，可知 $[1.19, 1.23]$ 包含真实值的概率是 90%，这也是 90%置信度下的双侧置信区间。

7.5　分析结果精密度的检验

对某物理量进行测量，得到一组测量值$x_1, x_2, \cdots, x_n$。欲判断数据的波动是否源自确定性因素，需要对测量结果的精密度进行检验。

精密度的检验通过χ^2检验来完成。χ^2检验的检验统计量如下：

$$\chi^2 = \frac{(n-1)s^2}{\sigma^2}$$

其中，s^2和σ^2分别表示样本方差和总体方差。随机变量χ^2服从自由度为f $(f = n-1)$的χ^2分布。

χ^2检验的流程如下。

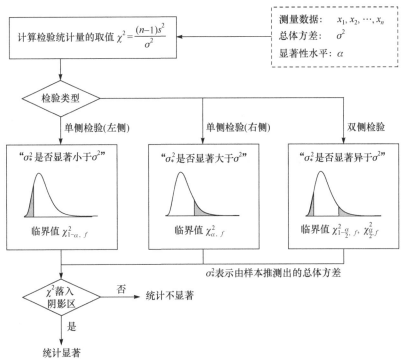

χ^2检验；右侧单侧检验；软件使用示例　　　　　　　　　　　　　　难度：★★★☆☆

例 7.10　一新建分析实验室按照测试标准，对标样进行了 9 次分析，标准偏差为 0.07。该测试标准规定，标样分析结果的标准偏差不得超过 0.05。在 0.05 显著性水平下，能否认为该实验室结果的标准偏差显著偏大？

解　根据问题描述，使用χ^2检验，属于右侧单侧检验。先计算检验统计量的取值：

$$\chi^2 = \frac{(n-1)s^2}{\sigma^2} = 15.7$$

然后计算临界值$\chi^2_{0.05,8}$。如图 7.5(a)所示，选择 "Right One-sided Test" 计算模式，从 Type

下拉列表中选择 Chi2，在 Degrees of Freedom 编辑框输入 8；在 Significance Level 编辑框输入 0.05，回车或者单击 Calculate 按钮，软件显示临界值为 15.5073。检验统计量的取值 15.7 超出临界值 $\chi^2_{0.05,8} = 15.5073$(落入图中的阴影区)，所以该实验室结果的标准偏差显著偏大，该结论的可靠性为 95%。

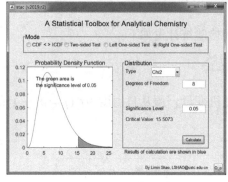 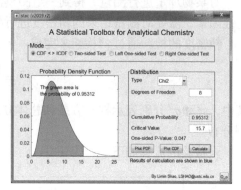

(a) 计算临界值　　　　　　　　　　　　　　(b) 计算 P-值

图 7.5　　stac 软件用于 χ^2 检验时的界面

　　该题也可以通过 P 值完成检验，而且效率更高。如图 7.5(b)所示，在软件中选择"CDF <> ICDF"计算模式，从 Type 下拉列表中选择 Chi2，在 Degrees of Freedom 编辑框输入 8；在 Critical Value 编辑框输入检验统计量取值 15.7，回车或者单击 Calculate 按钮，软件显示单侧检验的 P-值为 0.047(软件还计算出累积概率，不过这里不需要)，小于显著性水平 0.05，所以该实验室结果的标准偏差显著偏大。

　　该实验室的分析结果波动太大，超出规定，95%可能源自确定性因素。应该改进分析条件，使其更加稳定。对实验室操作人员来说，他希望标准偏差没有显著偏大——可以理解，于是他可能想在更低显著性水平下进行检验，因为相应的临界值会变大——不值得提倡。如果使用 0.01 显著性水平，临界值为 $\chi^2_{0.01,8} = 20.1$，这种情况下检验统计量取值 15.7 没有超出临界值，结论即变为"实验室结果的标准偏差没有显著偏大"。显著性水平越低(即拒真错误概率越低)，存伪错误概率越高，说明检验者越倾向于接受原假设(标准偏差较大的原因是随机因素)——这种倾向有损(作为检验者的)实验室操作人员的客观性。

7.6　两组数据精密度的比较

　　两组数据精密度的比较就是两组数据方差的比较，通过 F 检验来完成。F 检验的检验统计量如下：

$$F = \frac{s_1^2}{s_2^2}$$

式中，s_1^2 和 s_2^2 分别为两个样本的样本方差。检验统计量服从 F 分布。

F检验的流程如下。

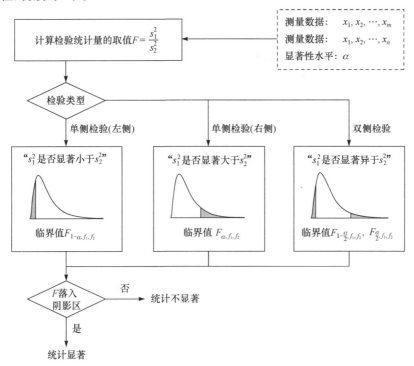

左侧单侧检验中的判断"s_1^2是否显著小于s_2^2"等价于"s_2^2是否显著大于s_1^2",而后者属于右侧单侧检验。F分布临界值的一个性质是$F_{1-\alpha,f_1,f_2} = \dfrac{1}{F_{\alpha,f_2,f_1}}$。根据这两个事实可知：将左侧单侧检验中的检验统计量取值和临界值取倒数，结果就是右侧单侧检验。所以，这两种单侧检验可以统一为右侧单侧检验，只需要将检验统计量定义为"大方差除以小方差"[1]。

由于$F_{1-\alpha,f_1,f_2} = \dfrac{1}{F_{\alpha,f_2,f_1}}$，在双侧检验中只需要计算一个临界值，将之取倒数后即可得到另一个临界值。这样，双侧检验也可以等效转化为右侧单侧检验，检验统计量仍然定义为"大方差除以小方差"。需要指出的是，如果以右侧单侧检验方式进行双侧检验，$\alpha_{双侧} = 2\alpha_{单侧}$。

许多传统教材将F检验统计量定义为"大方差除以小方差"，提供标题诸如"置信度95%时的F值(单侧)"统计数值表，用于 0.05 显著性水平的单侧检验和 0.10 显著性水平的双侧检验。这种方式虽然简单，但是有损F检验的直观性。另外，这种数值表无法用于其他置信度下的检验，比如 95%(或者说 0.05 显著性水平)的双侧检验。不过，统计软件可以完成任何置信度下的检验，使用时也不必刻意"大方差除以小方差"，按照前面介绍的步骤，可能还更容易理解一些。

---

1) 当然也可以将右侧单侧检验等效转化为左侧单侧检验，检验统计量则统一定义为"小方差除以大方差"。

两组数据精密度的比较；左侧单侧检验；软件使用示例　　　　　　　难度：★★☆☆☆

例 7.11　某分析人员连续两天使用同一方法分析同一样品，结果如下：

第一天　　9.56　　9.56　　9.60　　9.57　　9.58　　9.62

第二天　　9.33　　9.51　　9.49　　9.51　　9.49　　9.34

在 95% 置信度下，第一天数据的精密度是否显著优于第二天数据的精密度？

解　本题是判断第一天数据的样本方差是否显著小于第二天数据的样本方差，使用 F 检验，属于左侧单侧检验。先计算检验统计量的取值：

$$F = \frac{s_1^2}{s_2^2} = 0.079$$

然后计算临界值 $F_{0.95,5,5}$。如图 7.6(a) 所示，选择 "Left One-sided Test" 计算模式，从 Type 下拉列表中选择 F，在 1st Degrees of Freedom 和 2nd Degrees of Freedom 编辑框均输入 5；在 Significance Level 编辑框输入 0.05(对应 95% 置信度)，回车或者单击 Calculate 按钮，软件显示临界值为 0.19801。检验统计量的取值 0.079 超出临界值 $F_{0.95,5,5} = 0.20$(落入图中的阴影区)，所以第一天数据的样本方差显著小于第二天数据的样本方差，即第一天数据的精密度显著优于第二天，该结论的可靠性为 95%。

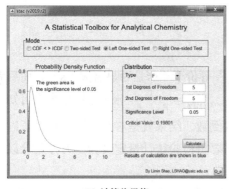 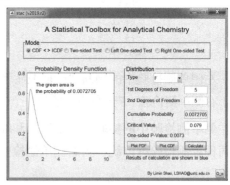

(a) 计算临界值　　　　　　　　　　　　　　(b) 计算 P-值

图 7.6　stac 软件用于 F 检验时的界面

该题也可以通过 P-值完成检验，而且效率更高。如图 7.6(b) 所示，在软件中选择 "CDF <> ICDF" 计算模式，从 Type 下拉列表中选择 F，在 1st Degrees of Freedom 和 2nd Degrees of Freedom 编辑框均输入 5；在 Critical Value 编辑框输入检验统计量取值 0.079，回车或者单击 Calculate 按钮，软件显示单侧检验的 P-值为 0.0073(软件还计算出累积概率，不过这里不需要)，小于显著性水平 0.05，所以第一天数据的样本方差显著小于第二天数据的样本方差。

该问题等价于"在 95% 置信度下，第二天数据的样本方差是否显著大于第一天数据的样本方差"。这样就是右侧单侧检验，临界值为 $F_{0.05,5,5} = 5.1$，检验统计量的值为 $F = \frac{s_2^2}{s_1^2} = 12.7$，超出临界值。所以 s_2^2 显著大于 s_1^2，即第二天数据的精密度比第一天数据显著地差。这就是传统的"大方差除以小方差"的 F 检验模式。

两组数据精密度的比较；双侧检验；软件使用示例 难度：★★☆☆☆

例 7.12 甲、乙二人在相同条件下，使用同一方法分析同一样品，结果如下：

甲 96.5 95.8 97.1 96.0

乙 94.2 93.0 95.0 93.0 94.5

在 95%置信度下检验两组数据的精密度是否存在显著性差异。

解 本题是两组数据精密度的比较，使用 F 检验，属于双侧检验。先计算检验统计量的取值：

$$F = \frac{s_{甲}^2}{s_{乙}^2} = 0.41$$

然后计算临界值 $F_{0.975,3,4}$ 和 $F_{0.025,3,4}$。如图 7.7(a)所示，选择 "Two-sided Test" 计算模式，从 Type 下拉列表中选择 F，在 1st Degrees of Freedom 和 2nd Degrees of Freedom 编辑框分别输入 3 和 4；在 Significance Level 编辑框中输入 0.05(对应 95%置信度)，回车或者单击 Calculate 按钮，软件显示临界值为两个临界值分别是 0.066221 和 9.9792。检验统计量的取值 0.41 介于两个临界值之间，所以两组数据的精密度无显著性差异；仅靠题中条件，无法得出这一结论的可靠性。

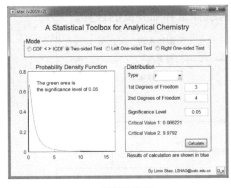

(a) 计算临界值

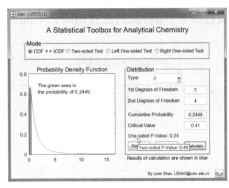

(b) 计算 P-值

图 7.7 stac 软件用于 F 检验时的界面

检验统计量也可以按照 $F = \frac{s_{乙}^2}{s_{甲}^2} = 2.43$ 计算，临界值变为 $F_{0.975,4,3} = 0.10$，$F_{0.025,4,3} = 15.1$，结论仍然是无显著性差异。

该题也可以通过 P-值完成检验，而且效率更高。如图 7.7(b)所示，在软件中选择 "CDF <> ICDF" 计算模式，从 Type 下拉列表中选择 F，在 1st Degrees of Freedom 和 2nd Degrees of Freedom 编辑框分别输入 3 和 4；在 Critical Value 编辑框输入检验统计量取值 0.41，回车或者单击 Calculate 按钮，软件显示单侧检验的 P-值为 0.24(软件还计算出累积概率，不过这里不需要)，将鼠标指针悬停在该行文本，就从提示信息中得到双侧检验的 P-值 0.49，大于显著性水平 0.05，所以两组数据的精密度无显著性差异。

甲、乙二人的数据的标准偏差分别是 0.58 和 0.90。甲的标准偏差数值虽然更小，但是并不一定说明甲的实验操作优于乙，F 检验结果表明，数值差异很有可能是随机因素导致，尽管不知道这种可能性是多大。

　　该题的传统解法是以"大方差除以小方差"的方式计算检验统计量的取值，然后查置信度 97.5% 的 F 分布单侧统计数值表，获得临界值 15.1，通过比较得出无显著性差异的结论。

7.7　平均值与参考值的比较

　　对某物理量进行测量，得到一组测量值 $x_1, x_2, \cdots, x_n$。欲判断平均值与参考值的差异(大于、小于或者异于)是否源自确定性因素，需要进行显著性检验。

　　这类问题通过 t 检验或者 u 检验来完成，分别用于总体标准偏差未知和已知的情形。t 检验和 u 检验的检验统计量如下：

$$t = \frac{\overline{x} - \mu}{s}\sqrt{n}, \ u = \frac{\overline{x} - \mu}{\sigma}\sqrt{n}$$

式中，$\overline{x}$ 为样本均值，s 为样本标准偏差；μ 为总体均值(即参考值)，σ 为总体标准偏差。随机变量 t 服从自由度为 $f\,(f = n-1)$ 的 t 分布；随机变量 u 服从标准正态分布。t 检验的流程如下，u 检验的流程相同，不同的只是检验统计量和临界值的计算。

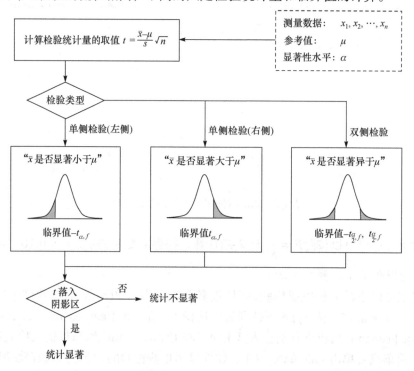

平均值与参考值的比较；右侧单侧检验　　　　　　　　难度：★★★☆☆

例 7.13　某环境监测中心定期监测自来水的铁含量，长期分析发现，铁含量服从正态分布 $N(0.28, 0.04^2)$。一天在不同时刻取了 5 个样，测得铁含量的平均值为 0.31 mg·L⁻¹，在

0.05 显著性水平下判断当天自来水的铁含量是否显著偏大。

解　由于总体标准偏差已知，所以使用 u 检验，属于右侧单侧检验。先计算检验统计量的取值：

$$u = \frac{\overline{x} - \mu}{\sigma}\sqrt{n} = 1.68$$

式中，$\overline{x}$ 表示样本均值 0.31，μ 表示总体均值 0.28，σ 表示总体标准偏差 0.04。在 stac 软件中选择 "Right One-sided Test" 计算模式，从 Type 下拉列表中选择 Normal，然后输入总体均值 0 和总体标准偏差 1，最后计算显著性水平 0.05 对应的临界值，结果为 1.6449。检验统计量的取值 1.68 超出临界值，所以自来水的铁含量显著偏大，该结论的可靠性为 95%。

对于这类检验，显著性水平应该高一点，相应的"存伪错误"的概率会降低，即降低"测量值异常却被认为是正常"的错误的概率。这符合环境监测中的谨慎原则，即使这样做容易导致误报，即"测量值正常却被认为异常"。

平均值与参考值的比较；左侧单侧检验　　　　　　　　　　　　　难度：★★★☆☆

例 7.14　某化工厂一种无机产品的含铁量为 0.15%。试用了一种降低铁含量的新工艺，分析了 5 个样品的铁含量，结果为 0.13%、0.12%、0.14%、0.14% 和 0.13%。分别在显著性水平 0.05 和 0.01 下，判断新工艺是否显著降低了产品的铁含量。最终应该选择哪个显著性水平？为什么？

解　由于总体标准偏差未知，所以使用 t 检验，属于左侧单侧检验。先计算检验统计量的取值：

$$t = \frac{\overline{x} - \mu}{s}\sqrt{n} = -4.81$$

式中，$\overline{x}$ 表示样本均值，μ 表示总体均值，s 表示样本标准偏差。在 stac 软件中选择 "Left One-sided Test" 计算模式，从 Type 下拉列表中选择 t，然后输入自由度 4，最后计算显著性水平 0.05 对应的临界值，结果为 -2.1318。检验统计量的取值 -4.81 超出临界值，所以采用了新工艺样品的含铁量显著降低，该结论的可靠性为 95%。

如果在显著性水平 0.01 下进行检验，临界值 $-t_{0.01,4} = -3.75$，结论仍然是含铁量显著降低，结论可靠性变为 99%。两种显著性水平下的检验结论相同，最终应该选择 0.01 显著性水平，因为结论的可靠性更高。

平均值与参考值的比较；双侧检验　　　　　　　　　　　　　　难度：★★★☆☆

例 7.15　设计了一种测 Zn 的新方法。通过该方法测定锌含量为 34.33% 的标准合金试样，5 次测定结果为 34.38%、34.26%、34.29%、34.38%、34.37%。在 95% 置信度下判断新方法是否有系统误差。

解　由于总体标准偏差未知，所以使用 t 检验，属于双侧检验。先计算检验统计量的取值：

$$t = \frac{\overline{x} - \mu}{s} \sqrt{n} = 0.24$$

式中，$\overline{x}$ 表示样本均值，μ 表示总体均值，s 表示样本标准偏差。95%置信度对应 0.05 显著性水平。在 stac 软件中选择 "Two-sided Test" 计算模式，从 Type 下拉列表中选择 t，然后输入自由度 4，最后计算显著性水平 0.05 对应的临界值，结果为−2.7764 和 2.7764。检验统计量的取值 0.24 介于两个临界值之间，所以新方法测定的平均值与标准值没有显著性差异。也可以说新方法测定的平均值与标准值的差异源自随机因素，所以新方法没有系统误差。根据题中的信息，无法确定该结论的可靠性。

本题即使不能得出结论的可靠性，也可以通过使用高显著性水平来提高结论的可靠性。比如在 0.10 显著性水平(置信度为 90%)下进行检验，结论仍然是"新方法没有系统误差"，仍然不能得出该结论的可靠性，但是可靠性要高于 0.05 显著性水平(置信度为 95%)的相同检验结论。

平均值与参考值的比较；双侧检验　　　　　　　　　　难度：★★★☆☆

例 7.16　某药品有效成分的含量服从正态分布 $N(\mu, 8^2)$。对于每一批次产品，质检要求 16 个抽检样品的均值与 μ 相差不超过 3.29，该批次产品才合格。检验的显著性水平是多少？

解　由于总体标准偏差已知，所以使用 u 检验，属于双侧检验。先计算检验统计量的取值：

$$u = \frac{\overline{x} - \mu}{\sigma} \sqrt{n} = \pm 1.645$$

式中，$\overline{x}$ 表示样本均值，σ 表示总体标准偏差。对于标准正态分布，通过 stac 软件得到 −1.645 对应的累积概率是 0.05；示意图如下，其中两个端点分别是−1.645 和 1.645，阴影部分面积为显著性水平。

由于是双侧检验，所以质检部门采用的显著性水平是 0.10。

χ^2 检验；u 检验；双侧检验　　　　　　　　　　难度：★★★☆☆

例 7.17　某天平制造商使用 1.0000 g 标准砝码对其产品进行检验，合格产品的标准偏差为 0.0002 g。对一台天平进行检验，称量标准砝码 15 次，结果为：0.9999、1.0001、0.9996、0.9999、1.0000、0.9998、0.9998、0.9997、1.0004、1.0001、1.0003、1.0000、1.0002、0.9997、1.0002。在 0.05 显著性水平下检验该天平是否合格。

解　由只有称量值的均值和方差与参考值均无显著性差异时，才可以认为天平合格。总体均值和总体方差已知，所以使用 χ^2 检验和 u 检验，而且都属于双侧检验。

先检验方差。计算检验统计量的取值：

$$\chi^2 = \frac{(n-1)s^2}{\sigma^2} = 19.6$$

在 stac 软件中选择 "Two-sided Test" 计算模式，从 Type 下拉列表中选择 Chi2，然后输入自由度 14，最后计算显著性水平 0.05 对应的临界值，结果为 5.6287 和 26.1189。检验统计量的取值 19.6 介于两个临界值之间，所以测量值的方差与参考值无显著性差异。

再检验样本均值。计算检验统计量的取值：

$$u = \frac{\bar{x} - \mu}{\sigma}\sqrt{n} = -0.39$$

在 stac 软件中选择 "Two-sided Test" 计算模式，从 Type 下拉列表中选择 Normal，然后输入总体均值 0 和总体标准偏差 1，最后计算显著性水平 0.05 对应的临界值，结果为 -1.96 和 1.96。检验统计量的取值 -0.39 介于两个临界值之间，所以测量值的均值与参考值无显著性差异。

综合以上结果，该天平的精密度和准确度都没有显著异于参考值，是合格产品。

与例 7.15 类似，本题也可以通过使用高显著性水平来提高"无显著性差异"这一结论的可靠性(本题的显著性水平甚至可以提高到 0.20，检验结论不变)，尽管具体概率无法得出。

7.8　两个平均值的比较

当两组数据的精密度没有显著性差异时，通常会进一步比较两个平均值，判断二者的差异是源自随机因素还是确定性因素。

解决上述问题的常用数理统计方法是 t 检验，步骤与 7.7 中介绍的相同，但是，自由度 $f = m + n - 2$(m 和 n 分别是两组数据的数量)，检验统计量为：

$$t = \frac{\bar{x}_1 - \bar{x}_2}{\bar{s}}\sqrt{\frac{mn}{m+n}}$$

式中，$\bar{s}$ 表示合并标准偏差(pooled standard deviation)，其计算公式如下：

$$\bar{s} = \sqrt{\frac{(m-1)s_1^2 + (n-1)s_2^2}{m+n-2}}$$

注意，只有当 s_1^2 和 s_2^2 不存在显著性差异时，才可以计算 $\bar{s}$。所以，这种类型检验之前还应该进行 F 检验。

平均值与参考值的比较；右侧单侧检验　　　　　　　　　　　　　　难度：★★★☆☆

例 7.18　通过某分析方法测定两个蔬菜农药残留。分析样品一的 4 个不同部位，结果为 0.2, 0.4, 0.3, 0.4；分析样品二的 4 个不同部位，结果为 0.4, 0.6, 0.5, 0.3。在 0.10 显著性下判断样品二的农药残留是否显著高于样品一。

解　先进行精密度检验。根据题意，属于双侧检验。计算检验统计量的取值：

$$F = \frac{s_1^2}{s_2^2} = 0.55$$

在 stac 软件中选择 "Two-sided Test" 计算模式，从 Type 下拉列表中选择 F，然后分别输入分子自由度 3 和分母自由度 3，最后计算显著性水平 0.10 对应的临界值，结果为 0.1078 和 9.2766。检验统计量的取值 0.55 介于两个临界值之间，所以两组数据的精密度无显著性差异。

精密度经检验无显著性差异，那么可以进一步比较平均值。

以 $\bar{x}_1$ 和 $\bar{x}_2$ 分别表示样品一和样品二的农药残留平均值，现在要判断 $\bar{x}_2$ 是否显著大于 $\bar{x}_1$，属于右侧单侧检验。根据前面介绍的公式计算出检验统计量的取值：

$$t = \frac{\bar{x}_2 - \bar{x}_1}{\bar{s}} \sqrt{\frac{mn}{m+n}} = 1.56$$

在 stac 软件中选择 "Right One-sided Test" 计算模式，从 Type 下拉列表中选择 t，然后输入自由度 6，最后计算显著性水平 0.10 对应的临界值，结果为 1.4398。检验统计量的取值 1.56 超出临界值，所以 $\bar{x}_2$ 显著大于 $\bar{x}_1$，即样品二的农药残留显著高于样品一，该结论的可靠性为 90%。

尝试在 0.05 显著性水平下进行检验。F 检验的结果仍然是精密度无显著性差异。在 t 检验中，0.05 显著性水平对应的临界值 $t_{0.05,6} = 1.94$，检验统计量的取值没有超出临界值，结论变为：不能认为样品二的农药残留显著高于样品一。

平均值与参考值的比较；双侧检验　　　　　　　　　　　难度：★★★☆☆

例 7.19　　通过两种方法测定标准矿样中的铁含量。方法一测定了 7 次，均值为 2.08，标准偏差为 0.10；方法二测定了 9 次，均值为 2.19，标准偏差为 0.12。在 0.10 显著性水平下检验精密度是否存在显著性差异。在 0.10 和 0.05 显著性水平下检验两个平均值是否存在显著性差异，两个结论的可靠性是多少？

解　先进行精密度检验。根据题意，属于双侧检验。计算检验统计量的取值：

$$F = \frac{s_1^2}{s_2^2} = 0.69$$

在 stac 软件中选择 "Two-sided Test" 计算模式，从 Type 下拉列表中选择 F，然后分别输分子自由度 6 和分母自由度 8，最后计算显著性水平 0.10 对应的临界值，结果为 0.24115 和 3.5806。检验统计量的取值 0.69 介于两个临界值之间，所以两种方法结果的精密度无显著性差异。对于 0.05 显著性水平下的精密度检验，结论相同，不必计算，因为在某一显著性水平下的检验结论如果是无显著性差异(即 P-值大于 α)，那么在更低显著性水平下的检验结论肯定也是无显著性差异(P-值仍大于 α)。

精密度经检验无显著性差异，那么可以进一步比较平均值。

通过 t 检验比较平均值，属于双侧检验。根据前面介绍的公式计算出检验统计量的取值：

$$t = \frac{\bar{x}_1 - \bar{x}_2}{\bar{s}} \sqrt{\frac{mn}{m+n}} = -1.95$$

在 stac 软件中选择"Two-sided Test"计算模式，从 Type 下拉列表中选择 t，然后输入自由度 14，最后计算显著性水平 0.10 对应的临界值，结果为−1.7613 和 1.7613。检验统计量的取值−1.95 超出临界值，所以两个平均值存在显著性差异，该结论的可靠性为 90%。

在 0.05 显著性水平下进行检验，过程相同，只有两个临界值发生改变−$t_{0.025,\,14}$ = −2.14 和 $t_{0.025,\,14}$ = 2.14。这种情况下，检验统计量的取值没有超出临界值，所以两个平均值不存在显著性差异，该结论的可靠性未知。

同一数据得出相反的检验结论，这是显著性检验中的正常现象。结论不同，反映的是检验者的不同倾向。显著性水平即是检验中"拒真错误"的概率。对于分别选择 0.10 显著性水平和 0.05 显著性水平的检验者，前者犯"拒真错误"的概率更大，因为他倾向于拒绝原假设，也就是说他倾向认为平均值的差异源自确定性因素；后者犯"存伪错误"的概率更大，因为他倾向于接受原假设，也就是说他倾向认为平均值的差异源自随机因素。

7.9　两组配对数据的比较

分析化学中存在这样的情形：有多个样品，每个样品通过两种方法进行分析，或者由两位分析人员使用同一方法在相同条件下进行分析。类似情形也见于样品处理方法的研究：对处理前和处理后的样品在相同条件下进行分析。分析完成后，得到如下数据，每个样品都有两个结果，这就是所谓的配对数据(paired data)。

	样品 1	样品 2	$\cdots$	样品n
分析一	a_1	a_2	$\cdots$	a_n
分析二	b_1	b_2	$\cdots$	b_n

上述配对数据的检验，不属于 7.8 节中介绍的两个平均值的比较，因为a_i(或者b_i)不是同一对象的测量值，计算其平均值$\bar{a}$(或者$\bar{b}$)没有意义。正确的做法是检验配对数据的差值d_i ($d_i = a_i - b_i$)，即检验d_i与其参考值是否存在显著性差异。这里的"参考值"是指仅在随机因素的影响下差值的期望值。不难理解，这个期望值一般是零(当然也有例外，参见例题 7.22)。

检验配对数据，首先计算配对数据的差值d_i，然后使用 7.7 节中介绍的 t 检验。

配对数据比较；双侧检验　　　　　　　　　　　　　　　　　难度：★★☆☆☆

例 7.20　在分析天平操作训练中，学生从称量瓶转移固体试样到已恒重的坩埚中，然后比较称量瓶的减重和坩埚的增重。一名学生操作了 6 次，结果如下：

称量瓶减重	0.2125	0.3026	0.1426	0.1573	0.1443	0.1561
坩埚增重	0.2124	0.3025	0.1423	0.1568	0.1443	0.1566

在 0.05 显著性水平下，判断该学生的称量是否合格。

解　该问题属于配对数据的比较。先计算减重和增重之间的差值 d，得到：

d	0.0001	0.0001	0.0003	0.0005	0.0000	−0.0005

然后计算检验统计量的值$t = \frac{\bar{d}-d_R}{s}\sqrt{n} = 0.55$，其中$d_R$表示差值的参考值，在本题中等于零。

根据题意，本题属于t检验，双侧检验(即判断差值是否显著异于零)。在 stac 软件中选择"Two-sided Test"计算模式，从 Type 下拉列表中选择t，然后输入自由度 5，最后计算显著性水平 0.05 对应的临界值，结果为-2.5706 和 2.5706。检验统计量的取值 0.55 介于两个临界值之间，所以不能认为d显著异于零，即 6 次操作中称量瓶减重和坩埚增重之间的差异源自随机因素，而非确定性因素——学生称量操作有误，所以该学生的称量合格。根据题目给出的条件，无法确定此结论的可靠性。

与例 7.15 类似，本题也可以通过使用高显著性水平来提高"无显著性差异"这一结论的可靠性。例如，在 0.20 显著性水平下进行检验，结论仍然是"无显著性差异"，可靠性依然无法得出，但是高于 0.05 显著性水平下相同结论的可靠性。

配对数据比较；左侧单侧检验　　　　　　　　　　　　　　　　　　　难度：★★☆☆☆

例 7.21　某实验室合成了一种新型耐磨弹性材料，欲推广。与运动鞋制造商合作，分别以新型材料(A)和传统材料(B)制作一双运动鞋的左右鞋底。邀请15名志愿者试穿3个月，然后测定鞋底磨损(mm)，结果如下：

A　3.4　3.0　1.7　1.8　4.8　0.7　2.1　1.5　2.2　2.5　3.9　1.1　3.9　0.6　0.9
B　2.6　4.6　1.2　2.0　3.2　0.9　3.7　2.5　3.0　3.5　5.6　2.3　5.8　0.6　0.9

在 0.05 显著性水平下，能否认为新型材料比传统材料更加耐磨？

解　该问题属于配对数据的比较。先计算 A、B 两种材料磨损的差值d，得到：

d　0.8　-1.6　0.5　-0.2　1.6　-0.2　-1.6　-1.0　-0.8　-1.0　-1.7　-1.2　-1.9　0.0　0.0

然后计算检验统计量的值$t = \frac{\bar{d}-d_R}{s}\sqrt{n} = -2.10$，其中$d_R$表示差值的参考值，在本题中等于零。

"是否更加耐磨"等价于"A 材料的磨损是否小于 B 材料"，因此本题属于左侧单侧检验，即判断差值是否显著小于零。在 stac 软件中选择"Left One-sided Test"计算模式，从 Type 下拉列表中选择t，然后输入自由度 14，最后计算显著性水平 0.05 对应的临界值，结果为-1.7613。检验统计量的取值-2.10 超出临界值，所以d显著小于零，即 A 材料的磨损显著小于 B 材料，此结论的可靠性为 95%。

统计检验支持了新材料更加耐磨，检验结果的可靠性为 95%。对于材料合成者而言，这是一个令人振奋的结论。自然地，他想进一步提高结论的可靠性，尝试在更低显著性水平下，如 0.01，再次检验；如果结论不变，那么可靠性将提高到 99%。在 0.01 显著性水平下，临界值为$-t_{0.01,14} = -2.62$，检验统计量的取值没有超出临界值，所以检验结论是"不能认为 A 材料的磨损显著低于 B 材料"(注意该结论的可靠性不是 99%)。该结论显然不是材料合成者愿意接受的，所以他仍然采用 0.05 显著性水平。

对于统计检验，采用不同显著性水平，结论可能相反。这是数理统计检验的性质使然，随机性不同于确定性。就本问题而言，0.05 和 0.01 是实际中常用的显著性水平，材料合成者使用 0.05 而不是 0.01，以获得有利结论，其实也无可厚非，不宜视为不诚信。

当然，为了得到有利的结论而选择更大的、不常用的显著性水平，是不合适的。

配对数据比较；右侧单侧检验　　　　　　　　　　　　难度：★★★☆☆

例 7.22　化工厂欲引进某公司的烟气脱硫技术。该公司宣称可以使 SO_2 的小时排放量降低至少 8.5 kg。测试时，在脱硫装置前后分别检测 SO_2 的浓度，结合其他参数计算脱硫前后 SO_2 的小时排放量(kg)。随机测量了 10 次，结果如下：

脱硫前	94.5	101.0	110.0	103.5	97.0	88.5	96.5	101.0	104.0	116.5
脱硫后	85.0	89.5	101.5	96.0	86.0	80.5	87.0	93.5	93.0	102.0

在 0.05 显著性水平下，该脱硫技术是否符合标称性能？

解　该问题属于配对数据的比较。先计算脱硫前后 SO_2 小时排放量的差值 d，得到：

d	9.5	11.5	8.5	7.5	11.0	8.0	9.5	7.5	11.0	14.5

然后计算检验统计量的值 $t = \dfrac{\overline{d} - d_R}{s}\sqrt{n} = 1.94$，其中 d_R 表示差值的参考值，在本题中等于 8.5，即该脱硫技术的标称值。

根据题意，本题属于 t 检验，右侧单侧检验，即判断差值是否显著大于 0.85。在 stac 软件中选择 "Right One-sided Test" 计算模式，从 Type 下拉列表中选择 t，然后输入自由度 9，最后计算显著性水平 0.05 对应的临界值，结果为 1.8331。检验统计量的取值 1.94 超出临界值，所以 d 显著大于 0.85，即脱硫技术符合其标称性能，此结论的可靠性为 95%。

该结论对烟气脱硫技术公司是有利。如果想进一步提高结论的可靠性，那么要选择更低显著性水平，如 0.01。在 0.01 显著性水平下，临界值为 $t_{0.01,9} = 2.82$，检验统计量的取值没有超出临界值，所以检验结论是 "不能认为脱硫量显著高于 8.5，即该技术没有达到其标称性能"(注意该结论的可靠性不是 99%)。这一结论显然不是公司愿意接受的，但是工厂倾向于接受该结论，以促使公司改进其技术，使脱硫量更大(脱硫量越大，检验统计量的取值越大，就有可能在 0.01 显著性水平下超出临界值)。

公司愿意采用 0.05 显著性水平，工厂则想采用 0.01，原因是双方的倾向不同。检验时，公司倾向于拒绝原假设 "脱硫量高于标称值是由于随机因素"，愿意认为脱硫量高是由于其技术先进——这是个确定性因素。由于倾向于拒绝原假设，"拒真错误" 的概率(等于显著性水平)加大，所以公司选择 0.05 显著性水平，而不是 0.01。工厂倾向于接受原假设 "脱硫量高于标称值是由于随机因素"，直到被更加充分的证据说服(说明脱硫技术确实好)。由于倾向于接受原假设，"存伪错误" 的概率(与显著性水平的大小趋势相反)加大，所以工厂选择 0.01 显著性水平，而不是 0.05。

上述分析说明，检验者的倾向不同，显著性检验的结果可能完全相反。对于本题，0.01 和 0.05 是实际中常用的显著性水平，在合理的范围内，公司和工厂有权选择对自己有利的检验参数。至于最终结果，只能协商解决，因为同大多数实际问题一样，数理统计结果不是唯一决定因素。

参 考 文 献

樊行雪. 2010. 分析化学学习与考研指津. 2 版. 上海：华东理工大学出版社

国伟林. 2013. 分析化学辅导及习题精解. 延吉：延边大学出版社

胡育筑. 2014. 分析化学习题集. 3 版. 北京：科学出版社

江万权，金谷. 2012. 分析化学：要点·例题·习题·真题. 2 版. 合肥：中国科学技术大学出版社

李克安. 2006. 分析化学教程习题解析. 北京：北京大学出版社

刘东，徐绍炳. 2006. 分析化学学习指导与习题. 北京：高等教育出版社

潘祖亭，曾百肇. 2004. 定量分析习题精解. 2 版. 北京：科学出版社

邵利民. 2011. 分析化学数据解析中的微机应用. 合肥：中国科学技术大学出版社

邵利民. 2012. 滴定分析终点误差的通用高效计算策略. 化学通报，75(10): 952-956

邵利民. 2016. 分析化学. 北京：科学出版社

邵利民. 2016. 通过反函数或者隐函数快速准确地绘制滴定曲线. 化学通报，79(2): 187-191

邵利民. 2017. 开发面向分析化学的复杂方程绘图求解软件. 大学化学，32(10): 52-60

邵利民. 2017. 论化学平衡中的独立等量关系. 大学化学，32(11): 69-74

邵利民. 2017. 再论滴定分析终点误差的统一计算. 化学通报，80(3): 307-311

邵利民，虞正亮. 2012. 面向过程的分析化学酸碱平衡体系定量解析策略. 化学通报，75(2): 188-192

武汉大学. 2006. 分析化学（上册）. 5 版. 北京：高等教育出版社

武汉大学《定量分析习题精解》编写组. 1999. 定量分析习题精解. 北京：科学出版社

周光明. 2001. 分析化学习题精解. 北京：科学出版社

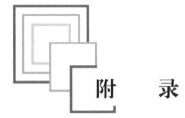

附　　录

附录 1　一些数理统计的 Matlab 程序

程序 1.1　正态分布累积分布(cumulative distribution function of normal distribution)

```
function CDF = cdfnorm(x, PopulationMean, PopulationSD)
CDF = 1/2 * erfc(-(x - PopulationMean)./ PopulationSD / sqrt(2));
```

程序 1.2　正态分布逆累积分布(inverse cumulative distribution function of normal distribution)

```
function x = icdfnorm(CDF, PopulationMean, PopulationSD)
x = PopulationMean - PopulationSD .* sqrt(2)* erfcinv(2 * CDF);
```

程序 1.3　χ^2 分布累积分布(cumulative distribution function of Chi-squared distribution)

```
function CDF = cdfchi2(x, DegreesofFreedom)
CDF = gammainc(x / 2, DegreesofFreedom / 2);
```

程序 1.4　χ^2分布逆累积分布(inverse cumulative distribution function of Chi-squared distrib-ution)

```
function x = icdfchi2(CDF, DegreesofFreedom)
x = 2 * gammaincinv(CDF, DegreesofFreedom / 2);
```

程序 1.5　t分布累积分布(cumulative distribution function of t distribution)

```
function CDF = cdft(x, DegreesofFreedom)
Sign = 2 *(x  >= 0)- 1;
f = DegreesofFreedom;
CDF =(Sign + 1)/ 2 - Sign .* betainc(f ./(f + x .* x), f / 2, 0.5)/ 2;
```

程序 1.6　t分布逆累积分布(inverse cumulative distribution function of t distribution)

```
function x = icdft(CDF, DegreesofFreedom)
Sign = 2 *(CDF  >= 0.5)- 1;
```

```
f = DegreesofFreedom;
Argument = 2 *((Sign + 1)/ 2 - Sign .* CDF);
x = Sign .* sqrt((1 ./ betaincinv(Argument, f/2，0.5)- 1)* f);
```

程序 1.7　F分布累积分布(cumulative distribution function of F distribution)

```
function CDF = cdff(x, DegreesofFreedom1, DegreesofFreedom2)
f1 = DegreesofFreedom1;
f2 = DegreesofFreedom2;
CDF = betainc(f1 * x ./(f2 + f1 * x), f1 / 2，f2 / 2);
```

程序 1.8　F分布逆累积分布(inverse cumulative distribution function of F distribution)

```
function x = icdff(CDF, DegreesofFreedom1, DegreesofFreedom2)
f1 = DegreesofFreedom1;
f2 = DegreesofFreedom2;
Argument = betaincinv(CDF, f1 / 2, f2 / 2);
x = f2 * Argument ./(f1 - f1 * Argument);
```

附录 2　关于假设检验的解释

　　假设检验是数理统计的重要内容之一。同其他数理统计方法一样，假设检验容易实施，其观点和思想却较难理解，而后者恰恰是合理使用方法以及正确解释结果的必要条件。基于这种考虑，有必要对假设检验作详细解释。

　　假设检验是根据样本信息来检验关于总体的某个假设是否成立。假设检验的基本步骤如下：

　　(1) 提出原假设 H_0。

　　(2) 确定显著性水平 α。

　　(3) 选择检验统计量 T，其概率分布在 H_0 为真时已知。

　　(4) 根据 T 的概率分布，以及该问题属于双侧检验还是单侧检验。确定拒绝域。

　　(5) 计算 T 在该具体问题中的取值 t，然后判断其是否落入拒绝域。若是，拒绝原假设；若否，则接受原假设。也可以根据 t 计算出相应的 P-值，如果 P-值 $< \alpha$，拒绝原假设；如果 P-值 $> \alpha$，则接受原假设。

　　通俗地说，假设检验就是根据实际情况判断原假设是否成立。假设检验过程就是一个逻辑链：提出假设→此假设为真时的推论→与实际情况进行对比→如果一致，那么接受原假设，否则拒绝原假设。

　　原假设(null hypothesis, H_0)是研究者不愿意接受的假设，或者希望通过证据予以反对的假设。这个规定尽管不是特别直接易懂，实际上是有道理的，目的是减小检验者个人倾向导致的不恰当的检验错误。假设检验允许错误，我们要尽量消除人为因素对这种错误的加大。下面通过一个例子进行说明。

我们把场景设在学校，原假设是"学生作弊"。某位女教师心肠软，不想伤害无辜，难以接受"学生清白却被认定作弊"，于是她把判定作弊的条件设为"取出课本并抄写"。这样，女教师犯"原假设为假，却接受了原假设"这类错误的概率非常小，符合她在这个检验问题中的个人倾向。但是，在该判定条件下，通过隐秘手段作弊的学生很有可能被认为没有作弊。女教师无意间增大了自己犯另一类错误的概率，即"原假设为真，却拒绝了原假设"。女教师不会没有意识到自己判定条件的缺陷，只是相比于无意放任，她更加在意没有冤枉学生。

同样是这个原假设，但是由某位男教师主管。男教师要求严格，对虚假的东西深恶痛绝，于是他把判定作弊的条件设为"扭头看"。他宣称："作弊却没有被发现，几乎不可能!"确实如此，男教师犯"原假设为真，却拒绝了原假设"这类错误的概率非常小(这个错误正是那位女教师容易犯的)，符合他在这个检验问题中的个人倾向。但是，在该苛刻条件下，确实没有作弊的学生却有可能被认为作弊。也就是说，男教师无意间增大了自己犯另一类错误的概率，即"原假设为假，却接受了原假设"(这个错误正是那位女教师不容易犯的)。男教师不会没有意识到自己判定条件的缺陷，只是相比于无意冤枉，男教师更加在意没有放任学生。

上述例子中的两类错误就是假设检验中的两类错误。第一类错误是原假设为真时拒绝了原假设，是"弃真"错误，也称为"检验中的损失"，犯此类错误的概率记为 α (type Ⅰ error probability)；第二类错误是原假设为假时接受了原假设，是"存伪"错误，也称为"检验中的污染"，犯此类错误的概率记为 β (type Ⅱ error probability)。

上述例子中，两位教师的检验都有问题。他们的检验操作中都带有明显的个人倾向，以至于检验结果偏向于他们自己的好恶，损害了结果的客观性。

为了消除个人偏见对假设检验的影响，规定将检验者倾向于拒绝的假设作为原假设，并要求检验者拒绝原假设时有比较充分的理由。为了实现这一要求，规定检验中犯第一类错误的概率要小，即通过小 α 来抑制检验者拒绝原假设的倾向。

根据这样的规定，上例中那位女教师的原假设应为"学生作弊"，但是判定条件必须修改，以满足 α 取较小值的要求。对于那位男教师，原假设应为"学生没有作弊"，这样，原来的判定条件会导致 α 增大，因此也必须进行修改。这样，无论是慈爱的女教师，还是严厉的男教师进行检验，检验结果都不再受他们个人好恶的影响，比较客观。

以上讨论了原假设的设定原则，此外还有一个技术性限制，就是前面介绍的假设检验步骤第三步：选择检验统计量 T，其概率分布在 H_0 为真时已知，原假设的设定必须满足这一要求。

下面给出 α 和 β 的一个图示(附图 2.1)和例题，

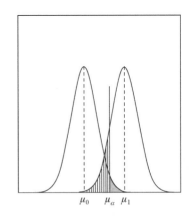

附图 2.1

左、右曲线分别是原假设(H_0: $\mu=\mu_0$)为真、假时的检验统计量的分布；μ_α 临界值；阴影部分面积等于 α，划线部分面积等于 β

以加深理解。

例题：某灌装生产线的设计标准是 40 mL/瓶。根据长期经验，标准偏差为 5。质检人员每周抽查 25 瓶，如果容量的平均值小于 38 或者大于 42 即认为生产条件不稳定。这种情况下，质检员犯第一类错误的概率是多少？如果灌装量的真实值是 37，质检员犯第二类错误的概率是多少？

略解：以 L 表示灌装量。对于第一类错误，$L \sim N(40,1)$，由此计算出

$$\alpha = P\{L < 38\} + P\{L > 42\} = 0.0455$$

对于第二类错误，$L \sim N(37,1)$，由此计算出

$$\beta = P\{38 < L < 42\} = 0.1587$$

根据假设检验中的两类错误 α 和 β，可以获得检验结果的可靠性。如果结论是"拒绝 H_0"，那么该结论正确的概率是 $1 - \alpha$（H_0 为真而被拒绝的概率是 α）；如果结论是"接受 H_0"，那么该结论正确的概率是 $1 - \beta$（H_0 为假而被接受的概率是 β）。确定 β 需要知道 H_0 为假时检验统计量的分布，该分布通常不可知，所以，"接受 H_0"这一结论正确的概率一般无法得知。

附录 3　化学平衡体系中电荷平衡式 CBE 可以通过物料平衡式 MBE 导出的证明

通过归纳法证明。

3.1　包含 2 个成分的简单分子

设分子式为 C_xD_y。C_xD_y 在溶液中电离出 C^{y+} 和 D^{x-}，根据 C_xD_y 的分子构成，得到如下 MBE：

$$\frac{1}{x}[C^{y+}] = \frac{1}{y}[D^{x-}]$$

整理后得到：

$$y[C^{y+}] = x[D^{x-}]$$

上式就是 CBE。所以，形如 C_xD_y 的简单分子，其 CBE 可以由 MBE 导出。

3.2　包含 3 个成分的复杂分子

设分子式为 $A_aB_bD_y$，其中 A、B 和 D 所带电荷分别是 $+m$、$-n$ 和 -1；A_aB_b 的净电荷为 $+y$。为 $(A_aB_b)^{y+}$ 设定一个摩尔数和电荷均相同的虚拟成分 C^{y+}，下面将证明，$(A_aB_b)^{y+}$ 的物料和电荷定量性质等价于 C^{y+}。证明过程中，仅考虑电离出 A^{m+} 和 B^{n-} 的那部分 $(A_aB_b)^{y+}$；对于平衡后没有继续电离的 $(A_aB_b)^{y+}$，其物料和电荷定量性质与 C^{y+} 的等价性显然。

由于虚拟成分C^{y+}与$(A_aB_b)^{y+}$的摩尔数相同，得到如下 MBE：

$$\frac{1}{a}[A^{m+}] = [C^{y+}] \tag{1}$$

$$\frac{1}{b}[B^{n-}] = [C^{y+}] \tag{2}$$

以上两式表明，出现在任意 MBE 中的$[A^{m+}]$和$[B^{n-}]$都可以分别被$a[C^{y+}]$和$b[C^{y+}]$替代。所以，$(A_aB_b)^{y+}$的物料定量性质被等效转移到虚拟成分C^{y+}。

$(1) \times am - (2) \times bn$，得到：

$$m[A^{m+}] - n[B^{n-}] = am[C^{y+}] - bn[C^{y+}] \tag{3}$$

另外，$(A_aB_b)^{y+}$的净电荷为$+y$，所以有如下关系成立：

$$am - bn = y \tag{4}$$

将(4)式代入(3)式，得到：

$$m[A^{m+}] - n[B^{n-}] = y[C^{y+}] \tag{5}$$

(5)式中，$m[A^{m+}] - n[B^{n-}]$是离子A^{m+}和B^{n-}的电荷定量关系，$y[C^{y+}]$是虚拟成分C^{y+}的电荷定量特征。以$y[C^{y+}]$替代 CBE 中的$m[A^{m+}] - n[B^{n-}]$，CBE 仍然成立，所以$(A_aB_b)^{y+}$的电荷定量性质被等效转移到虚拟成分C^{y+}。

综上所述，三成分化合物$A_aB_bD_y$的 MBE 和 CBE 与二成分化合物C_xD_y等价。3.1 中已经证明，二成分化合物的 CBE 可被 MBE 导出，所以$A_aB_bD_y$的 CBE 也可以被其 MBE 导出，并非一个独立条件。

3.3　包含 $N(N > 3)$个成分的复杂分子

上面已经证明，复杂分子中两个成分的物料和电荷定量性质可以等效转移到一个虚拟成分上，所以，包含 N 个成分的分子的 MBE 和 CBE 与包含 $N-1$ 个成分的分子等价。以此类推，最终可以获得一个与原分子在物料和电荷定量性质方面等价的、只有两个成分的简单分子，而对于此简单分子，3.1 中已经证明，其 CBE 可以被 MBE 导出，所以该复杂分子的电荷平衡也可以被其物料平衡导出，并非一个独立条件。

3.4　多组分混合溶液或者发生化学反应的体系

如果溶液包含多个化合物，且化合物之间没有化学反应，那么存在一个 CBE，反映溶液整体的电中性。每个化合物也存在一个反映自身电中性的 CBE，从这些 CBE 可以得出溶液整体的 CBE。根据以上证明，每个化合物自身的 CBE 都可以由其 MBE 推导出，因此溶液整体的 CBE 可以由所有化合物的 MBE 推导出，不是一个独立等式。

对于发生化学反应的体系，达到平衡后，生成物与剩余反应物之间宏观上不再发生反应，所以相应溶液可以视为上述"包含多个化合物，且化合物之间没有化学反应"的等价溶液，根据上面的分析，该溶液的 CBE 不独立于 MBE。

附录4　酸碱平衡体系中质子平衡式 PBE 可以通过物料平衡式 MBE 和电荷平衡式 CBE 导出的证明

设某酸(碱)分子为Na_xH_yB，该分子含有y个可继续离解的氢离子。由于酸根的水解和离解，酸根在溶液中有以下存在形态：$H_{y+x}B$，$H_{y+x-1}B^-$，$H_{y+x-2}B^{2-}$，$\cdots$，$H_{y+2}B^{(x-2)-}$，$H_{y+1}B^{(x-1)-}$，H_yB^{x-}，$H_{y-1}B^{(x+1)-}$，$H_{y-2}B^{(x+2)-}$，$\cdots$，$HB^{(x+y-1)-}$，$B^{(x+y)-}$。其中，列于组分H_yB^{x-}左侧的是其水解产物，右侧是其离解产物。

根据质子条件 PBE 的建立规则，选择H_yB^{x-}作为质子参考水准，列出 PBE 如下

$$[H^+] + x[H_{y+x}B] + (x-1)[H_{y+x-1}B^-] + (x-2)[H_{y+x-2}B^{2-}] + \cdots + 2[H_{y+2}B^{(x-2)-}]$$
$$+[H_{y+1}B^{(x-1)-}] = [H_{y-1}B^{(x+1)-}] + 2[H_{y-2}B^{(x+2)-}] + \cdots + y[B^{(x+y)-}] + [OH^-]$$

列出电荷平衡 CBE 如下

$$[Na^+] + [H^+] = [H_{y+x-1}B^-] + 2[H_{y+x-2}B^{2-}] + \cdots + (x-2)[H_{y+2}B^{(x-2)-}]$$
$$+(x-1)[H_{y+1}B^{(x-1)-}] + x[H_yB^{x-}] + (x+1)[H_{y-1}B^{(x+1)-}]$$
$$+(x+2)[H_{y-2}B^{(x+2)-}] + \cdots + (x+y)[B^{(x+y)-}] + [OH^-]$$

列出物料平衡 MBE 如下

$$\frac{[Na^+]}{x} = [H_{y+x}B] + [H_{y+x-1}B^-] + [H_{y+x-2}B^{2-}] + \cdots + [H_{y+2}B^{(x-2)-}] + [H_{y+1}B^{(x-1)-}]$$
$$+[H_yB^{x-}] + [H_{y-1}B^{(x+1)-}] + [H_{y-2}B^{(x+2)-}] + \cdots + [B^{(x+y)-}]$$

将 MBE 代入 CBE 以消去$[Na^+]$，其中作为质子参考水准的$[H_yB^{x-}]$同时被消去。整理后，结果即是 PBE。

在上面的证明中，质子参考水准为离子。在某些酸碱平衡体系中，质子参考水准为电中性分子，PBE 不独立性的证明更加简单。这种情况下的质子参考水准就是酸(碱)分子，该酸(碱)的所有离子存在形式都是质子得失的结果，而且得失质子数等于其电荷数。根据 PBE 建立规则，这些离子全部出现在 PBE 中，而且其系数等于相应的电荷数，这时的 PBE 就是 CBE。以某弱酸H_xB溶液为例，选择H_xB作为质子参考水准，可以得到 PBE 为$[H^+] = [H_{x-1}B^-] + 2[H_{x-2}B^{2-}] + \cdots + (x-1)[HB^{(x-1)-}] + x[B^{x-}] + [OH^-]$，容易发现，这就是 CBE。

综上所述，PBE 可以由 MBE 和 CBE 导出，并不是独立于此二者的另一个定量条件。

附录5　复杂代数方程的高效求解方案

化学平衡计算会涉及复杂代数方程的求解。在计算机硬件普及、软件丰富的时代，困难不在于求解方程，而是不具备专业编程知识的普通用户如何方便快速地实施求解。

为了解决这一问题，基于 Matlab 设计了以下求解方案。

方程以 $f(x) = 0$ 表示，通过二分法，在求根区间 $[a, b]$ 内寻找函数 $y = f(x)$ 与 x 轴的一个交点。二分法要求 $f(a)f(b) < 0$，且 $f(x)$ 在 $[a, b]$ 内与 x 轴只有一个交点。

为了尽量降低用户编程负担，方案设置了"方程模块"和"求解模块"，对应的文件是 myfunction.m 和 iroots.m。用户将方程输入 myfunction.m 文件(这是唯一需要编程的步骤)，然后运行 iroots 开始求解。iroots 有以下 4 种运行方式：

iroots(a, b, n)	在区间 $[a, b]$ 内求根，以 n 个数据点绘制 $y = f(x)$ 图像
iroots(a, b)	在区间 $[a, b]$ 内求根；以 10000 个数据点绘制 $y = f(x)$ 图像
iroots(x)	在 x 附近求根；以 10000 个数据点绘制 $y = f(x)$ 图像
iroots	在区间 $[10^{-14}, 1]$ 内求根；以 10000 个数据点绘制 $y = f(x)$ 图像

第 3 种方式适用于近似解已知的情形，软件自动在 x 附近寻找一个符合二分法要求的区间，然后求解。第 4 种方式是为了方便分析化学中组分浓度的求解，特别是求解 [H+]。

下面以 0.10 mol·L^{-1} HAc 溶液 pH 的求解为例，介绍该方案的使用。例中 Matlab 版本是 7.10，更高版本的操作相同，只是界面稍有变化。

首先，将 Matlab 的工作路径(下图中的"Current Folder")改到 myfunction.m 和 iroots.m 所在的文件夹，如附图 5.1 所示(本例中两个文件位于桌面)。

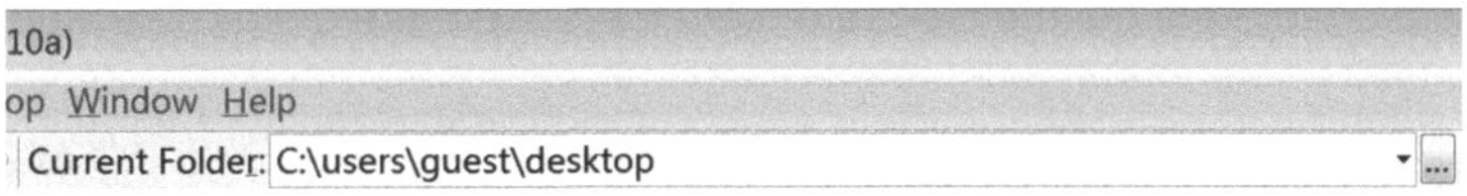

附图 5.1　Matlab 的工作路径

然后，在 Matlab 命令窗口输入 edit myfunction.m 以打开"程序模块"，输入方程，如附图 5.2 所示。

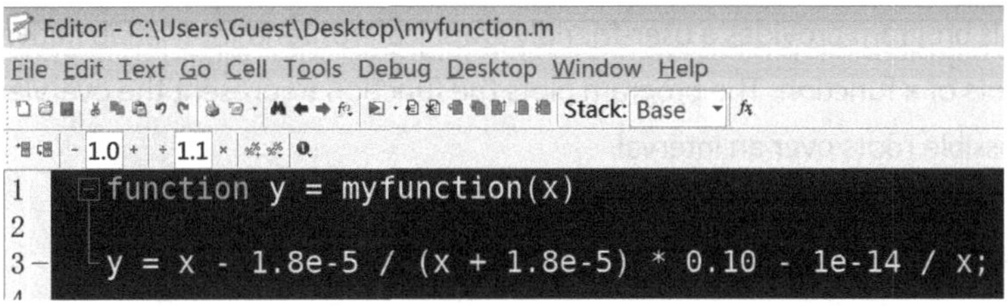

附图 5.2　通过 Matlab 程序编辑器输入待求解方程

最后，在 Matlab 命令窗口输入 iroots 以启动"求解模块"，程序会创建一个图形窗口，绘制 myfunction 中的函数在 $[10^{-14}, 1]$ 上的图像，如附图 5.3 所示。当函数在求根区间端点处异号，且与 x 轴只有一个交点时，坐标系背景变为绿色，表示满足"二分法"的求解要求。关闭此图形窗口即启动"二分法"，所得实数根显示在 Matlab 命令窗口中。

如果不满足"二分法"的求解要求，坐标系背景变为红色以示警告。这种情况下，可以通过图形窗口中的"缩放"或者"平移"工具，确定一个合适区间，使之满足"二分法"的求解要求，坐标系背景同时变为绿色，然后关闭窗口启动求解。

该方案的优点是能够求解复杂代数方程，无需用户整理方程，编程要求也很低。有两点需要注意：①尽量利用求解问题的性质来确定求根区间端点。如果题目没有明显的可用信息，那么在 Matlab 命令窗口多次运行 myfunction，寻找两个数值 a 和 b，使 myfunction(a)和 myfunction(b)异号。②求根区间端点差异太大时，函数某些位置的数据点可能不足，如果根碰巧在这些位置，那么函数与 x 轴的交点可能不会出现，从而无法求根。这种情况下，需要缩小求根区间。

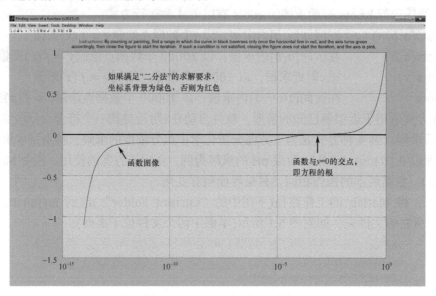

附图 5.3　iroots 程序的运行界面

下面给出 iroots.m 的源代码供参考。

```
function iroots(varargin)
% This program provides a user-friendly graphical frontend for Matlab native 'fzero' to find
% roots of a function. The program plots the function to present the overview of all
% possible roots over an interval.
%
% Usage:
%    syntax:    iroots(a, b)
%               iroots(a, b, nPoints)
%               iroots(x)
%               iroots
%
% Input
%    a, b:      the endpoints of the interval over which the roots exist. If the orders of
%               magnitude of a and b differ by 5 (or larger), data points for the plot are
%               generated evenly between log10(a) and log10(b), and the scale of x-axis
%               is logarithmic.
```

```
%
%    nPoints:   the number of the data points to plot the curve of the function. If not
%               specified, a default value of 10,000 is assigned. If the curve is not
%               sufficiently fine to you, increase this value.
%
%    x:         x is an estimation of the root. The software will try to find a valid interval
%               around x for the bisection method. if so, the software then runs just like
%               iroots(a, b) where a and b are the endpoints of the found interval.
%
%    /nothing/ this particularly facilitates solving equations of acid-base chemical systems
%               in analytical chemistry. The end-points are preset as 1e-14 and 1 (pH 14
%               and pH 0), so the interval is broad enough to encompass [H+] of most
%               acid/base solutions. To show such a broad interval clearly, the X-axis scale
%               is logarithmic.
%
global PermissionColor ProhibitionColor isNewVersionAvailable Webpage
PermissionColor = [0.8 1 0.8];
ProhibitionColor = [1 0.8 0.8];
isNewVersionAvailable = false;
Webpage = 'http://staff.ustc.edu.cn/~lshao/misc.html';


WindowPositionScale = 0.8;


VersionControl = 'Finding roots of a function (v2018.r1)';


MatlabDigitalVersion = sscanf(version, '%f');
if MatlabDigitalVersion(1) < 7.10
    disp(' ');
    disp('Error!');
    disp(' ');
    disp('The software only runs under Matlab 7.10 (R2010a) or newer.');
    disp(' ');
    input('Press any key to quit...   ');
    return;
end;
% Check the Matlab main version.


% <<<< check for update
```

```matlab
aux = strfind(VersionControl, '(v') + 2;
CurrentVersion = VersionControl(aux:end-1);
aux = strfind(CurrentVersion, '.');
CurrentVersion(aux) = [];
% information for update check.

try
    webcontent = urlread(Webpage);
    aux1 = regexpi(webcontent, 'iroots_+[a-z, 0-9]+.zip', 'match');
    if isempty(aux1)
        FileName = [];
        % the web server mulfunctioned or the webpage was incorrect.
    else
        FileName = aux1{1};
    end

    if ~strcmp(FileName, ['iroots_' CurrentVersion '.zip'])
        isNewVersionAvailable = true;
    end
catch ME
    isNewVersionAvailable = false;
    % when the connection is off, new version cannot be determined.
end
% >>>> Check for update.

AbsolutePath = [pwd '\myfunction.m'];
if ~exist(AbsolutePath, 'file')
    disp(' ');
    disp('Error!    File "myfunction.m" is missing.');
    disp(' ');
    FileID = fopen(AbsolutePath, 'w');
    if FileID == -1
        disp(['Unable to create a new "myfuncion.m".    '...
            'Try following steps to solve the problem.']);
        disp('Exit Matlab.    Right click on the shortcut or the executive file of ');
        disp('Matlab, then click item "Run as administrator" from the menu.');
        return;
    else
```

```
        fprintf(FileID, '%s\n\n', 'function y = myfunction(x)');
        fprintf(FileID, '%s\n', ['% This is an example to calculate the '...
            '[H+] of a 0.1 M HAc solution.']);
        fprintf(FileID, '%s\n', 'y = x - 1.8e-5 * 0.1 / (x + 1.8e-5) - 1e-14 / x;');
        fclose(FileID);
        disp('A new "myfunction.m" is created for you to input the function.');
        edit myfunction
    end


    return;
end
% Check the existence of 'myfunction.m', and create one if it is absent.


nPoints = 10000;


switch nargin
    case 0
        a = 1e-14; b = 1;
    case 1
        Interval = bingo(varargin{1});
        if isempty(Interval)
            disp(' ');
            disp(['Error!    Could not find a valid interval for the bisection'...
                'method around ' num2str(varargin{1}) '.']);
            disp(' ');
            return;
        else
            a = Interval(1); b = Interval(2);
        end
    case 2
        [a, b] = deal(varargin{:});
    case 3
        [a, b, nPoints] = deal(varargin{:});
    otherwise
        disp('Incorrect syntax.    Type "help iroots" for information.');
        return;
end
% Assign value to necessary parameters.
```

```
isLogarithmicX = false;
x = linspace(min(a, b), max(a, b), nPoints);

if (a > 0) && (b > 0)
    Exponent1 = log10(min(a, b)); Exponent2 = log10(max(a, b));
    if (Exponent2 - Exponent1) > 5
        x = 10 .^ linspace(Exponent1, Exponent2, nPoints);
        isLogarithmicX = true;
    end
end

y = zeros(size(x));

try
    for i = 1:nPoints
        y(i) = myfunction(x(i));
    end
catch ME
    disp(' ');
    disp('An error occurred when executing ''myfunction.m''. The error message is');
    disp(' ');
    disp([' ' ME.message]);
    disp(' ');
    input('Press any key to quit...    ');
    return;
end
% This loop is time-consuming and awkward, but it relieves users from the pain of
% mastering matrix operations while preparing "myfunction.m".

FigureHandle = figure('Name', 'iRoots', 'NumberTitle', 'off', 'Name', VersionControl);

OldUnits = get(FigureHandle, 'Units');
set(FigureHandle, 'Units', 'normalized');
set(FigureHandle, 'OuterPosition', [(1 - WindowPositionScale) / 2, ...
    (1 - WindowPositionScale) / 2, ...
    WindowPositionScale, WindowPositionScale]);
set(FigureHandle, 'Units', OldUnits);
```

% Give the figure an eye-friendly size regardless of screen resolutions.

```
if isLogarithmicX
    semilogx(x, y, 'k', 'LineWidth', 1.5, 'Tag', 'FunctionCurve');
else
    plot(x, y, 'k', 'LineWidth', 1.5, 'Tag', 'FunctionCurve');
end

set(gca, 'FontSize', 12, 'NextPlot', 'add', 'XGrid', 'on', 'YGrid', 'on', 'Box', 'on');
set(gca, 'UserData', [x; y]);
XLimit = get(gca, 'XLim');

plot(XLimit, [0 0], 'r', 'LineWidth', 2);
% Draw a zero-Y line for assistance.

temp = get(gca, 'Children'); set(gca, 'Children', temp(end:-1:1));
% Make the curve of the funtion on top of the zero-Y line.

nZeroCrossings = sum(abs(diff((y > 0) + (y <= 0) * -1))) / 2;
% The number of zero-crossings of the function.
if nZeroCrossings == 1
    set(gca, 'Color', PermissionColor);
else
    set(gca, 'Color', ProhibitionColor);
end

Heading = {['{\color{red}Instructions}: By zooming or panning, ' ...
    'find an interval in which the curve in black traverses only once ' ...
    'the horizontal line in red, and the axis turns green ']; ['accordingly, ' ...
    'then close the figure to start the iteration.   If such a condition is ' ...
    'not satisfied, closing the figure does not start the iteration, and ' ...
    'the axis is pink.']};

set(gcf, 'UserData', Heading);

title(Heading, 'FontSize', 12);

try
```

```matlab
    h1 = zoom;
    h2 = pan;
    set(h1, 'ActionPreCallback', @hidetitle, 'ActionPostCallback', @showhints);
    set(h2, 'ActionPreCallback', @hidetitle, 'ActionPostCallback', @showhints);
end
% Some version of Matlab does not support post actions of zooming or panning.

set(gcf, 'CloseRequestFcn', @iteration);

% Zooming or panning changes the axes limits, and then the axis updates the position
% of its title. For a complex title, the update is a bit time-consuming, which causes the
% zooming or panning sluggish. In order to avoid this, the following function replaces
% the complex title with a simple one before zooming or panning is performed. When
% the zooming or panning is finished, the original (complex) title is restored.
function hidetitle(obj, evd)
title({' '; ' '}, 'FontSize', 12);

function showhints(obj, evd)
global PermissionColor ProhibitionColor

title(get(gcf, 'UserData'), 'FontSize', 12);

CurveData = get(gca, 'UserData');
XLimit = get(gca, 'XLim');

LeftBorder = find((CurveData(1, :) > XLimit(1)), 1, 'first');
RightBorder = find((CurveData(1, :) < XLimit(2)), 1, 'last');

temp = (CurveData(2, LeftBorder:RightBorder) > 0) + ...
    (CurveData(2, LeftBorder:RightBorder) <= 0) * -1;
nZeroCrossings = sum(abs(diff(temp))) / 2;
% The number of zero-crossings of the function.
if nZeroCrossings == 1
    set(gca, 'Color', PermissionColor);
else
    set(gca, 'Color', ProhibitionColor);
end
```

```matlab
if (RightBorder - LeftBorder) <= 10
    set(findobj('Tag', 'FunctionCurve'), 'Marker', 'O', 'LineStyle', '--');
else
    set(findobj('Tag', 'FunctionCurve'), 'Marker', 'none', 'LineStyle', '-');
end

if LeftBorder == RightBorder
    warndlg('There is only one point in this interval.    Try zooming out.', ...
        'Zooming-in Warning', 'modal');
end

% Call Matlab native function "fzero" to find roots of the function.
function iteration(src, evnt)
global ProhibitionColor isNewVersionAvailable Webpage

set(gcf, 'CloseRequestFcn', 'delete(gcf)');

if get(gca, 'Color') == ProhibitionColor
    disp(' ');
    disp('Error: this interval encompasses no or more than one root.');
    disp('          bisection cannot be performed in those cases.');
    disp(' ');
    disp('Read the instruction and try again.');
else
    CurveData = get(gca, 'UserData');
    XLimit = get(gca, 'XLim');

    LeftBorder = find((CurveData(1, :) > XLimit(1)), 1, 'first');
    RightBorder = find((CurveData(1, :) < XLimit(2)), 1, 'last');

    try
        [Root, Evaluation, ExitFlag] = fzero(@myfunction, ...
            CurveData(1, [LeftBorder, RightBorder]));
        if ExitFlag == 1
            if abs(Root) < eps
                disp(' ');
                disp('!!!WARNING!!!')
                disp(' ');
```

```
                disp(['The root was found to be smaller than double ' ...
                    'precession (' num2str(eps) '),']);
                disp(['so it is probably inaccurate. Try one of the 2 approaches '...
                    'to solve the problem.']);
                disp(' ');
                disp(['1. Click the Zoom In button; continuously enlarge the '...
                    'zero-crossing part until']);
                disp('   the interval is sufficiently small, and solve the function.');
                disp(['2. Rewrite the function by substituting kx for x where k '...
                    'takes a small value,']);
                disp(['2. Rewrite the function by substituting kx for x where k '...
                    'takes a small value,']);
                disp('     obtain the root of the original function.');
                disp(' ');
            end
            disp(['        Root: ' num2str(Root, '%17.16e')]);
            disp(['        Function evaluated at the root: ' num2str(Evaluation)]);
            if Root > 0
                disp(['        The logarithm of the root: ' num2str(log10(Root))]);
            end
        else
            disp('        The iterative process failed to find the root.')
        end
    catch ME
        disp(' ');
        disp(['Error: ' ME.message]);
        disp(' ');
        disp('Read the instruction and try again.');
    end
end

delete(gcf);

if isNewVersionAvailable
    pause(3);
    Message = ['A new version of iroots was found.\n' ...
        'Do you want to visit the website to download it?'];
    Answer = questdlg(sprintf(Message), 'Version', 'Yes', 'No', 'Yes');
```

```matlab
    if strcmp(Answer, 'Yes')
        web(Webpage, '-browser');
    end
end


% Based on a user-input value, try to find a valid interval for the
% bisection method.
function Interval = bingo(a)
Interval = [];
MaxIterations = 1000;

for i = 1: MaxIterations
    while isinf(myfunction(a))
        a = a + eps;
    end
    % ensure a finite value of the function.

    f = myfunction(a);

    Delta = eps;
    while (myfunction(a + Delta) == f) && (Delta < 1)
        Delta = Delta * 10;
    end
    % the minimum step that effects the calculation of first derivative.

    Step = f * Delta / (myfunction(a + Delta) - f)*1.01;
    b = a - Step;
    % a new value with respect to a of the independent variable that alters the function
% in the direction of sign change.    1.01 is an arbitrary value to avoid the trap of
% Newton method.

    while isinf(myfunction(b))
        b = b + eps;
    end
    % ensure a finite value of the function.

    if f * myfunction(b) < 0
```

```
        % bingo!
        LeftBorder = min(a, b);
        k = 10^sign(LeftBorder);
        LeftBorder = LeftBorder / k;
        RightBorder = max(a, b);
        k = 10^sign(RightBorder);
        RightBorder = RightBorder * k;
        Interval = [LeftBorder RightBorder];
        % purposely enlarge the interval to make it less horrifying.
        break;
    else
        a = b;
    end
end
```

附录 6　物质的物理性质和物理化学性质常数表

附表 6.1　常见基准物质的干燥条件和应用

名称	干燥后的组成	干燥条件	标定对象
十水合碳酸钠	Na_2CO_3	270 ~ 300℃	酸
碳酸氢钠	Na_2CO_3	270 ~ 300℃	酸
硼砂	$Na_2B_4O_7 \cdot 10H_2O$	恒湿器中保存 [1)	酸
邻苯二甲酸氢钾	$KHC_8H_4O_4$	110 ~ 120℃	酸
二水合草酸	$H_2C_2O_4 \cdot 2H_2O$	室温空气干燥	碱或者 $KMnO_4$
碳酸钙	$CaCO_3$	110℃	EDTA
锌	Zn	室温干燥器中保存	EDTA
氧化锌	ZnO	900 ~ 1000℃	EDTA
重铬酸钾	$K_2Cr_2O_7$	100 ~ 110℃	还原剂
溴酸钾	$KBrO_3$	130℃	还原剂
碘酸钾	KIO_3	120 ~ 140℃	还原剂
铜	Cu	室温干燥器中保存	还原剂
三氧化二砷	As_2O_3	室温干燥器中保存	氧化剂
草酸钠	$Na_2C_2O_4$	105 ~ 110℃	氧化剂
硫代硫酸钠	$Na_2S_2O_3$	120℃	Br_2 或者 I_2
氯化钠	NaCl	500 ~ 600℃	$AgNO_3$ 或者 $HgNO_3$

名称	干燥后的组成	干燥条件	标定对象
硫氰酸钾	KSCN	150～200℃	$AgNO_3$
硝酸银	$AgNO_3$	220～250℃	氯化物或者硫氰酸盐
银	Ag	P_2O_5 上干燥至恒量	氯化物

1) 硼砂在空气中易失去一部分结晶水而变成 $Na_2B_4O_7 \cdot 5H_2O$。因此，作为基准物质的硼砂使用前应在水中重结晶两次，保存在相对湿度为 60% 的恒湿器(NaCl 和蔗糖的饱和溶液)中

附表 6.2　常见弱酸的离解常数和弱碱的水解常数(按照数值大小排列)

名称(化学式)	$K_a(pK_a)$或者 $K_b(pK_b)$			
三氯乙酸(CCl_3COOH)	0.23(0.64)			
铬酸(H_2CrO_4)	0.18(0.74)	$3.2\times10^{-7}(6.49)$		
草酸($H_2C_2O_4$)	$5.9\times10^{-2}(1.23)$	$6.4\times10^{-5}(4.19)$		
二氯乙酸($CHCl_2COOH$)	$5.0\times10^{-2}(1.30)$			
亚磷酸(H_3PO_3)	$5.0\times10^{-2}(1.30)$	$2.5\times10^{-7}(6.60)$		
焦磷酸($H_4P_2O_7$)	$3.0\times10^{-2}(1.52)$	$4.4\times10^{-3}(2.36)$	$2.5\times10^{-7}(6.60)$	$5.6\times10^{-10}(9.25)$
亚硫酸(H_2SO_3)	$1.3\times10^{-2}(1.90)$	$6.3\times10^{-8}(7.20)$		
硫酸(H_2SO_4)		$1.0\times10^{-2}(2.00)$		
磷酸(H_3PO_4)	$7.6\times10^{-3}(2.12)$	$6.3\times10^{-8}(7.20)$	$4.4\times10^{-13}(12.36)$	
砷酸(H_3AsO_4)	$6.3\times10^{-3}(2.20)$	$1.0\times10^{-7}(7.00)$	$3.2\times10^{-12}(11.49)$	
氨基乙酸盐($^+NH_3CH_2COOH$)	$4.5\times10^{-3}(2.35)$	$2.5\times10^{-10}(9.60)$		
一氯乙酸($CH_2ClCOOH$)	$1.4\times10^{-3}(2.86)$			
邻苯二甲酸[$C_6H_4(COOH)_2$]	$1.1\times10^{-3}(2.95)$	$3.9\times10^{-6}(5.41)$		
水杨酸[$C_6H_5(OH)COOH$]	$1.0\times10^{-3}(3.00)$	$7.9\times10^{-14}(13.10)$		
酒石酸[$(CH(OH)COOH)_2$]	$9.1\times10^{-4}(3.04)$	$4.3\times10^{-5}(4.37)$		
柠檬酸 [$C(CH_2COOH)_2(OH)COOH$]	$7.4\times10^{-4}(3.13)$	$1.7\times10^{-5}(4.77)$	$4.0\times10^{-7}(6.40)$	
氢氟酸(HF)	$6.6\times10^{-4}(3.18)$			
亚硝酸(HNO_2)	$5.1\times10^{-4}(3.29)$			
甲酸(HCOOH)	$1.8\times10^{-4}(3.74)$			
乳酸[$CH_3CH(OH)COOH$]	$1.4\times10^{-4}(3.85)$			
焦硼酸($H_2B_4O_7$)	$1.0\times10^{-4}(4.00)$	$1.0\times10^{-9}(9.00)$		
苯甲酸(C_6H_5COOH)	$6.2\times10^{-5}(4.21)$			
琥珀酸[$(CH_2COOH)_2$]	$6.2\times10^{-5}(4.21)$			
抗坏血酸($C_6H_8O_6$)	$5.0\times10^{-5}(4.30)$	$1.5\times10^{-10}(9.82)$		
乙酸(CH_3COOH)	$1.8\times10^{-5}(4.74)$			

续表

名称(化学式)	K_a(pK_a)或者 K_b(pK_b)	
碳酸(H_2CO_3)	4.2×10^{-7}(6.38)	5.6×10^{-11}(10.25)
氢硫酸(H_2S)	1.3×10^{-7}(6.89)	7.1×10^{-15}(14.15)
次氯酸(HClO)	3.0×10^{-8}(7.52)	
氢氰酸(HCN)	6.2×10^{-10}(9.21)	
亚砷酸($HAsO_2$)	6.0×10^{-10}(9.22)	
硼酸(H_3BO_3)	5.8×10^{-10}(9.24)	
硅酸(H_2SiO_3)	1.7×10^{-10}(9.77)	1.6×10^{-12}(11.8)
苯酚(C_6H_5OH)	1.1×10^{-10}(9.96)	
过氧化氢(H_2O_2)	1.8×10^{-12}(11.74)	
乙胺($C_2H_5NH_2$)	4.3×10^{-4}(3.37)	
甲胺(CH_3NH_2)	4.2×10^{-4}(3.38)	
二甲胺[$(CH_3)_2NH$]	1.2×10^{-4}(3.92)	
乙醇胺($HOCH_2CH_2NH_2$)	3.2×10^{-5}(4.49)	
乙二胺($H_2NCH_2CH_2NH_2$)	8.5×10^{-5}(4.07)	7.1×10^{-8}(7.15)
氨(NH_3)	1.8×10^{-5}(4.74)	
联氨($H_2N—NH_2$)	9.8×10^{-7}(6.01)	1.3×10^{-15}(14.89)
三乙醇胺[$N(CH_2CH_2OH)_3$]	5.8×10^{-7}(6.24)	
羟胺(NH_2OH)	9.1×10^{-9}(8.04)	
吡啶(C_5H_5N)	1.8×10^{-9}(8.74)	
六亚甲基四胺[$(CH_2)_6N_4$]	1.4×10^{-9}(8.85)	
苯胺($C_6H_5NH_2$)	4.2×10^{-10}(9.38)	

附表 6.3　常见缓冲溶液

缓冲溶液(共轭酸碱对)	pK_a(K_a)
氨基乙酸-HCl($^+NH_3CH_2COOH-NH_2CH_2COOH$)	2.35($4.5\times10^{-3}=K_{a1}$)
一氯乙酸-NaOH($CH_2ClCOOH-CH_2ClCOO^-$)	2.85(1.4×10^{-3})
邻苯二甲酸氢钾-HCl[$C_6H_4(COOH)_2-C_6H_4(COO)_2H^-$]	2.96($1.1\times10^{-3}=K_{a1}$)
甲酸-NaOH($HCOOH-HCOO^-$)	3.74(1.8×10^{-4})
乙酸-乙酸钠($HAc-Ac^-$)	4.74(1.8×10^{-5})
六亚甲基四胺[$(CH_2)_6N_4H^+-(CH_2)_6N_4$]	5.15(7.1×10^{-6})
NaH_2PO_4-Na_2HPO_4($H_2PO_4^--HPO_4^{2-}$)	7.17($6.8\times10^{-8}=K_{a2}$)
三乙醇胺-HCl[$^+HN(C_2H_4OH)_3-N(C_2H_4OH)_3$]	7.77(1.7×10^{-8})
三羟甲基甲胺-HCl[$^+NH_3C(CH_2OH)_3-NH_2C(CH_2OH)_3$]	8.21(6.2×10^{-9})

续表

缓冲溶液(共轭酸碱对)	$pK_a(K_a)$
$Na_2B_4O_7$-NaOH(H_3BO_3-$H_2BO_3^-$)	$9.24(5.8\times10^{-10})$
NH_3-NH_4Cl(NH_4^+-NH_3)	$9.26(5.6\times10^{-10})$
乙醇胺-HCl($^+NH_3C_2H_4OH$-$NH_2C_2H_4OH$)	$9.50(3.2\times10^{-10})$
氨基乙酸-NaOH(NH_2CH_2COOH-$NH_2CH_2COO^-$)	$9.60(2.5\times10^{-10}=K_{a2})$
$NaHCO_3$-Na_2CO_3(HCO_3^--CO_3^{2-})	$10.25(5.6\times10^{-11}=K_{a2})$
Na_2HPO_4-NaOH(HPO_4^{2-}-PO_4^{3-})	$12.36(4.4\times10^{-13}=K_{a3})$

附表 6.4　常见标准缓冲溶液

标准缓冲溶液	pH(25℃)
饱和酒石酸氢钾(0.034 mol·L^{-1})	3.557
邻苯二甲酸氢钾(0.050 mol·L^{-1})	4.008
KH_2PO_4-Na_2HPO_4(各 0.025 mol·L^{-1})	6.865
硼砂(0.10 mol·L^{-1})	9.180
饱和氢氧化钙	12.454

附表 6.5　常见酸碱指示剂

指示剂	变色 pH 范围	酸式色/碱式色	pK_{HIn}	浓度
甲酚红	0.2 ~ 1.8	红 / 黄	1.0	0.1%(20%乙醇溶液)
百里酚蓝(首次变色)	1.2 ~ 2.8	红 / 黄	1.65	0.1 (20%乙醇溶液)
甲基黄	2.9 ~ 4.0	红 / 黄	3.3	0.1%(90%乙醇溶液)
甲基橙	3.1 ~ 4.4	红 / 黄	3.4	0.05%(水溶液)
溴酚蓝	3.1 ~ 4.6	黄 / 紫	4.1	0.1%(20%乙醇溶液)，或其钠盐的水溶液
溴甲酚绿	4.0 ~ 5.6	黄 / 蓝	4.9	0.1%(水溶液)
甲基红	4.4 ~ 6.2	红 / 黄	5.2	0.1%(60%乙醇溶液)，或其钠盐的水溶液
溴甲酚紫	5.2 ~ 6.8	黄 / 紫	6.4	0.1%(20%乙醇溶液)
溴百里酚蓝	6.2 ~ 7.6	黄 / 蓝	7.3	0.1%(20%乙醇溶液)
中性红	6.8 ~ 8.0	红 / 黄橙	7.4	0.1%(60%乙醇溶液)
酚红	6.7 ~ 8.4	黄 / 红	8.0	0.1%(60%乙醇溶液)，或其钠盐的水溶液
百里酚蓝(二次变色)	8.0 ~ 9.6	黄 / 蓝	8.9	0.1%(20%乙醇溶液)
酚酞	8.0 ~ 9.6	无 / 红	9.1	0.1%(90%乙醇溶液)
百里酚酞	9.4 ~ 10.6	无 / 蓝	10.0	0.1%(90%乙醇溶液)

附表 6.6　常见混合酸碱指示剂

指示剂的组成	变色点 pH	酸式色/碱式色
一份 0.1%甲基黄乙醇溶液 一份 0.1%亚甲基蓝乙醇溶液	3.25	蓝紫 / 绿
一份 0.1%甲基橙水溶液 一份 0.25%靛蓝二磺酸钠水溶液	4.1	紫 / 黄绿
三份 0.1%溴甲酚绿乙醇溶液 一份 0.2%甲基红乙醇溶液	5.1	酒红 / 绿
一份 0.1%溴甲酚绿钠盐水溶液 一份 0.1%氯酚红钠盐水溶液	6.1	黄绿 / 蓝紫
一份 0.1%中性红乙醇溶液 一份 0.1%亚甲基蓝乙醇溶液	7.0	蓝紫 / 绿
一份 0.1%甲酚红钠盐水溶液 三份 0.1%百里酚蓝钠盐水溶液	8.3	黄 / 紫
一份 0.1%百里酚蓝(50 %乙醇溶液) 三份 0.1%酚酞(50 %乙醇溶液)	9.0	黄 / 紫
两份 0.1%百里酚酞乙醇溶液 一份 0.1%茜素黄乙醇溶液	10.2	黄 / 紫

附表 6.7　金属离子-EDTA 螯合物的稳定常数(20 ~ 25℃，$I = 0.1$ mol·L^{-1})

离子	$K_稳$（lg$K_稳$）	离子	$K_稳$（lg$K_稳$）	离子	$K_稳$（lg$K_稳$）
Ag$^+$	2.09×10^7(7.32)	HfO^{2+}	1.26×10^{19}(19.10)	Sb^{3+}	1.00×10^{24}(24.00)
Al^{3+}	2.00×10^{16}(16.30)	Hg^{2+}	5.01×10^{21}(21.70)	Sc^{3+}	1.26×10^{23}(23.10)
Ba^{2+}	7.24×10^7(7.86)	Ho^{3+}	5.50×10^{18}(18.74)	Sm^{3+}	1.38×10^{17}(17.14)
Be^{2+}	2.00×10^9(9.30)	In^{3+}	1.00×10^{25}(25.00)	Sn^{2+}	1.29×10^{22}(22.11)
Bi^{3+}	8.71×10^{27}(27.94)	La^{3+}	3.16×10^{15}(15.50)	Sr^{2+}	5.37×10^8(8.73)
Ca^{2+}	4.90×10^{10}(10.69)	Li$^+$	6.17×10^2(2.79)	Tb^{3+}	4.68×10^{17}(17.67)
Cd^{2+}	2.88×10^{16}(16.46)	Lu^{3+}	6.76×10^{19}(19.83)	Th^{4+}	1.58×10^{23}(23.20)
Ce^{3+}	9.55×10^{15}(15.98)	Mg^{2+}	5.01×10^8(8.70)	Ti^{2+}	2.00×10^{21}(21.30)
Co^{2+}	2.04×10^{16}(16.31)	Mn^{2+}	7.41×10^{13}(13.87)	TiO^{2+}	2.00×10^{17}(17.30)
Co^{3+}	1.00×10^{36}(36.00)	MoO$_2^+$	1.00×10^{28}(28.00)	Tl$^+$	2.00×10^5(5.30)
Cr^{3+}	2.51×10^{23}(23.40)	Na$^+$	4.57×10(1.66)	Tl^{3+}	6.31×10^{37}(37.80)
Cu^{2+}	6.31×10^{18}(18.80)	Nd^{3+}	3.98×10^{16}(16.60)	Tm^{3+}	1.17×10^{19}(19.07)
Dy^{3+}	2.00×10^{18}(18.30)	Ni^{2+}	4.17×10^{18}(18.62)	U^{4+}	6.31×10^{25}(25.80)
Er^{3+}	7.08×10^{18}(18.85)	Pb^{2+}	1.10×10^{18}(18.04)	VO^{2+}	6.31×10^{18}(18.80)
Eu^{3+}	2.24×10^{17}(17.35)	Pd^{2+}	3.16×10^{18}(18.50)	VO$_2^+$	1.26×10^{18}(18.10)
Fe^{2+}	2.09×10^{14}(14.32)	Pm^{3+}	5.62×10^{16}(16.75)	Y^{3+}	1.23×10^{18}(18.09)
Fe^{3+}	1.26×10^{25}(25.10)	Pr^{3+}	2.51×10^{16}(16.40)	Yb^{3+}	3.72×10^{19}(19.57)
Ga^{3+}	2.00×10^{20}(20.30)	Pu^{3+}	1.28×10^{18}(18.10)	Zn^{2+}	3.16×10^{16}(16.50)
Gd^{3+}	2.34×10^{17}(17.37)	Ra^{2+}	2.51×10^7(7.40)	ZrO^{2+}	3.16×10^{29}(29.50)

附表 6.8　EDTA 的酸效应系数

pH	$\alpha_{Y(H)}(\lg\alpha_{Y(H)})$	pH	$\alpha_{Y(H)}(\lg\alpha_{Y(H)})$	pH	$\alpha_{Y(H)}(\lg\alpha_{Y(H)})$
0.0	$4.37\times10^{23}(23.64)$	4.0	$2.75\times10^{8}(8.44)$	8.0	$1.86\times10^{2}(2.27)$
0.1	$1.15\times10^{23}(23.06)$	4.1	$1.74\times10^{8}(8.24)$	8.1	$1.48\times10^{2}(2.17)$
0.2	$2.95\times10^{22}(22.47)$	4.2	$1.10\times10^{8}(8.04)$	8.2	$1.17\times10^{2}(2.07)$
0.3	$7.76\times10^{21}(21.89)$	4.3	$6.92\times10^{7}(7.84)$	8.3	$93.3(1.97)$
0.4	$2.09\times10^{21}(21.32)$	4.4	$4.37\times10^{7}(7.64)$	8.4	$74.1(1.87)$
0.5	$5.62\times10^{20}(20.75)$	4.5	$2.75\times10^{7}(7.44)$	8.5	$58.9(1.77)$
0.6	$1.51\times10^{20}(20.18)$	4.6	$1.74\times10^{7}(7.24)$	8.6	$46.8(1.67)$
0.7	$4.17\times10^{19}(19.62)$	4.7	$1.10\times10^{7}(7.04)$	8.7	$37.2(1.57)$
0.8	$1.20\times10^{19}(19.08)$	4.8	$6.92\times10^{6}(6.84)$	8.8	$30.2(1.48)$
0.9	$3.47\times10^{18}(18.54)$	4.9	$4.47\times10^{6}(6.65)$	8.9	$24.0(1.38)$
1.0	$1.02\times10^{18}(18.01)$	5.0	$2.82\times10^{6}(6.45)$	9.0	$19.1(1.28)$
1.1	$3.09\times10^{17}(17.49)$	5.1	$1.82\times10^{6}(6.26)$	9.1	$15.5(1.19)$
1.2	$9.55\times10^{16}(16.98)$	5.2	$1.17\times10^{6}(6.07)$	9.2	$12.6(1.10)$
1.3	$3.09\times10^{16}(16.49)$	5.3	$7.59\times10^{5}(5.88)$	9.3	$10.2(1.01)$
1.4	$1.05\times10^{16}(16.02)$	5.4	$4.90\times10^{5}(5.69)$	9.4	$8.32(0.92)$
1.5	$3.55\times10^{15}(15.55)$	5.5	$3.24\times10^{5}(5.51)$	9.5	$6.76(0.83)$
1.6	$1.29\times10^{15}(15.11)$	5.6	$2.14\times10^{5}(5.33)$	9.6	$5.62(0.75)$
1.7	$4.79\times10^{14}(14.68)$	5.7	$1.41\times10^{5}(5.15)$	9.7	$4.68(0.67)$
1.8	$1.86\times10^{14}(14.27)$	5.8	$9.55\times10^{4}(4.98)$	9.8	$3.89(0.59)$
1.9	$7.59\times10^{13}(13.88)$	5.9	$6.46\times10^{4}(4.81)$	9.9	$3.31(0.52)$
2.0	$3.24\times10^{13}(13.51)$	6.0	$4.47\times10^{4}(4.65)$	10.0	$2.82(0.45)$
2.1	$1.45\times10^{13}(13.16)$	6.1	$3.09\times10^{4}(4.49)$	10.1	$2.45(0.39)$
2.2	$6.61\times10^{12}(12.82)$	6.2	$2.19\times10^{4}(4.34)$	10.2	$2.14(0.33)$
2.3	$3.16\times10^{12}(12.50)$	6.3	$1.58\times10^{4}(4.20)$	10.3	$1.91(0.28)$
2.4	$1.55\times10^{12}(12.19)$	6.4	$1.15\times10^{4}(4.06)$	10.4	$1.74(0.24)$
2.5	$7.94\times10^{11}(11.90)$	6.5	$8.32\times10^{3}(3.92)$	10.5	$1.58(0.20)$
2.6	$4.17\times10^{11}(11.62)$	6.6	$6.17\times10^{3}(3.79)$	10.6	$1.45(0.16)$
2.7	$2.24\times10^{11}(11.35)$	6.7	$4.68\times10^{3}(3.67)$	10.7	$1.35(0.13)$
2.8	$1.23\times10^{11}(11.09)$	6.8	$3.55\times10^{3}(3.55)$	10.8	$1.29(0.11)$
2.9	$6.92\times10^{10}(10.84)$	6.9	$2.69\times10^{3}(3.43)$	10.9	$1.23(0.09)$
3.0	$3.98\times10^{10}(10.60)$	7.0	$2.09\times10^{3}(3.32)$	11.0	$1.17(0.07)$
3.1	$2.34\times10^{10}(10.37)$	7.1	$1.62\times10^{3}(3.21)$	11.1	$1.15(0.06)$
3.2	$1.38\times10^{10}(10.14)$	7.2	$1.26\times10^{3}(3.10)$	11.2	$1.12(0.05)$
3.3	$8.32\times10^{9}(9.92)$	7.3	$9.77\times10^{2}(2.99)$	11.3	$1.10(0.04)$
3.4	$5.01\times10^{9}(9.70)$	7.4	$7.59\times10^{2}(2.88)$	11.4	$1.07(0.03)$
3.5	$3.02\times10^{9}(9.48)$	7.5	$6.03\times10^{2}(2.78)$	11.5	$1.05(0.02)$
3.6	$1.86\times10^{9}(9.27)$	7.6	$4.79\times10^{2}(2.68)$	11.6	$1.05(0.02)$
3.7	$1.15\times10^{9}(9.06)$	7.7	$3.72\times10^{2}(2.57)$	11.7	$1.05(0.02)$
3.8	$7.08\times10^{8}(8.85)$	7.8	$2.95\times10^{2}(2.47)$	11.8	$1.02(0.01)$
3.9	$4.47\times10^{8}(8.65)$	7.9	$2.34\times10^{2}(2.37)$	11.9	$1.02(0.01)$

附表 6.9　金属指示剂的 $\alpha_{In(H)}$ 及理论变色点的 pM$_t$ 值

1. 铬黑 T(EBT)

pH	pCa$_t$	pMg$_t$	pMn$_t$	pZn$_t$	lg$\alpha_{In(H)}$
6.0	/	1.0	3.6	6.9	6.0
7.0	/	2.4	5.0	8.3	4.6
8.0	1.8	3.4	6.2	9.3	3.6
9.0	2.8	4.4	7.8	10.5	2.6
10.0	3.8	5.4	9.7	12.2	1.6
11.0	4.7	6.3	11.5	13.9	0.7
12.0	5.3	/	/	/	0.1
13.0	5.4	/	/	/	/

注：lgK_{CaIn} = 5.4，lgK_{MgIn} = 7.0，lgK_{MnIn} = 9.6，lgK_{ZnIn} = 12.9。MIn 配合物呈红色。铬黑 T 在 pH < 6.3 时呈红色，6.3 < pH <11.6 时呈蓝色，pH > 11.6 时呈橙色

2. 二甲酚橙(XO)

pH	pBi$_t$	pCd$_t$	pHg$_t$	pLa$_t$	pPb$_t$	pTh$_t$	pZn$_t$	pZr$_t$	lg$\alpha_{In(H)}$
0.0	/	/	/	/	/	/	/	7.5	35.0
1.0	4.0	/	/	/	/	3.6	/	/	30.0
2.0	5.4	/	/	/	/	4.9	/	/	25.1
3.0	6.8	/	/	/	4.2	6.3	/	/	20.7
4.0	/	/	/	/	4.8	/	/	/	17.3
4.5	/	4.0	/	4.0	6.2	/	4.1	/	15.7
5.0	/	4.5	7.4	4.5	7.0	/	4.8	/	14.2
5.5	/	5.0	8.2	5.0	7.6	/	5.7	/	12.8
6.0	/	5.5	9.0	5.6	8.2	/	6.5	/	11.3

注：MIn 配合物呈红色。二甲酚橙在 pH < 6.3 时呈黄色，pH > 6.3 时呈红色

3. 1-(2-吡啶偶氮)-2-萘酚(PAN)

pH	pCo$_t$	pCu$_t$	pMn$_t$	pNi$_t$	pZn$_t$	lg$\alpha_{In(H)}$
4.0	3.8	7.8	/	4.5	3.0	8.2
5.0	4.8	8.8	1.3	6.0	4.0	7.2
6.0	5.8	9.8	2.3	7.9	6.0	6.2
7.0	6.8	10.8	3.3	9.9	8.0	5.2
8.0	7.8	11.8	4.3	11.9	8.3	4.2
9.0	8.8	12.8	5.5	13.9	10.3	3.2
10.0	9.8	13.8	7.0	15.9	12.3	2.2
11.0	10.8	14.8	9.0	17.9	14.3	1.2

注：lgK_{CoIn} = 12.15，lgK_{CuIn} = 16.0，lgK_{MnIn} = 8.5，lgK_{NiIn} = 12.7，lgK_{ZnIn} = 11.2

附表 6.10　常见配合物的累积稳定常数

配体	离子	$I/(\text{mol·L}^{-1})$	$\lg\beta_j\,(j=1,2,\cdots)$					
NH₃	Ag⁺	0.5	3.24	7.05	/	/	/	/
	Cd²⁺	2	2.64	4.75	6.19	7.12	6.80	5.14
	Co²⁺	2	2.11	3.74	4.79	5.55	5.73	5.11
	Co³⁺	2	6.7	14.0	20.1	25.7	30.8	35.2
	Cu⁺	2	5.93	10.86	/	/	/	/
	Cu²⁺	2	4.31	7.98	11.02	13.32	12.86	/
	Ni²⁺	2	2.80	5.04	6.77	7.96	8.71	8.74
	Zn²⁺	2	2.37	4.81	7.31	9.46	/	/
Br⁻	Ag⁺	0	4.38	7.33	8.00	8.73	/	/
	Bi³⁺	2.3	4.30	5.55	5.89	7.82	/	9.70
	Cd²⁺	3	1.75	2.34	3.32	3.70	/	/
	Cu⁺	0	/	5.89	/	/	/	/
	Hg²⁺	0.5	9.05	17.32	19.74	21.00	/	/
Cl⁻	Ag⁺	0	3.04	5.04	5.04	5.30	/	/
	Hg²⁺	0.5	6.74	13.22	14.07	15.07	/	/
	Sn²⁺	0	1.51	2.24	2.03	1.48	/	/
	Sb³⁺	4	2.26	3.49	4.18	4.72	4.72	4.11
CN⁻	Ag⁺	0	/	21.1	21.7	20.6	/	/
	Cd²⁺	3	5.48	10.60	15.23	18.78	/	/
	Co²⁺	/	/	/	/	/	/	19.09
	Cu⁺	0	/	24.0	28.59	30.3	/	/
	Fe²⁺	0	/	/	/	/	/	35
	Fe³⁺	0	/	/	/	/	/	42
	Hg²⁺	0	/	/	/	41.4	/	/
	Ni²⁺	0.1	/	/	/	31.3	/	/
	Zn²⁺	0.1	/	/	/	16.7	/	/
F⁻	Al³⁺	0.5	6.13	11.15	15.00	17.75	19.37	19.84
	Fe³⁺	0.5	5.28	9.30	12.06	/	15.77	/
	Th⁴⁺	0.5	7.65	13.46	17.97	/	/	/
	TiO₂²⁺	3	5.4	9.8	13.7	18.0	/	/
	ZrO₂²⁺	2	8.80	16.12	21.94	/	/	/
I⁻	Ag⁺	0	6.58	11.74	13.68	/	/	/
	Bi³⁺	2	3.63	/	/	14.95	16.80	18.80
	Cd²⁺	0	2.10	3.43	4.49	5.41	/	/
	Pb²⁺	0	2.00	3.15	3.92	4.47	/	/
	Hg²⁺	0.5	12.87	23.82	27.60	29.83	/	/

续表

配体	离子	$I/(\text{mol}\cdot\text{L}^{-1})$	$\lg\beta_j \ (j=1, 2, \cdots)$				
PO_4^{3-}	Ca^{2+}	0.2	1.7 (CaHL)	/	/	/	/	/
	Mg^{2+}	0.2	1.9 (MgHL)	/	/	/	/	/
	Mn^{2+}	0.2	2.6 (MnHL)	/	/	/	/	/
	Fe^{3+}	0.66	9.35 (FeHL)	/	/	/	/	/
SCN^-	Ag^+	2.2	/	7.57	9.08	10.08	/	/
	Au^+	0	/	23	/	42	/	/
	Co^{2+}	1	1.0	/	/	/	/	/
	Cu^+	5	/	11.00	10.90	10.48	/	/
	Fe^{2+}	0.5	2.95	3.36	/	/	/	/
	Hg^{2+}	1	/	17.47	/	21.23	/	/
$S_2O_3^{2-}$	Ag^+	0	8.82	13.46	14.15	/	/	/
	Cu^+	0.8	10.35	12.27	13.71	/	/	/
	Hg^{2+}	0	/	29.86	32.26	33.61	/	/
	Pb^{2+}	0	5.1	/	6.4	/	/	/
OH^-	Al^{3+}	2	/	/	163 $[Al_6(OH)_{15}^{3+}]$	33.3	/	/
	Bi^{3+}	3	12.4	/	168.3 $[Bi_6(OH)_{12}^{6+}]$	/	/	/
	Cd^{2+}	3	4.3	7.7	10.3	12.0	/	/
	Co^{2+}	0.1	5.1	/	10.2	/	/	/
	Cr^{3+}	0.1	10.2	18.3	/	/	/	/
	Fe^{2+}	1	4.5	/	/	/	/	/
	Fe^{3+}	3	11.0	21.7	25.1 $[Fe_2(OH)_2^{4+}]$	/	/	/
	Hg^{2+}	0.5	/	21.7	/	/	/	/
	Mg^{2+}	0	2.6	/	/	/	/	/
	Mn^{2+}	0.1	3.4	/	/	/	/	/
	Ni^{2+}	0.1	4.6	/	/	/	/	/
	Pb^{2+}	0.3	6.2	10.3	13.3	7.6 $[Pb_2(OH)^{3+}]$	/	/
	Sn^{2+}	3	10.1	/	/	/	/	/
	Th^{4+}	1	9.7	/	/	/	/	/
	Ti^{3+}	0.5	11.8	/	/	/	/	/
	TiO^{2+}	1	13.7	/	/	/	/	/
	VO^{2+}	3	8.0	/	/	/	/	/
	Zn^{2+}	0	4.4	10.1	14.2	15.5	/	/
乙酰丙酮	Al^{3+}	0	8.60	15.5	21.30	/	/	/
	Cu^{2+}	0	8.27	16.34	/	/	/	/
	Fe^{2+}	0	5.07	8.67	/	/	/	/
	Fe^{3+}	0	11.4	22.1	26.7	/	/	/
	Ni^{2+}	0	6.06	10.77	13.09	/	/	/
	Zn^{2+}	0	4.98	8.81	/	/	/	/

续表

配体	离子	$I/(\text{mol} \cdot \text{L}^{-1})$	$\lg\beta_j (j = 1, 2, \cdots)$					
柠檬酸	Ag^+	0	7.1 (Ag_2HL)	/	/	/	/	/
	Al^{3+}	0.5	7.0 (AlHL)	20.0 (AlL)	30.6 (AlOHL)	/	/	/
	Ca^{2+}	0.5	10.9 (CaH_3L)	8.4 (CaH_2L)	3.5 (CaHL)	/	/	/
	Cd^{2+}	0.5	7.9 (CdH_2L)	4.0 (CdHL)	11.3 (CdL)	/	/	/
	Co^{2+}	0.5	8.9 (CoH_2L)	4.4 (CoHL)	12.5 (CoL)	/	/	/
	Cu^{2+}	0.5	12.0 (CuH_3L)	18.0 (CuL)	/	/	/	/
		0	6.1 (CuHL)	/	/	/	/	/
	Fe^{2+}	0.5	7.3 (FeH_3L)	3.1 (FeHL)	15.5 (FeL)	/	/	/
	Fe^{3+}	0.5	12.2 (FeH_2L)	10.9 (FeHL)	25.0 (FeL)	/	/	/
	Ni^{2+}	0.5	9.0 (NiH_2L)	4.8 (NiHL)	14.3 (NiL)	/	/	/
	Pb^{2+}	0.5	11.2 (PbH_2L)	5.2 (PbHL)	12.3 (PbL)	/	/	/
	Zn^{2+}	0.5	8.7 (ZnH_2L)	4.5 (ZnHL)	11.4 (ZnL)	/	/	/
草酸	Al^{3+}	0	7.26	13.0	16.3	/	/	/
	Cd^{2+}	0.5	2.9	4.7	/	/	/	/
	Co^{2+}	0	4.79	6.7	9.7	/	/	/
		0.5	10.6 (CoH_2L)	5.5 (CoHL)	/	/	/	/
	Co^{3+}	/	/	/	~ 20	/	/	/
	Cu^{2+}	0.5	4.5	8.9	6.25 (CuHL)	/	/	/
	Fe^{2+}	0.5 ~ 1	2.9	4.52	5.22	/	/	/
	Fe^{3+}	0	9.4	16.2	20.2	/	/	/
	Mg^{2+}	0.1	2.76	4.38	/	/	/	/
	Mn^{2+}	2	9.98	16.57	19.42	/	/	/
	Ni^{2+}	0.1	5.2	7.64	8.5	/	/	/
	Th^{4+}	0.1	/	/	/	24.5	/	/
	TiO^{2+}	2	6.6	9.9	/	/	/	/
	Zn^{2+}	0.5	4.89	7.60	8.15	5.6 (ZnH_2L)	/	/
磺基水杨酸	Al^{3+}	0.1	13.20	22.83	28.89	/	/	/
	Cd^{2+}	0.25	16.68	29.08	/	/	/	/
	Co^{2+}	0.1	6.13	9.82	/	/	/	/
	Cr^{3+}	0.1	9.56		/	/	/	/
	Cu^{2+}	0.1	9.52	16.45	/	/	/	/
	Fe^{2+}	0.1 ~ 0.5	5.90	9.90	/	/	/	/
	Fe^{3+}	0.25	14.64	25.18	32.12	/	/	/
	Mn^{2+}	0.1	5.24	8.24	/	/	/	/
	Ni^{2+}	0.1	6.42	10.24	/	/	/	/
	Zn^{2+}	0.1	6.05	10.65	/	/	/	/

配体	离子	$I/(mol \cdot L^{-1})$	$\lg\beta_j\ (j=1,2,\cdots)$					
酒石酸	Bi^{3+}	0	/	/	8.30	/	/	/
	Ca^{2+}	0.5	4.85 (CaHL)	/	/	/	/	/
		0	2.98	9.01	/	/	/	/
	Cd^{2+}	0.5	2.8	/	/	/	/	/
	Cu^{2+}	1	3.2	5.11	4.78	6.51	/	/
	Fe^{3+}	0	/	/	7.49	/	/	/
	Mg^{2+}	0.5	1.2	4.65 (MgHL)	/	/	/	/
	Pb^{2+}	0	3.78	/	4.7	/	/	/
	Zn^{2+}	0.5	2.4	8.32	4.5 (ZnHL)	/	/	/
乙二胺	Ag^+	0.1	4.70	7.70		/	/	/
	Cd^{2+}	0.5	5.47	10.09	12.09	/	/	/
	Co^{2+}	1	5.91	10.64	13.94	/	/	/
	Co^{3+}	1	18.70	34.90	48.69	/	/	/
	Cu^+	/	/	10.8	/	/	/	/
	Cu^{2+}	1	10.67	20.00	21.0	/	/	/
	Fe^{2+}	1.4	4.34	7.65	9.70	/	/	/
	Hg^{2+}	0.1	14.30	23.3	/	/	/	/
	Mn^{2+}	1	2.73	4.79	5.67	/	/	/
	Ni^{2+}	1	7.52	13.80	18.06	/	/	/
	Zn^{2+}	1	5.77	10.83	14.11	/	/	/
硫脲	Ag^+	0.03	7.4	13.1	/	/	/	/
	Bi^{3+}	/	/	/	/	/	/	11.9
	Cu^+	0.1	/	/	13	15.4	/	/
	Hg^{2+}	/	/	22.1	24.7	26.8	/	/

附表 6.11　金属离子-氨羧类配体螯合物的稳定常数 $\lg K_{稳}$ (18~25℃，$I = 0.1\ mol \cdot L^{-1}$)

(按照元素字母顺序排列)

离子	CyDTA	DTPA	EGTA	HEDTA	NTA
Ag^+	/	/	6.88	6.71	5.16
Al^{3+}	19.5	18.6	13.9	14.3	11.4
Ba^{2+}	8.69	8.87	8.41	6.3	4.82
Be^{2+}	11.51	/	/	/	7.11
Bi^{3+}	32.3	35.6	/	22.3	17.5
Ca^{2+}	13.20	10.83	10.97	8.3	6.41
Cd^{2+}	19.93	19.2	16.7	13.3	9.83；$\lg\beta_2=14.61$
Co^{2+}	19.62	19.27	12.39	14.6	10.38；$\lg\beta_2=14.39$
Co^{3+}	/	/	/	37.4	6.84
Cr^{3+}	/	/	/	/	6.23

续表

离子	CyDTA	DTPA	EGTA	HEDTA	NTA
Cu^{2+}	22.0	21.55	17.71	17.6	12.96
Fe^{2+}	19.0	16.5	11.87	12.3	8.33
Fe^{3+}	30.1	28.0	20.5	19.8	15.9
Ga^{3+}	23.2	25.54	/	16.9	13.6
Hg^{2+}	25.00	26.70	23.2	20.30	14.6
In^{3+}	28.8	29.0	/	20.2	16.9
Li^+	/	/	/	/	2.51
Mg^{2+}	11.02	9.30	5.21	7.0	5.41
Mn^{2+}	17.48	15.60	12.28	10.9	7.44
Na^+	/	/	/	/	$\lg\beta_2=1.22$
Ni^{2+}	20.3	20.32	13.55	17.3	11.53；$\lg\beta_2=16.42$
Pb^{2+}	20.38	18.80	14.71	15.7	11.39
Sc^{3+}	26.1	24.5	18.2	/	$\lg\beta_2=24.1$
Sr^{2+}	10.59	9.77	8.50	6.9	4.98
Th^{4+}	25.6	28.78	/	/	/
Tl^{3+}	38.3	/	/	/	20.9；$\lg\beta_2=32.5$
U^{4+}	27.6	7.69	/	/	/
VO^{2+}	20.1	/	/	/	/
Y^{3+}	19.85	22.13	17.16	14.78	11.41；$\lg\beta_2=20.43$
Zn^{2+}	19.37	18.40	12.7	14.7	10.67；$\lg\beta_2=14.29$
Zr^{4+}	/	35.8	/	/	20.8
稀土元素	17 ~ 22	19	/	13 ~ 16	10 ~ 12

注：CyDTA 为环己二胺四乙酸；DTPA 为二乙三胺五乙酸；EGTA 为乙二醇双(2-氨基乙醚)四乙酸；HEDTA 为2-羟乙基乙二胺三乙酸；NTA 为氨三乙酸

附表 6.12　金属离子的水解效应系数 $\lg\alpha_{M(OH)}$

离子	$I/(mol\cdot L^{-1})$	pH													
		1	2	3	4	5	6	7	8	9	10	11	12	13	14
Ag(I)	0.1											0.1	0.5	2.3	5.1
Al(Ⅲ)	2					0.4	1.3	5.3	9.3	13.3	17.3	21.3	25.3	29.3	33.3
Ba(Ⅱ)	0.1													0.1	0.5
Bi(Ⅲ)	3	0.1	0.5	1.4	2.4	3.4	4.4	5.4							
Ca(Ⅱ)	0.1													0.3	1.0
Cd(Ⅱ)	3									0.1	0.5	2.0	4.5	8.1	12.0
Ce(Ⅳ)	1 ~ 2	1.2	3.1	5.1	7.1	9.1	11.1	13.1							

离子	$I/(\text{mol·L}^{-1})$	pH													
		1	2	3	4	5	6	7	8	9	10	11	12	13	14
Cu(Ⅱ)	0.1								0.2	0.8	1.7	2.7	3.7	4.7	5.7
Fe(Ⅱ)	1									0.1	0.6	1.5	2.5	3.5	4.5
Fe(Ⅲ)	3			0.4	1.8	3.7	5.7	7.7	9.7	11.7	13.7	15.7	17.7	19.7	21.7
Hg(Ⅱ)	0.1			0.5	1.9	3.9	5.9	7.9	9.9	11.9	13.9	15.9	17.9	19.9	21.9
La(Ⅲ)	3									0.3	1.0	1.9	2.9	3.9	
Mg(Ⅱ)	0.1										0.1	0.5	1.3	2.3	
Ni(Ⅱ)	0.1									0.1	0.7	1.6			
Pb(Ⅱ)	0.1						0.1	0.5	1.4	2.7	4.7	7.4	10.4	13.4	
Th(Ⅳ)	1				0.2	0.8	1.7	2.7	3.7	4.7	5.7	6.7	7.7	8.7	9.7
Zn(Ⅱ)	0.1									0.2	2.4	5.4	8.5	11.8	15.5

附表 6.13　标准电极电势(按照元素字母顺序排列)

标准电极电势/V	半反应
0.7996	$Ag^+ + e \rightleftharpoons Ag$
0.07133	$AgBr + e \rightleftharpoons Ag + Br^-$
0.22233	$AgCl + e \rightleftharpoons Ag + Cl^-$
−0.15224	$AgI + e \rightleftharpoons Ag + I^-$
−0.691	$Ag_2S + 2e \rightleftharpoons 2Ag + S^{2-}$
−1.662	$Al^{3+} + 3e \rightleftharpoons Al$
−2.33	$H_2AlO_3^- + H_2O + 3e \rightleftharpoons Al + 4OH^-$
−0.38	$As + 3H^+ + 3e \rightleftharpoons AsH_3$
0.248	$HAsO_2 + 3H^+ + 3e \rightleftharpoons As + H_2O$
−0.68	$AsO_2^- + 2H_2O + 3e \rightleftharpoons As + 4OH^-$
0.560	$H_3AsO_4 + 2H^+ + 2e \rightleftharpoons HAsO_2 + 2H_2O$
−0.71	$AsO_4^{3-} + 2H_2O + 2e \rightleftharpoons AsO_2^- + 4OH^-$
1.498	$Au^{3+} + 3e \rightleftharpoons Au$
1.401	$Au^{3+} + 2e \rightleftharpoons Au^+$
−2.912	$Ba^{2+} + 2e \rightleftharpoons Ba$
0.320	$BiO^+ + 2H^+ + 3e \rightleftharpoons Bi + H_2O$
1.0873	$Br_2(水) + 2e \rightleftharpoons 2Br^-$
1.05	$Br_3^- + 2e \rightleftharpoons 3Br^-$
0.761	$BrO^- + H_2O + 2e \rightleftharpoons Br^- + 2OH^-$
1.574	$HBrO + H^+ + e \rightleftharpoons \frac{1}{2}Br_2(水) + H_2O$

续表

标准电极电势/V	半反应
1.482	$BrO_3^- + 6H^+ + 5e \rightleftharpoons \frac{1}{2}Br_2 + 3H_2O$
1.423	$BrO_3^- + 6H^+ + 6e \rightleftharpoons Br^- + 3H_2O$
-2.868	$Ca^{2+} + 2e \rightleftharpoons Ca$
-0.4030	$Cd^{2+} + 2e \rightleftharpoons Cd$
1.61	$Ce^{4+} + e \rightleftharpoons Ce^{3+}$
1.35827	$Cl_2(气) + 2e \rightleftharpoons 2Cl^-$
1.482	$HClO + H^+ + 2e \rightleftharpoons Cl^- + H_2O$
1.628	$HClO + H^+ + e \rightleftharpoons \frac{1}{2}Cl_2 + H_2O$
0.81	$ClO^- + H_2O + 2e \rightleftharpoons Cl^- + 2OH^-$
1.645	$HClO_2 + 2H^+ + 2e \rightleftharpoons HClO + H_2O$
1.47	$ClO_3^- + 6H^+ + 5e \rightleftharpoons \frac{1}{2}Cl_2 + 3H_2O$
1.451	$ClO_3^- + 6H^+ + 6e \rightleftharpoons Cl^- + 3H_2O$
1.189	$ClO_4^- + 2H^+ + 2e \rightleftharpoons ClO_3^- + H_2O$
1.39	$ClO_4^- + 8H^+ + 7e \rightleftharpoons \frac{1}{2}Cl_2 + 4H_2O$
-0.28	$Co^{2+} + 2e \rightleftharpoons Co$
-0.199	$CO_2 + 2H^+ + 2e \rightleftharpoons HCOOH$
-0.49	$2CO_2 + 2H^+ + 2e \rightleftharpoons H_2C_2O_4$
-0.913	$Cr^{2+} + 2e \rightleftharpoons Cr$
-0.407	$Cr^{3+} + e \rightleftharpoons Cr^{2+}$
-0.13	$CrO_4^{2-} + 4H_2O + 3e \rightleftharpoons Cr(OH)_3 + 5OH^-$
1.232	$Cr_2O_7^{2-} + 14H^+ + 6e \rightleftharpoons 2Cr^{3+} + 7H_2O$
0.52	$Cu^+ + e \rightleftharpoons Cu$
0.153	$Cu^{2+} + e \rightleftharpoons Cu^+$
0.3419	$Cu^{2+} + 2e \rightleftharpoons Cu$
0.86	$Cu^{2+} + I^- + e \rightleftharpoons CuI(固)$
3.053	$F_2 + 2H^+ + 2e \rightleftharpoons 2HF$
2.866	$F_2 + 2e \rightleftharpoons 2F^-$
-0.447	$Fe^{2+} + 2e \rightleftharpoons Fe$
0.771	$Fe^{3+} + e \rightleftharpoons Fe^{2+}$
0.358	$Fe(CN)_6^{3-} + e \rightleftharpoons Fe(CN)_6^{4-}$
-0.560	$Ga^{3+} + 3e \rightleftharpoons Ga$
0.00000	$2H^+ + 2e \rightleftharpoons H_2$
-0.8277	$2H_2O + 2e \rightleftharpoons H_2 + 2OH^-$

标准电极电势/V	半反应
0.7973	$Hg_2^{2+} + 2e \rightleftharpoons 2Hg$
0.851	$Hg^{2+} + 2e \rightleftharpoons Hg$
0.13923	$Hg_2Br_2 + 2e \rightleftharpoons 2Hg + 2Br^-$
0.26808	$Hg_2Cl_2(固) + 2e \rightleftharpoons 2Hg + 2Cl^-$
0.48	$HgCl_4^{2-} + 2e \rightleftharpoons Hg + 4Cl^-$
0.63	$2HgCl_2 + 2e \rightleftharpoons Hg_2Cl_2(固) + 2Cl^-$
0.6125	$Hg_2SO_4 + 2e \rightleftharpoons 2Hg + SO_4^{2-}$
0.5355	$I_2 + 2e \rightleftharpoons 2I^-$
0.536	$I_3^- + 2e \rightleftharpoons 3I^-$
1.439	$2HIO + 2H^+ + 2e \rightleftharpoons I_2 + 2H_2O$
0.987	$HIO + H^+ + 2e \rightleftharpoons I^- + 2H_2O$
1.195	$2IO_3^- + 12H^+ + 10e \rightleftharpoons I_2 + 6H_2O$
1.601	$H_5IO_6 + H^+ + 2e \rightleftharpoons IO_3^- + 3H_2O$
−0.3382	$In^{3+} + 3e \rightleftharpoons In$
−2.931	$K^+ + e \rightleftharpoons K$
−2.522	$La^{3+} + 3e \rightleftharpoons La$
−3.0401	$Li^+ + e \rightleftharpoons Li$
−2.372	$Mg^{2+} + 2e \rightleftharpoons Mg$
−1.185	$Mn^{2+} + 2e \rightleftharpoons Mn$
1.5415	$Mn^{3+} + e \rightleftharpoons Mn^{2+}$
1.224	$MnO_2 + 4H^+ + 2e \rightleftharpoons Mn^{2+} + 2H_2O$
1.507	$MnO_4^- + 8H^+ + 5e \rightleftharpoons Mn^{2+} + 4H_2O$
1.679	$MnO_4^- + 4H^+ + 3e \rightleftharpoons MnO_2 + 2H_2O$
0.595	$MnO_4^- + 2H_2O + 3e \rightleftharpoons MnO_2 + 4OH^-$
0.558	$MnO_4^- + e \rightleftharpoons MnO_4^{2-}$
0.48	$MoO_2^{2+} + 2H^+ + e \rightleftharpoons MoO^{3+} + H_2O$
0.59	$[SiMo_{12}O_{40}]^{4-} + 4H^+ + 4e \rightleftharpoons [H_4SiMo_{12}O_{40}]^{4-}$
1.065	$N_2O_4 + 2H^+ + 2e \rightleftharpoons 2HNO_2$
0.934	$NO_3^- + 3H^+ + 2e \rightleftharpoons HNO_2 + H_2O$
0.983	$HNO_2 + H^+ + e \rightleftharpoons NO + H_2O$
0.803	$2NO_3^- + 4H^+ + 2e \rightleftharpoons N_2O_4 + 2H_2O$
−2.71	$Na^+ + e \rightleftharpoons Na$
−0.257	$Ni^{2+} + 2e \rightleftharpoons Ni$
2.076	$O_3 + 2H^+ + 2e \rightleftharpoons O_2 + H_2O$
1.229	$O_2 + 4H^+ + 4e \rightleftharpoons 2H_2O$
0.695	$O_2 + 2H^+ + 2e \rightleftharpoons H_2O_2$
0.878	$HO_2^- + H_2O + 2e \rightleftharpoons 3OH^-$

标准电极电势/V	半反应
1.77	$H_2O_2 + 2H^+ + 2e \rightleftharpoons 2H_2O$
−0.076	$O_2 + H_2O + 2e \rightleftharpoons HO_2^- + OH^-$
−0.499	$H_3PO_3 + 2H^+ + 2e \rightleftharpoons H_3PO_2 + H_2O$
−0.276	$H_3PO_4 + 2H^+ + 2e \rightleftharpoons H_3PO_3 + H_2O$
−0.1262	$Pb^{2+} + 2e \rightleftharpoons Pb$
1.6913	$PbO_2 + SO_4^{2-} + 4H^+ + 2e \rightleftharpoons PbSO_4 + 2H_2O$
1.455	$PbO_2 + 4H^+ + 2e \rightleftharpoons Pb^{2+} + 2H_2O$
−0.537	$HPbO_2^- + H_2O + 2e \rightleftharpoons Pb + 3OH^-$
−0.3588	$PbSO_4 + 2e \rightleftharpoons Pb + SO_4^{2-}$
−0.47627	$S + 2e \rightleftharpoons S^{2-}$
0.142	$S + 2H^+ + 2e \rightleftharpoons H_2S(水)$
0.172	$SO_4^{2-} + 4H^+ + 2e \rightleftharpoons H_2SO_3 + H_2O$
0.08	$S_4O_6^{2-} + 2e \rightleftharpoons 2S_2O_3^{2-}$
−0.66	$SO_3^{2-} + 3H_2O + 4e \rightleftharpoons S + 6OH^-$
2.010	$S_2O_8^{2-} + 2e \rightleftharpoons 2SO_4^{2-}$
0.51	$4H_2SO_3 + 4H^+ + 6e \rightleftharpoons S_4O_6^{2-} + 6H_2O$
0.40	$2H_2SO_3 + 2H^+ + 4e \rightleftharpoons S_2O_3^{2-} + 3H_2O$
−0.571	$2SO_3^{2-} + 3H_2O + 4e \rightleftharpoons S_2O_3^{2-} + 6OH^-$
−0.212	$SbO^+ + 2H^+ + 3e \rightleftharpoons Sb + H_2O$
−0.510	$Sb + 3H^+ + 3e \rightleftharpoons SbH_3$
−0.924	$Se + 2e \rightleftharpoons Se^{2-}$
−0.399	$Se + 2H^+ + 2e \rightleftharpoons H_2Se(水)$
−0.366	$SeO_3^{2-} + 3H_2O + 4e \rightleftharpoons Se + 6OH^-$
−0.1375	$Sn^{2+} + 2e \rightleftharpoons Sn$
0.151	$Sn^{4+} + 2e \rightleftharpoons Sn^{2+}$
−0.909	$HSnO_2^- + H_2O + 2e \rightleftharpoons Sn + 3OH^-$
−0.93	$Sn(OH)_6^{2-} + 2e \rightleftharpoons HSnO_2^- + H_2O + 3OH^-$
−2.89	$Sr^{2+} + 2e \rightleftharpoons Sr$
−0.57	$TeO_3^{2-} + 3H_2O + 4e \rightleftharpoons Te + 6OH^-$
0.1	$TiO^{2+} + 2H^+ + e \rightleftharpoons Ti^{3+} + H_2O$
−0.09	$TiOCl^+ + 2H^+ + 3Cl^- + e \rightleftharpoons TiCl_4^- + H_2O$
−0.336	$Tl^+ + e \rightleftharpoons Tl$
0.327	$UO_2^{2+} + 4H^+ + 2e \rightleftharpoons U^{4+} + 2H_2O$
0.337	$VO^{2+} + 2H^+ + e \rightleftharpoons V^{3+} + H_2O$
0.991	$VO_2^+ + 2H^+ + e \rightleftharpoons VO^{2+} + H_2O$
−0.7618	$Zn^{2+} + 2e \rightleftharpoons Zn$
−1.215	$ZnO_2^{2-} + 2H_2O + 2e \rightleftharpoons Zn + 4OH^-$

附表 6.14　一些氧化还原电对的条件电势(按照元素字母顺序排列)

半反应	条件电势/V	介质
$Ag(II) + e \rightleftharpoons Ag^+$	1.927	4 mol·L^{-1} HNO$_3$
$Ce(IV) + e \rightleftharpoons Ce(III)$	1.61	1 mol·L^{-1} HNO$_3$
	1.44	0.5 mol·L^{-1} H$_2$SO$_4$
	1.28	1 mol·L^{-1} HCl
$Co^{3+} + e \rightleftharpoons Co^{2+}$	1.84	3 mol·L^{-1} HNO$_3$
$Co(乙二胺)_3^{3+} + e \rightleftharpoons Co(乙二胺)_3^{2+}$	−0.2	0.1 mol·L^{-1} KNO$_3$ + 0.1 mol·L^{-1} 乙二胺
$Cr(III) + e \rightleftharpoons Cr(II)$	−0.40	5 mol·L^{-1} HCl
$Cr_2O_7^{2-} + 14H^+ + 6e \rightleftharpoons 2Cr^{3+} + 7H_2O$	1.08	3 mol·L^{-1} HCl
	1.00	1 mol·L^{-1} HCl
	1.15	4 mol·L^{-1} H$_2$SO$_4$
	1.025	1 mol·L^{-1} HClO$_4$
$CrO_4^{2-} + 2H_2O + 3e \rightleftharpoons CrO_2^- + 4OH^-$	−0.12	1 mol·L^{-1} NaOH
$Fe(III) + e \rightleftharpoons Fe(II)$	0.767	1 mol·L^{-1} HClO$_4$
	0.71	0.5 mol·L^{-1} HCl
	0.68	1 mol·L^{-1} H$_2$SO$_4$
	0.68	1 mol·L^{-1} HCl
	0.46	2 mol·L^{-1} H$_3$PO$_4$
	0.51	1 mol·L^{-1} HCl + 0.25 mol·L^{-1} H$_3$PO$_4$
$Fe(EDTA)^- + e \rightleftharpoons Fe(EDTA)^{2-}$	0.12	0.1 mol·L^{-1} EDTA，pH=4~6
$Fe(CN)_6^{3-} + e \rightleftharpoons Fe(CN)_6^{4-}$	0.56	0.1 mol·L^{-1} HCl
$FeO_4^{2-} + 2H_2O + 3e \rightleftharpoons FeO_2^- + 4OH^-$	0.55	10 mol·L^{-1} NaOH
$I_3^- + 2e \rightleftharpoons 3I^-$	0.5446	0.5 mol·L^{-1} H$_2$SO$_4$
$I_2(水) + 2e \rightleftharpoons 2I^-$	0.6276	0.5 mol·L^{-1} H$_2$SO$_4$
$MnO_4^- + 8H^+ + 5e \rightleftharpoons Mn^{2+} + 4H_2O$	1.45	1 mol·L^{-1} HClO$_4$
$Pb(II) + 2e \rightleftharpoons Pb$	−0.32	1 mol·L^{-1} NaAc
$Sb(V) + 2e \rightleftharpoons Sb(III)$	0.75	3.5 mol·L^{-1} HCl
$Sb(OH)_6^- + 2e \rightleftharpoons SbO_2^- + 2OH^- + 2H_2O$	−0.428	3 mol·L^{-1} NaOH
$SbO_2^- + 2H_2O + 3e \rightleftharpoons Sb + 4OH^-$	−0.675	10 mol·L^{-1} KOH
$SnCl_6^{2-} + 2e \rightleftharpoons SnCl_4^{2-} + 2Cl^-$	0.14	1 mol·L^{-1} HCl
$Ti(IV) + e \rightleftharpoons Ti(III)$	−0.01	0.2 mol·L^{-1} H$_2$SO$_4$
	0.12	2 mol·L^{-1} H$_2$SO$_4$
	−0.04	1 mol·L^{-1} HCl
	−0.05	1 mol·L^{-1} H$_3$PO$_4$

附表 6.15　常见微溶化合物的溶度积常数(按照元素字母顺序排列)

化合物	$K_{sp}(pK_{sp})$	化合物	$K_{sp}(pK_{sp})$
Ag_3AsO_4	$1 \times 10^{-22}(22.0)$	CaF_2	$3.9 \times 10^{-11}(10.41)$
$AgBr$	$5.0 \times 10^{-13}(12.30)$	$CaMnO_4$	$1 \times 10^{-8}(8.0)$
$AgBrO_3$	$5.5 \times 10^{-5}(4.26)$	$Ca(OH)_2$	$6.5 \times 10^{-6}(5.19)$
$AgCN$	$1.2 \times 10^{-16}(15.92)$	$Ca_2P_2O_7$	$1.3 \times 10^{-8}(7.9)$
Ag_2CO_3	$8.1 \times 10^{-12}(11.09)$	$CaSO_3$	$3.2 \times 10^{-7}(6.5)$
$Ag_2C_2O_4$	$3.5 \times 10^{-11}(10.46)$	$CaSO_4$	$9.1 \times 10^{-6}(5.04)$
$AgCl$	$1.8 \times 10^{-10}(9.74)$	$CdCO_3$	$3.4 \times 10^{-14}(13.74)$
Ag_2CrO_4	$1.9 \times 10^{-12}(11.71)$	CdC_2O_4	$1.5 \times 10^{-8}(7.82)$
AgI	$9.3 \times 10^{-17}(16.03)$	$\beta\text{-}Cd(OH)_2$	$4.5 \times 10^{-15}(14.35)$
$AgIO_3$	$3.1 \times 10^{-8}(7.51)$	$\gamma\text{-}Cd(OH)_2$	$7.9 \times 10^{-15}(14.10)$
$\frac{1}{2}Ag_2O(Ag^+ + OH^-)$	$1.9 \times 10^{-8}(7.71)$	CdS	$1 \times 10^{-27}(27.0)$
Ag_3PO_4	$1.4 \times 10^{-16}(15.84)$	$Ce_2(C_2O_4)_3$	$3 \times 10^{-26}(25.5)$
Ag_2S	$2.0 \times 10^{-49}(48.7)$	$Ce(OH)_3$	$6.3 \times 10^{-24}(23.2)$
$AgSCN$	$1.1 \times 10^{-12}(11.97)$	$CeO_2(Ce^{4+} + 4OH^-)$	$1 \times 10^{-65}(65.0)$
Ag_2SO_3	$1.5 \times 10^{-14}(13.82)$	$CeO(OH)_2$	$4.0 \times 10^{-25}(24.40)$
Ag_2SO_4	$1.5 \times 10^{-5}(4.83)$	CeP_2O_7	$3.5 \times 10^{-24}(23.46)$
Ag_2Se	$2 \times 10^{-64}(63.7)$	$Co(C_9H_6NO)_2$	$6.3 \times 10^{-25}(24.2)$
Ag_2SeO_4	$1.2 \times 10^{-9}(8.91)$	$CoCO_3$	$1.4 \times 10^{-13}(12.84)$
$Al(OH)_3(无定形)$	$1.3 \times 10^{-33}(32.9)$	$Co(OH)_2$	$1.3 \times 10^{-15}(14.9)$
$Au(OH)_3$	$3 \times 10^{-48}(47.5)$	$\alpha\text{-}CoS$	$4 \times 10^{-21}(20.4)$
$Ba(C_9H_6NO)_2$	$2 \times 10^{-8}(7.7)$	$\beta\text{-}CoS$	$2 \times 10^{-25}(24.7)$
$BaCO_3$	$5 \times 10^{-9}(8.3)$	$Co(OH)_3$	$2 \times 10^{-44}(43.7)$
$BaC_2O_4 \cdot H_2O$	$2.3 \times 10^{-8}(7.64)$	$Cr(OH)_3$	$6 \times 10^{-31}(30.2)$
$BaCrO_4$	$1.2 \times 10^{-10}(9.92)$	$CuBr$	$5 \times 10^{-9}(8.3)$
BaF_2	$1.0 \times 10^{-6}(6.0)$	$CuCl$	$1.2 \times 10^{-6}(5.92)$
$Ba_3(PO_4)_2$	$5 \times 10^{-30}(29.3)$	CuI	$1 \times 10^{-12}(12.0)$
$BaSO_4$	$1.1 \times 10^{-10}(9.96)$	$\frac{1}{2}Cu_2O(Cu^+ + OH^-)$	$2 \times 10^{-15}(14.7)$
$BaSeO_4$	$3.5 \times 10^{-8}(7.46)$	Cu_2S	$3.2 \times 10^{-49}(48.5)$
$Be(OH)_2(无定形)$	$1 \times 10^{-21}(21.0)$	$Cu(C_9H_6NO)_2$	$8 \times 10^{-30}(29.1)$
BiI_3	$8.1 \times 10^{-19}(18.09)$	$CuCO_3$	$2.3 \times 10^{-10}(9.63)$
$BiOCl$	$1.8 \times 10^{-31}(30.75)$	CuC_2O_4	$2.9 \times 10^{-8}(7.54)$
$BiPO_4$	$1.3 \times 10^{-23}(22.89)$	$Cu(OH)_2$	$2.2 \times 10^{-20}(19.66)$
$\frac{1}{2}\alpha\text{-}Bi_2O_3(Bi^{3+} + 3OH^-)$	$3.0 \times 10^{-39}(38.53)$	CuS	$8 \times 10^{-37}(36.1)$
Bi_2S_3	$1 \times 10^{-97}(97)$	$Fe(OH)_2$	$8 \times 10^{-16}(15.1)$
$Ca(C_9H_6NO)_2$	$4 \times 10^{-11}(10.4)$	FeS	$6 \times 10^{-18}(17.2)$
$CaCO_3(方解石)$	$4.5 \times 10^{-9}(8.35)$	$Fe(C_9H_6NO)_3$	$3 \times 10^{-44}(43.5)$
CaC_2O_4	$2.3 \times 10^{-9}(8.64)$	$Fe(OH)_3$	$1.6 \times 10^{-39}(38.8)$

化合物	$K_{sp}(pK_{sp})$	化合物	$K_{sp}(pK_{sp})$
Hg_2Br_2	$5.6×10^{-23}(22.25)$	α-NiS	$3.2×10^{-19}(18.5)$
$Hg_2(CN)_2$	$5×10^{-40}(39.3)$	β-NiS	$1.0×10^{-24}(24.0)$
Hg_2CO_3	$8.9×10^{-17}(16.05)$	γ-NiS	$2.0×10^{-26}(25.7)$
Hg_2Cl_2	$1.2×10^{-18}(17.91)$	Ni-丁二酮肟	$2.2×10^{-24}(23.66)$
Hg_2CrO_4	$2.0×10^{-9}(8.70)$	$Ni(C_9H_6NO)_2$	$3×10^{-26}(25.5)$
Hg_2I_2	$4.7×10^{-29}(28.33)$	$PbBr_2$	$2.1×10^{-6}(5.68)$
$Hg_2(OH)_2$	$2×10^{-24}(23.7)$	$PbCO_3$	$7.4×10^{-14}(13.13)$
$Hg_2(SCN)_2$	$3.0×10^{-20}(19.52)$	PbC_2O_4	$3.2×10^{-11}(10.5)$
$HgBr_2$	$1.3×10^{-19}(18.9)$	$PbCl_2$	$1.7×10^{-5}(4.78)$
HgI_2	$1.1×10^{-28}(27.95)$	$PbCrO_4$	$2.8×10^{-13}(12.55)$
$HgO(Hg^+ + 2OH^-)$	$3.6×10^{-26}(25.44)$	PbF_2	$3.6×10^{-8}(7.44)$
HgS(黑色)	$2×10^{-52}(51.7)$	$Pb_2Fe(CN)_6$	$9.5×10^{-19}(18.02)$
HgS(红色)	$4×10^{-53}(52.4)$	PbI_2	$7.9×10^{-9}(8.10)$
$Hg(SCN)_2$	$2.8×10^{-20}(19.56)$	$\frac{1}{2}Pb_2O(OH)_2(Pb^{2+} + 2OH^-)$	$1.3×10^{-15}(14.9)$
$In(C_9H_6NO)_3$	$4.6×10^{-32}(31.34)$	$Pb_3(PO_4)_2$	$3.0×10^{-44}(43.53)$
$In(OH)_3$	$1.3×10^{-37}(36.9)$	PbS	$3.2×10^{-28}(27.5)$
In_2S_3	$6.3×10^{-74}(73.2)$	$PbSO_4$	$1.6×10^{-8}(7.79)$
$La_2(CO_3)_3$	$4×10^{-34}(33.4)$	PbSe	$8×10^{-43}(42.1)$
$La_2(C_2O_4)_3$	$1×10^{-25}(25.0)$	$PbSeO_4$	$1.4×10^{-7}(6.84)$
$La(IO_3)_3$	$1.02×10^{-11}(10.99)$	$Pd(OH)_2$	$3.2×10^{-29}(28.5)$
$La(OH)_3$	$2×10^{-20}(20.7)$	$Pr(OH)_3$	$7.9×10^{-22}(21.10)$
$LaPO_4$	$3.7×10^{-23}(22.43)$	$\frac{1}{2}Sb_2O_3(SbO^+ + OH^-)$	
$Mg(C_9H_6NO)_2$	$4×10^{-16}(15.4)$	斜方	$2.2×10^{-18}(17.66)$
$MgCO_3$	$3.5×10^{-8}(7.46)$	立方	$1.7×10^{-18}(17.78)$
MgF_2	$6.6×10^{-9}(8.18)$	Sb_2S_3	$1×10^{-93}(93)$
$MgNH_4PO_4$	$2.5×10^{-13}(12.6)$	$Sm(OH)_3$	$7.9×10^{-23}(22.10)$
$Mg(OH)_2$	$1.8×10^{-11}(10.74)$	SnI_2	$8.3×10^{-6}(5.08)$
$Mg_3(PO_4)_2·8H_2O$	$6.3×10^{-26}(25.20)$	$SnO(Sn^{2+} + 2OH^-)$	$6.3×10^{-27}(26.2)$
$Mn(C_9H_6NO)_2$	$2×10^{-22}(21.7)$	SnS	$1.0×10^{-25}(25.0)$
$MnCO_3$	$1.8×10^{-11}(10.74)$	$SnO_2(Sn^{4+} + 4OH^-)$	$4×10^{-65}(64.4)$
$Mn(OH)_2$	$1.6×10^{-13}(12.8)$	SnS_2	$2.4×10^{-27}(26.62)$
MnS(无定形)	$2.0×10^{-10}(9.7)$	$Sr(C_9H_6NO)_2$	$2×10^{-9}(8.7)$
MnS(晶形)	$2.0×10^{-13}(12.7)$	$SrCO_3$	$1.1×10^{-10}(9.96)$
$Nd(OH)_3$	$3.2×10^{-22}(21.50)$	SrC_2O_4	$4×10^{-7}(6.4)$
$NiCO_3$	$6.6×10^{-9}(8.18)$	$SrCrO_4$	$2.2×10^{-5}(4.66)$
$Ni(OH)_2$	$6.3×10^{-16}(15.2)$	SrF_2	$2.9×10^{-9}(8.54)$

化合物	$K_{sp}(pK_{sp})$	化合物	$K_{sp}(pK_{sp})$
$Sr_2P_2O_7$	$1.2\times10^{-7}(6.92)$	$UO_2C_2O_4(20℃)$	$2.2\times10^{-9}(8.66)$
$SrSO_4$	$3.2\times10^{-7}(6.50)$	$UO_2(OH)_2$	$4\times10^{-23}(22.4)$
$Th(C_2O_4)_2$	$1.1\times10^{-25}(24.96)$	$V(OH)_3$	$5\times10^{-35}(34.3)$
ThF_4	$5\times10^{-29}(28.3)$	$(VO)_3(PO_4)_2$	$8\times10^{-26}(25.1)$
$Th(OH)_4(22℃)$	$2\times10^{-45}(44.7)$	$Y_2(CO_3)_3$	$2.5\times10^{-31}(30.6)$
$ThO(OH)_2$	$5\times10^{-24}(23.3)$	$Y(OH)_3$	$6.3\times10^{-24}(23.2)$
$Ti(OH)_3$	$1\times10^{-40}(40.0)$	$Zn(C_9H_6NO)_2$	$2\times10^{-24}(23.7)$
$Ti(OH)_4$	$7.9\times10^{-54}(53.10)$	$Zn(CN)_2$	$3.2\times10^{-16}(15.5)$
$TiO(OH)_2(TiO^{2+}+2OH^-)$	$1.0\times10^{-29}(29.0)$	$ZnCO_3$	$1.4\times10^{-11}(10.84)$
$TlBr$	$3.6\times10^{-6}(5.44)$	ZnC_2O_4	$1.3\times10^{-9}(8.89)$
Tl_2CrO_4	$9.8\times10^{-13}(12.01)$	$Zn_2Fe(CN)_6$	$2.1\times10^{-16}(15.68)$
TlI	$5.9\times10^{-8}(7.23)$	$Zn(OH)_2(无定形)$	$3.0\times10^{-16}(15.52)$
Tl_2S	$6.3\times10^{-22}(21.2)$	$\alpha\text{-}ZnS$	$2\times10^{-25}(24.7)$
$Tl(C_9H_6NO)_3$	$4\times10^{-33}(32.4)$	$\beta\text{-}ZnS$	$3.2\times10^{-23}(22.5)$
$\frac{1}{2}Tl_2O_3(Tl^{3+}+3OH^-)$	$6.3\times10^{-46}(45.2)$	$ZrO_2(Zr^{2+}+4OH^-)$	$8\times10^{-55}(54.1)$
UF_4	$5.8\times10^{-22}(21.24)$	$ZrO(OH)_2$	$1\times10^{-29}(29.0)$

注：C_9H_6NOH 为 8-羟基喹啉

附表 6.16 常见化合物的相对分子质量(按照元素字母顺序排列)

化合物	相对分子质量	化合物	相对分子质量
Ag_3AsO_4	462.53	As_2O_5	229.84
$AgBr$	187.77	As_2S_3	246.05
$AgCN$	133.91	$BaCO_3$	197.31
$AgCl$	143.32	BaC_2O_4	225.32
Ag_2CrO_4	331.73	$BaCl_2$	208.24
AgI	234.77	$BaCl_2\cdot2H_2O$	244.24
$AgNO_3$	169.88	$BaCrO_4$	253.32
$AgSCN$	165.96	BaO	153.33
$Al(C_9H_6NO)_3$	459.44	$Ba(OH)_2$	171.32
$AlCl_3$	133.33	$BaSO_4$	233.37
$AlCl_3\cdot6H_2O$	241.43	$BiCl_3$	315.33
$Al(NO_3)_3$	213.01	$BiOCl$	260.43
$Al(NO_3)_3\cdot9H_2O$	375.19	$CH_2ClCOOH$	94.50
Al_2O_3	101.96	CH_3COOH	60.05
$Al(OH)_3$	78.00	CH_3COONH_4	77.08
$Al_2(SO_4)_3$	342.17	CH_3COONa	82.03
$Al_2(SO_4)_3\cdot18H_2O$	666.46	$CH_3COONa\cdot3H_2O$	136.08
As_2O_3	197.84	CO_2	44.01

续表

化合物	相对分子质量	化合物	相对分子质量
$CO(NH_2)_2$	60.06	$FeCl_2$	126.75
$CaCO_3$	100.09	$FeCl_2 \cdot 4H_2O$	198.81
CaC_2O_4	128.10	$FeCl_3$	162.21
$CaCl_2$	110.99	$FeCl_3 \cdot 6H_2O$	270.30
$CaCl_2 \cdot 6H_2O$	219.09	$FeNH_4(SO_4)_2 \cdot 12H_2O$	482.22
$Ca(NO_3)_2 \cdot 4H_2O$	236.16	$Fe(NO_3)_3$	241.86
CaO	56.08	$Fe(NO_3)_3 \cdot 9H_2O$	404.01
$Ca(OH)_2$	74.10	FeO	71.85
$Ca_3(PO_4)_2$	310.18	Fe_2O_3	159.69
$CaSO_4$	136.15	Fe_3O_4	231.55
$CdCO_3$	172.41	$Fe(OH)_3$	106.87
$CdCl_2$	183.33	FeS	87.92
CdS	144.47	Fe_2S_3	207.91
$Ce(SO_4)_2$	332.24	$FeSO_4$	151.91
$Ce(SO_4)_2 \cdot 4H_2O$	404.30	$FeSO_4 \cdot 7H_2O$	278.03
$CoCl_2$	129.84	$Fe(NH_4)_2(SO_4)_2 \cdot 6H_2O$	392.17
$CoCl_2 \cdot 6H_2O$	237.93	H_3AsO_3	125.94
$Co(NO_3)_2$	182.94	H_3AsO_4	141.94
$Co(NO_3)_2 \cdot 6H_2O$	291.03	H_3BO_3	61.83
CoS	90.99	HBr	80.91
$CoSO_4$	154.99	HCN	27.03
$CoSO_4 \cdot 7H_2O$	281.10	$HCOOH$	46.03
$CrCl_3$	158.36	H_2CO_3	62.03
$CrCl_3 \cdot 6H_2O$	266.45	$H_2C_2O_4$	90.04
$Cr(NO_3)_3$	238.01	$H_2C_2O_4 \cdot 2H_2O$	126.07
Cr_2O_3	151.99	HCl	36.46
$CuCl$	99.00	HF	20.01
$CuCl_2$	134.45	HI	127.91
$CuCl_2 \cdot 2H_2O$	170.48	HIO_3	175.91
CuI	190.45	HNO_2	47.02
$Cu(NO_3)_2$	187.56	HNO_3	63.02
$Cu(NO_3)_2 \cdot 3H_2O$	241.60	H_2O	18.02
CuO	79.55	H_2O_2	34.02
Cu_2O	143.09	H_3PO_4	97.99
CuS	95.62	H_2S	34.08
$CuSCN$	121.62	H_2SO_3	82.09
$CuSO_4$	159.62	H_2SO_4	98.09
$CuSO_4 \cdot 5H_2O$	249.68	$Hg(CN)_2$	252.63

化合物	相对分子质量	化合物	相对分子质量
$HgCl_2$	271.50	KSCN	97.18
Hg_2Cl_2	472.09	K_2SO_4	174.27
HgI_2	454.40	$MgCO_3$	84.32
$Hg(NO_3)_2$	324.60	MgC_2O_4	112.33
$Hg_2(NO_3)_2$	525.19	$MgCl_2$	95.22
$Hg_2(NO_3)_2 \cdot 2H_2O$	561.22	$MgCl_2 \cdot 6H_2O$	203.31
HgO	216.59	$MgNH_4PO_4$	137.32
HgS	232.65	$Mg(NO_3)_2 \cdot 6H_2O$	256.43
$HgSO_4$	296.67	MgO	40.31
Hg_2SO_4	497.27	$Mg(OH)_2$	58.33
$KAl(SO_4)_2 \cdot 12H_2O$	474.41	$Mg_2P_2O_7$	222.55
KBr	119.00	$MgSO_4 \cdot 7H_2O$	246.49
$KBrO_3$	167.00	$MnCO_3$	114.95
KCN	65.12	$MnCl_2 \cdot 4H_2O$	197.91
K_2CO_3	138.21	$Mn(NO_3)_2 \cdot 6H_2O$	287.06
KCl	74.55	MnO	70.94
$KClO_3$	122.55	MnO_2	86.94
$KClO_4$	138.55	MnS	87.01
K_2CrO_4	194.19	$MnSO_4$	151.01
$K_2Cr_2O_7$	294.18	$MnSO_4 \cdot 4H_2O$	223.06
$K_3Fe(CN)_6$	329.25	NH_3	17.03
$K_4Fe(CN)_6$	368.35	$(NH_4)_2CO_3$	96.09
$KFe(SO_4)_2 \cdot 12H_2O$	503.23	$(NH_4)_2C_2O_4$	124.10
$KHC_2O_4 \cdot 12H_2O$	146.15	$(NH_4)_2C_2O_4 \cdot H_2O$	142.12
$KHC_2O_4 \cdot H_2C_2O_4 \cdot 2H_2O$	254.19	NH_4Cl	53.49
$KHC_4H_4O_6$	188.18	NH_4HCO_3	79.06
$KHC_8H_4O_4$	204.22	$(NH_4)_2HPO_4$	132.06
$KHSO_4$	136.18	$(NH_4)_2MoO_4$	196.01
KI	166.00	NH_4NO_3	80.04
KIO_3	214.00	$(NH_4)_3PO_4 \cdot 12MoO_3$	1876.35
$KIO_3 \cdot HIO_3$	389.91	$(NH_4)_2S$	68.15
$KMnO_4$	158.03	NH_4SCN	76.13
KNO_2	85.10	$(NH_4)_2SO_4$	132.15
KNO_3	101.10	NH_4VO_3	116.98
$KNaC_4H_4O_6 \cdot 4H_2O$	282.22	NO	30.01
K_2O	94.20	NO_2	46.01
KOH	56.11	Na_3AsO_3	191.89
K_2PtCl_6	485.99	$Na_2B_4O_7$	201.22

续表

化合物	相对分子质量	化合物	相对分子质量
$Na_2B_4O_7 \cdot 10H_2O$	381.42	PbC_2O_4	295.22
$NaBiO_3$	279.97	$PbCl_2$	278.11
$NaBr$	102.89	$PbCrO_4$	323.19
$NaCN$	49.01	PbI_2	461.01
Na_2CO_3	105.99	$Pb(NO_3)_2$	331.21
$Na_2CO_3 \cdot 10H_2O$	286.19	PbO	223.20
$Na_2C_2O_4$	134.00	PbO_2	239.20
$NaCl$	58.41	Pb_3O_4	685.60
$NaClO$	74.44	$Pb_3(PO_4)_2$	811.54
$NaHCO_3$	84.01	PbS	239.27
NaH_2PO_4	119.98	$PbSO_4$	303.27
Na_2HPO_4	141.96	SO_2	64.07
$Na_2HPO_4 \cdot 12H_2O$	358.14	SO_3	80.07
$NaHSO_4$	120.07	$SbCl_3$	228.15
$Na_2H_2Y \cdot 2H_2O$	372.24	$SbCl_5$	299.05
$NaNO_2$	69.00	Sb_2O_3	291.60
$NaNO_3$	85.00	Sb_2S_3	339.81
Na_2O	61.98	SiF_4	104.08
Na_2O_2	77.98	SiO_2	60.08
$NaOH$	40.00	$SnCl_2$	189.60
Na_3PO_4	163.94	$SnCl_2 \cdot 2H_2O$	225.63
Na_2S	78.05	$SnCl_4$	260.50
$Na_2S \cdot 9H_2O$	240.19	$SnCl_4 \cdot 5H_2O$	350.58
$NaSCN$	81.08	SnO_2	150.71
Na_2SO_3	126.05	SnS	150.78
Na_2SO_4	142.05	$SrCO_3$	147.63
$Na_2S_2O_3$	158.12	SrC_2O_4	175.64
$Na_2S_2O_3 \cdot 5H_2O$	148.2	$SrCrO_4$	203.62
$NiCl_2 \cdot 6H_2O$	237.69	$Sr(NO_3)_2$	211.64
$Ni(NO_3)_2 \cdot 6H_2O$	290.79	$Sr(NO_3)_2 \cdot 4H_2O$	283.69
NiO	74.69	$SrSO_4$	183.68
NiS	90.76	$TlCl$	239.84
$NiSO_4 \cdot 7H_2O$	280.87	U_3O_8	842.08
OH	17.01	$UO_2(CH_3COO)_2 \cdot 2H_2O$	424.15
P_2O_5	141.94	$(UO_2)_2P_2O_7$	714.00
$Pb(CH_3COO)_2$	325.29	$Zn(CH_3COO)_2$	183.43
$Pb(CH_3COO)_2 \cdot 3H_2O$	379.34	$Zn(CH_3COO)_2 \cdot 2H_2O$	219.50
$PbCO_3$	267.21	$ZnCO_3$	125.39

化合物	相对分子质量	化合物	相对分子质量
ZnC_2O_4	153.40	ZnO	81.38
$ZnCl_2$	136.29	ZnS	97.46
$Zn(NO_3)_2$	189.39	$ZnSO_4$	161.46
$Zn(NO_3)_2 \cdot 6H_2O$	297.51	$ZnSO_4 \cdot 7H_2O$	287.57

附表 6.17　元素的相对原子质量(2001，按元素符号的字母顺序排列，不包括人工元素)

元素	原子序数	相对原子质量	元素	原子序数	相对原子质量
Ac(锕) actinium	89	227.0278	Ce(铈) cerium	58	140.116(1)
Ag(银) silver	47	107.8682(2)	Cl(氯) chlorine	17	35.453(2)
Al(铝) aluminum	13	26.981538(2)	Co(钴) cobalt	27	58.933200(9)
Ar(氩) argon	18	39.948(1)	Cr(铬) chromium	24	51.9961(6)
As(砷) arsenic	33	74.92160(2)	Cs(铯) caesium	55	132.90545(2)
Au(金) gold	79	196.96655(2)	Cu(铜) copper	29	63.546(3)
B(硼) boron	5	10.811(7)	Dy(镝) dysprosium	66	162.500(1)
Ba(钡) barium	56	137.327(7)	Er(铒) erbium	68	167.259(3)
Be(铍) beryllium	4	9.012182(3)	Eu(铕) europium	63	151.964(1)
Bi(铋) bismuth	83	208.98038(2)	F(氟) fluorine	9	18.9984032(5)
Br(溴) bromine	35	79.904(1)	Fe(铁) iron	26	55.845(2)
C(碳) carbon	6	12.0107(8)	Ga(镓) gallium	31	69.723(1)
Ca(钙) calcium	20	40.078(4)	Gd(钆) gadolinium	64	157.25(3)
Cd(镉) cadmium	48	112.411(8)	Ge(锗) germanium	32	72.64(1)

元素	原子序数	相对原子质量	元素	原子序数	相对原子质量
H(氢) hydrogen	1	1.00794(7)	Nb(铌) niobium	41	92.90638(2)
He(氦) helium	2	4.002602(2)	Nd(钕) neodymium	60	144.24(3)
Hf(铪) hafnium	72	178.49(2)	Ne(氖) neon	10	20.1797(6)
Hg(汞) mercury	80	200.59(2)	Ni(镍) nickel	28	58.6934(2)
Ho(钬) holmium	67	164.93032(2)	Np(镎) neptunium	93	237.0482
I(碘) iodine	53	126.90447(3)	O(氧) oxygen	8	15.9994(3)
In(铟) indium	49	114.818(3)	Os(锇) osmium	76	190.23(3)
Ir(铱) iridium	77	192.217(3)	P(磷) phosphorus	15	30.973761(2)
K(钾) potassium	19	39.0983(1)	Pa(镤) protactinium	91	231.03588(2)
Kr(氪) krypton	36	83.798(2)	Pb(铅) lead	82	207.2(1)
La(镧) lanthanum	57	138.9055(2)	Pd(钯) palladium	46	106.42(1)
Li(锂) lithium	3	6.941(2)	Pr(镨) praseodymium	59	140.90765(2)
Lu(镥) lutetium	71	174.967(1)	Pt(铂) platinum	78	195.078(2)
Mg(镁) magnesium	12	24.3050(6)	Ra(镭) radium	88	226.0254
Mn(锰) manganese	25	54.938049(9)	Rb(铷) rubidium	37	85.4678(3)
Mo(钼) molybdenum	42	95.94(1)	Re(铼) rhenium	75	186.207(1)
N(氮) nitrogen	7	14.00674(7)	Rh(铑) rhodium	45	102.90550(2)
Na(钠) sodium	11	22.989770(2)	Ru(钌) ruthenium	44	101.07(2)

元素	原子序数	相对原子质量	元素	原子序数	相对原子质量
S(硫) sulfur	16	32.065(5)	Ti(钛) titanium	22	47.867(1)
Sb(锑) antimony	51	121.760(1)	Tl(铊) thallium	81	204.3833(2)
Sc(钪) scandium	21	44.955910(8)	Tm(铥) thulium	69	168.93421(2)
Se(硒) selenium	34	78.96(3)	U(铀) uranium	92	238.02891(3)
Si(硅) silicon	14	28.0855(3)	V(钒) vanadium	23	50.9415(1)
Sm(钐) samarium	62	150.36(3)	W(钨) tungsten	74	183.84(1)
Sn(锡) tin	50	118.710(7)	Xe(氙) xenon	54	131.293(6)
Sr(锶) strontium	38	87.62(1)	Y(钇) yttrium	39	88.90585(2)
Ta(钽) tantalum	73	180.9479(1)	Yb(镱) ytterbium	70	173.04(3)
Tb(铽) terbium	65	158.92534(2)	Zn(锌) zinc	30	65.409(4)
Te(碲) tellurium	52	127.60(3)	Zr(锆) zirconium	40	91.224(2)
Th(钍) thorium	90	232.0381(1)			